大学计算机基础
实训教程

盘丽娜　周　蕾　贲黎明●主编

苏州大学出版社
Soochow University Press

图书在版编目(CIP)数据

大学计算机基础实训教程 / 盘丽娜,周蕾,贲黎明
主编. —苏州:苏州大学出版社,2021.8
ISBN 978-7-5672-3613-4

Ⅰ.①大… Ⅱ.①盘… ②周… ③贲… Ⅲ.①电子计
算机-高等学校-教材 Ⅳ.①TP3

中国版本图书馆 CIP 数据核字(2021)第 123565 号

大学计算机基础实训教程

盘丽娜　周　蕾　贲黎明　主编

责任编辑　吴昌兴

————————————————————————

苏州大学出版社出版发行
(地址:苏州市十梓街 1 号　邮编:215006)
宜兴市盛世文化印刷有限公司印装
(地址:宜兴市万石镇南漕河滨路 58 号　邮编:214217)

————————————————————————

开本 787 mm×1 092 mm　1/16　印张 17.25　字数 399 千
2021 年 8 月第 1 版　2021 年 8 月第 1 次印刷
ISBN 978-7-5672-3613-4　定价:46.00 元

————————————————————————

若有印装错误,本社负责调换
苏州大学出版社营销部　电话:0512-67481020
苏州大学出版社网址　http://www.sudapress.com
苏州大学出版社邮箱　sdcbs@suda.edu.cn

　　本书是与《大学计算机基础》教材配套的实验教材,实验内容全面、覆盖面广、图文并茂,介绍了 Windows 7 操作系统及 Microsoft Office 2016 的使用方法,主要目的是使读者掌握计算机的基本操作技能及一些必备的计算机基础知识。

　　本书在全国计算机等级考试一级 Microsoft Office 和二级 MS Office 高级应用大纲的基本要求的基础上,侧重于培养读者对计算机的实际操作能力,使读者更好地理解并掌握 Windows 7 操作系统,网络操作,Microsoft Office 2016 的文字处理、电子表格及演示文稿制作等内容。全书分为两部分,第一部分为计算机基本操作,第二部分为 Office 高级应用,共十章,每章包括两个实验和一个练习。每个实验中给出了详细的操作步骤,读者完全可以通过自学来完成实验操作。练习部分可用于测试读者对实验的掌握程度。附录部分主要用于检测读者对计算机基础理论知识的掌握程度。

　　本书以掌握计算机操作技能为目的,所介绍的实验方法实用、操作性强,具有很强的指导作用,既可作为"大学计算机基础"课程的配套教材,也可作为参加全国计算机等级考试上机练习的独立教材。

　　本书由盘丽娜、周蕾、贲黎明共同策划并任主编,肖乐、何春霞、施梅芳、刘炎、刘春玉、朱苗苗、陆骞等也参加了部分编写工作,全书由贲黎明统稿。

　　由于时间仓促,加上水平有限,书中难免有不妥之处,恳请广大读者批评指正。

编　者

2021 年 7 月

目 录

第一部分　计算机基本操作

第二部分　Office 高级应用

第一部分 计算机基本操作

第一章 计算机基本操作

 操作系统简介

操作系统是计算机中最重要的系统软件,它负责管理、控制计算机软硬件资源的协调运行,是用户和计算机的接口。现在流行的操作系统主要是微软公司(Microsoft)出品的 Windows 操作系统,其版本主要有 Windows XP、Windows 2003、Windows 7、Windows 8、Windows 10 等。Windows 操作系统主要有如下功能。

一、处理器管理

在多任务或多用户的情况下,组织多个作业或任务执行时,解决处理器的调度、分配和回收等问题。

二、存储器管理

存储器管理将根据用户程序的需要给它分配存储器资源,并能让主存中的多个用户程序实现存储资源的共享,以提高存储器的利用率。

三、设备管理

管理各类外围设备,完成用户提出的 I/O 请求,加快 I/O 信息的传送速度,发挥 I/O 设备的并行性,提高 I/O 设备的利用率;提供每种设备的设备驱动程序和中断处理程序,向用户屏蔽硬件使用细节。

四、文件管理

文件管理的主要任务是对用户文件和系统文件进行有效的管理,实现文件按名存取;实现文件的共享、保护和保密,保证文件的安全性;同时提供给用户一套能方便使用文件的操作和命令。

五、网络与通信管理

管理用户应用程序对软硬件资源的访问,保证其安全性和一致性。计算机联网后,不同计算机之间可以互相传送数据、共享资源。通过通信软件,按照通信协议的规定,完成网络上计算机之间的信息传送。

实验一　Windows 的基本操作

一、实验目的

1. 掌握 Windows 资源管理器的使用方法。
2. 掌握文件及文件夹的创建方法。
3. 掌握文件及文件夹的复制方法。
4. 掌握文件及文件夹的移动方法。
5. 掌握文件及文件夹的删除方法。
6. 掌握文件及文件夹的重命名方法。
7. 掌握文件及文件夹的属性设置方法。
8. 掌握文件及文件夹的快捷方式的建立方法。
9. 掌握回收站的操作方法。

二、实验内容

本实验所需素材存放在 ex1 文件夹中。

1. 通过资源管理器浏览 ex1 文件夹。

2. 在 ex1 文件夹中创建一个名为 QEEN 的文件夹,并在 QEEN 文件夹中再创建名为 SUB1 和 SUB2 的两个同级文件夹。

3. 将 KEEN 文件夹中扩展名为 FOR 的文件和 CRY 文件夹中名为 SUMMER 的文件夹复制到刚刚创建的 SUB1 文件夹中。

4. 将 DEER 文件夹中的 TAXI. xlsx 文件移动到 CREAM 文件夹中,并更名为 ABC. xlsx。

5. 将 DEER 文件夹下的 DAIR 文件夹中的 TOUR. pas 文件和 CRY 文件夹下的 SUMMER 文件夹删除。

6. 在 ex1 文件夹中创建一个名为 MYFILE. txt 的文本文件,其内容为 "Hello——WORLD!"。

7. 将 NEAR 文件夹中的 FOX. bat 文件设置为只读且隐藏。

8. 为 ex1 文件夹中的 README. txt 文件创建名为 READ 的快捷方式,存放在 CREAM 文件夹下。

9. 将删除的 TOUR. pas 文件从回收站中恢复,然后将回收站清空。

三、实验步骤

1. 通过资源管理器浏览 ex1 文件夹。

打开"资源管理器"窗口的方法有以下几种:

方法一:单击"开始"菜单,在"所有程序"→"附件"中单击"Windows 资源管理器",即可启动"资源管理器"。

方法二:右击"开始"菜单,在弹出的快捷菜单中单击"打开 Windows 资源管理器"。

方法三:双击"计算机""网络""回收站",均可启动"资源管理器"。

方法四:单击"开始"菜单,在"所有程序"→"附件"中选择"运行"菜单项,弹出如图 1-1 所示的"运行"对话框,输入"explorer",然后单击"确定"按钮。

图 1-1　"运行"对话框

"资源管理器"窗口如图 1-2 所示,左侧为文件夹树窗格,其中显示所有文件夹;右侧为文件窗格,显示所选文件夹中所有的文件及文件夹。

在"资源管理器"窗口的左侧文件夹树窗格中找到 ex1 文件夹并单击,即可在右侧的文件窗格中显示出该文件夹中的所有文件及文件夹,单击文件夹树窗格中 ex1 文件夹左边的"▷"或"◢",可展开或折叠该文件夹。

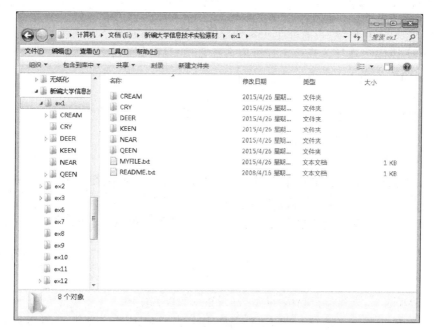

图 1-2　"资源管理器"窗口

2. 在 ex1 文件夹中创建一个名为 QEEN 的文件夹,并在 QEEN 文件夹中再创建名为 SUB1 和 SUB2 的两个同级文件夹。

（1）在"资源管理器"窗口左侧的文件夹树窗格中用鼠标单击 ex1 以选中该文件夹。

（2）选择"文件"菜单下的"新建"→"文件夹"命令,会在"资源管理器"窗口右侧的文件窗格中出现一个文件夹,键入名称"QEEN"即可。

（3）单击左侧窗格中的 QEEN 文件夹,在右侧窗格空白处右击鼠标,在弹出的快捷菜单中选择"新建"→"文件夹"命令,在出现的"新建文件夹"处输入 SUB1 即可。

（4）用同样的方法再在 QEEN 文件夹中创建一个名为 SUB2 的文件夹。

操作小提示

　　文件及文件夹名称中的字母不区分大小写。

3. 将 KEEN 文件夹中扩展名为 FOR 的文件和 CRY 文件夹中名为 SUMMER 的文件夹复制到刚刚创建的 SUB1 文件夹中。

（1）在文件夹树窗格中将 ex1 文件夹中的所有文件夹全部展开（用鼠标单击文件夹前面的"▷"号）,再用鼠标单击 KEEN 文件夹,在右侧的文件窗格中选中所有将要被复制的扩展名为 FOR 的文件,然后单击"编辑"菜单中的"复制"菜单项（或在选中的任一文件上右击鼠标,在弹出的快捷菜单中选择"复制"菜单项）。

操作小提示

　　文件的选择方法如下。

　　（1）单个文件或文件夹的选择方法:用鼠标单击要选择的文件或文件夹。

　　（2）多个连续文件或文件夹的选择方法:用鼠标单击要选择的第一个文件或文件夹,按住【Shift】键再用鼠标单击要选择的最后一个文件或文件夹。

　　（3）多个不连续文件或文件夹的选择方法:按住【Ctrl】键不放,用鼠标单击各个要选择的文件或文件夹。

　　（4）所有文件或文件夹的选择方法:选择"编辑"菜单中的"全选"菜单项（或按快捷键【Ctrl】+【A】）。

　　上面的方法可以混合使用。

（2）用鼠标在左侧文件夹树窗格中单击 SUB1 文件夹,选中该文件夹,在"编辑"菜单中选择"粘贴"菜单项（或在右侧文件窗口的空白处右击鼠标,在弹出的快捷菜单中选择"粘贴"菜单项）,即将所有扩展名为 FOR 的文件复制到了 SUB1 文件夹中。

操作小提示

　　如要将相同的文件复制到多个文件夹中,可进行多次粘贴。

（3）重复步骤（1）和（2）,将 CRY 文件夹中的 SUMMER 文件夹复制到 SUB1 文件夹中。

4. 将 DEER 文件夹中的 TAXI.xlsx 文件移到 CREAM 文件夹中,并更名为 ABC.xlsx。

（1）在"资源管理器"窗口的左侧文件夹树窗格中用鼠标单击 DEER 文件夹,此时右侧的文件窗格中会显示 DEER 文件夹中的所有文件及文件夹。

（2）单击 TAXI.xlsx,选中该文件,在"编辑"菜单中选择"剪切"菜单项（或在 TAXI.xlsx文件上右击鼠标,在弹出的快捷菜单中选择"剪切"菜单项）。

（3）在"资源管理器"窗口左侧的文件夹树窗格中选择 CREAM 文件夹,在"编辑"菜单中选择"粘贴"菜单项,即可将该文件移动到 CREAM 文件夹中（或在右侧的文件窗口的空白处右击鼠标,在弹出的快捷菜单中选择"粘贴"菜单项）。

（4）在右侧的文件窗格中选择 TAXI.xlsx,在"文件"菜单中选择"重命名"菜单项（或右击该文件,在弹出的快捷菜单中选择"重命名"菜单项）,输入新文件名 ABC.xlsx。

5. 将 DEER 文件夹下的 DAIR 文件夹中的 TOUR.pas 文件和 CRY 文件夹下的 SUMMER文件夹删除。

（1）在"资源管理器"窗口左侧的文件夹树窗格中单击 DEER 文件夹下的 DAIR 文件夹,以选中该文件夹。

（2）在右侧的文件窗格中选择 TOUR.pas 文件,在"文件"菜单中选择"删除"菜单项（或用鼠标右击 TOUR.pas 文件,在弹出的快捷菜单中选择"删除"菜单项）,出现如图 1-3 所示的"删除文件"对话框,再单击"是"按钮,即可将 TOUR.pas 文件删除。

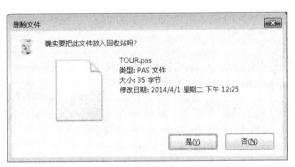

图 1-3 "删除文件"对话框

操作小提示

从硬盘上删除文件或文件夹,计算机并没有把它们真正地删除,只是将它们移到了回收站中。若发现这些文件或文件夹还有用,可以将它们从回收站中找回来。如果删除的是存放在 U 盘上的文件,则这些文件不会进入回收站,即不能被还原。

（3）重复上一步操作,将 CRY 文件夹中的 SUMMER 文件夹删除。

6. 在 ex1 文件夹中创建一个名为 MYFILE.txt 的文本文件,其内容为"Hello——WORLD！"。

（1）在"资源管理器"窗口左侧的文件夹树窗格中单击 ex1 文件夹,右侧的文件窗格中则显示出该文件夹中的所有文件及文件夹。

（2）单击"文件"菜单中的"新建"→"文本文档"命令（或在右侧文件窗格的空白处右击鼠标，在弹出的快捷菜单中单击"新建"→"文本文档"命令），此时会在右侧的文件窗格中出现一个名为"新建文本文档．txt"文件，通过键盘输入文件名 MYFILE．txt，则建立了一个名为 MYFILE．txt 的文本文件。

（3）用鼠标双击该文件，则 Windows 会自动通过记事本软件打开该文本文件，出现如图 1-4 所示的窗口。

（4）在"记事本"窗口中通过键盘输入"Hello——WORLD！"，单击"记事本"窗口右上角的"关闭"按钮，出现如图 1-5 所示的对话框，再单击"保存"按钮，即将在记事本中输入的内容保存至文件中并关闭"记事本"窗口。

图 1-4 "记事本"窗口

图 1-5 "记事本"对话框

7. 将 NEAR 文件夹中的 FOX．bat 文件设置为只读且隐藏。

（1）在"资源管理器"窗口左侧的文件夹树窗格中单击 NEAR 文件夹，右侧窗格中则显示 NEAR 文件夹中的所有文件和文件夹。

（2）在右侧文件窗格中单击 FOX．bat 文件，选择"文件"菜单中的"属性"命令（或用鼠标右击 FOX．bat 文件，在弹出的快捷菜单中选择"属性"命令），出现如图 1-6 所示的"属性"对话框。

（3）在该对话框中分别选中"只读""隐藏"复选框，然后单击"确定"按钮。

8. 为 ex1 文件夹中的 README．txt 文件创建名为 READ 的快捷方式，存放在 CREAM 文件夹下。

方法一：

（1）在"资源管理器"窗口左侧的文件夹树窗格中单击 CREAM 文件夹，即选中创建快捷方式的目标文件夹。

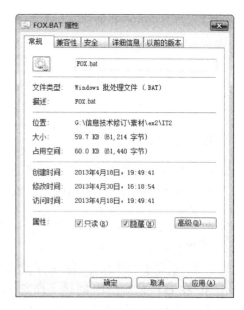

图 1-6 "属性"对话框

（2）选择"文件"菜单中的"新建"→"快捷方式"命令（或在右侧文件窗格空白处右击鼠标,在弹出的快捷菜单中选择"新建"→"快捷方式"命令）,出现如图 1-7 所示的"创建快捷方式"对话框。

图 1-7　"创建快捷方式"对话框（一）

（3）在"请键入对象的位置"中输入文件的完整名称"D:\ex1\README. txt"（或通过单击"浏览…"按钮,选中该文件）,再单击"下一步"按钮,出现如图 1-8 所示的对话框。

图 1-8　"创建快捷方式"对话框（二）

（4）在"键入该快捷方式的名称"中输入快捷方式名"READ",最后单击"完成"按钮。

方法二：

（1）在左侧文件夹树窗格中选中 ex1 文件夹,在右侧文件窗格中右击 README. txt 文件,在弹出的快捷菜单中选择"复制"命令。

（2）在左侧文件夹树窗格中选中 CREAM 文件夹,在右侧文件窗格的空白处右击鼠标,在弹出的快捷菜单中选择"粘贴快捷方式"命令,此时会在右侧窗口中出现一个名为

"README. txt"的快捷方式,然后通过重命名将此快捷方式更名为"READ"。

方法三:

(1)在左侧文件夹树窗格中选中 ex1 文件夹,在右侧文件窗格中选中 README. txt 文件。

(2)在"文件"菜单中选择"创建快捷方式"命令(或右击该文件,在弹出的快捷菜单中选择"创建快捷方式"命令),此时会在右侧窗格中出现一个名为"README. txt"的快捷方式,然后通过重命名将此快捷方式更名为"READ"。

(3)通过"剪切"和"粘贴"操作将此快捷方式移到指定的文件夹 CREAM 中。

9. 将删除的 TOUP. pas 文件从回收站中恢复,然后将回收站清空。

(1)双击桌面上的"回收站"图标,打开如图 1-9 所示的"回收站"窗口。

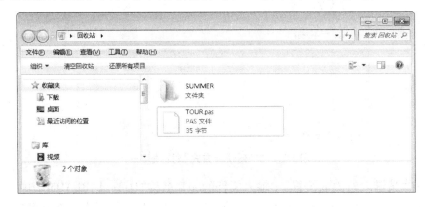

图 1-9　"回收站"窗口

(2)在"回收站"窗口中单击要恢复的文件 TOUR. pas,然后选择"回收站"窗口中菜单栏下方的"还原此项目",则该文件被恢复至删除前所在的 DAIR 文件夹中(如要还原所有被删除的文件或文件夹,则不要选中任何文件,单击"回收站"窗口中菜单栏下方的"还原所有项目")。

(3)不要选中"回收站"窗口中的任何文件或文件夹,单击"回收站"窗口中菜单栏下方的"清空回收站",则"回收站"窗口中的所有文件或文件夹被清空。

操作小提示

　　从硬盘上删除文件或文件夹,计算机会将它们移至回收站中,回收站中的文件或文件夹可以随时进行恢复操作;若将回收站清空,则文件或文件夹将被永久删除,不可恢复。

实验二　常用软件 WinRAR 的使用

　　WinRAR 是目前流行的压缩工具,其界面友好、使用方便,在压缩率和速度方面都有很好的表现。它能备份数据,减少作为附件发送的文件的大小,解压缩从 Internet 上下载的 RAR、ZIP 和其他格式的压缩文件,并能创建 RAR 和 ZIP 格式的压缩文件。

一、实验目的

1. 掌握压缩文件的创建方法。
2. 掌握压缩文件的修改方法。
3. 掌握压缩文件的解压方法。

二、实验内容

1. 将 ex2 文件夹中的 IT1、IT2 文件夹压缩为 ity. rar 文件。
2. 将 README. txt 文件添加到 ity. rar 文件中。
3. 将 ity. rar 文件中压缩的 IT2 文件夹中的 WINWORD. exe 文件从压缩文件中删除。
4. 将 ity. rar 文件中压缩的所有文件及文件夹解压缩到 ex2 文件夹下的 AA 文件夹中。

三、实验步骤

1. 将 ex2 文件夹中的 IT1、IT2 文件夹压缩为 ity. rar 文件。

(1)打开"资源管理器"窗口,在左侧文件夹树窗格中选中 ex2 文件夹,然后在右侧文件窗格中同时选中 IT1 和 IT2 两个文件夹。

(2)在选中的任一个文件夹上右击鼠标,在弹出的快捷菜单中选择"添加到压缩文件"命令,弹出如图 1-10 所示的对话框。

(3)在对话框的"压缩文件名"中输入文件名"ity. rar",单击"确定"按钮,关闭对话框并完成压缩。

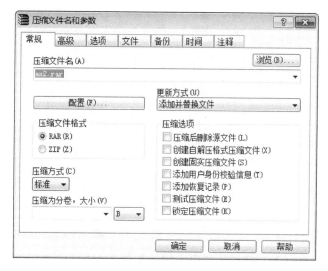

图 1-10 "压缩文件名和参数"对话框

操作小提示

选中需要压缩的文件或文件夹,在选中的地方右击鼠标,在弹出的快捷菜单中单击"添加到 XX. rar"可快速生成压缩文件,然后通过文件的重命名将压缩文件名改为指定的文件名。

2. 将 README. txt 文件添加到 ity. rar 文件中。

(1)双击生成的压缩文件 ity. rar,打开如图 1-11 所示的 WinRAR 窗口。

图 1-11　WinRAR 窗口

（2）单击 WinRAR 窗口工具栏上的"添加"工具按钮，打开如图 1-12 所示的"请选择要添加的文件"对话框。

图 1-12　"请选择要添加的文件"对话框

（3）在"请选择要添加的文件"对话框中选择要添加的文件 README.txt，然后单击"确定"按钮，再单击"压缩文件名和参数"对话框中的"确定"按钮，此时在 WinRAR 窗口中多了一个 README.txt 文件。

3.将 ity.rar 文件中压缩的 IT2 文件夹中的 WINWORD.exe 文件从压缩文件中删除。

（1）在 WinRAR 窗口中双击 IT2 文件夹，此时在 WinRAR 窗口中会看到 IT2 文件夹下被压缩的所有文件。

（2）用鼠标单击 WinRAR 窗口中 IT2 文件夹中的 WINWORD.exe 文件。

（3）单击 WinRAR 窗口工具栏上的"删除"按钮，弹出如图 1-13 所示的"删除"对话框。

图 1-13　"删除"对话框

（4）单击"删除"对话框中的"是"按钮，WINWORD. exe 文件即从压缩文件中删除。

（5）关闭 WinRAR 窗口。

操作小提示

　　若想查看压缩文件中某个文件夹中的内容，只要用鼠标双击该文件夹即可；若想返回上一级文件夹，则只要双击 WinRAR 窗口中工作区域中的第一行".."即可。

4. 将 ity. rar 文件中压缩的所有文件及文件夹解压缩到 ex2 文件夹下的 AA 文件夹中。

（1）双击压缩文件 ity. rar，打开 WinRAR 窗口。

（2）单击 WinRAR 窗口工作区域中的第一行"..",单击 WinRAR 窗口工具栏上的"解压到"按钮，弹出如图 1-14 所示的"解压路径和选项"对话框。

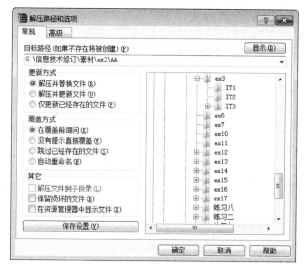

图 1-14　"解压路径和选项"对话框

（3）在"解压路径和选项"对话框中选中 ex2 文件夹，在"目标路径"下面的文本框中的 ex2 文件夹后面输入"\AA"，单击"确定"按钮，关闭 WinRAR 窗口。

操作小提示

　　右击需要解压缩的文件，在弹出的快捷菜单中单击"解压到当前文件夹"，可快速将压缩文件解压缩到当前文件夹中。

 练 习 一

本实验所需素材存放在"练习一"文件夹中。在实验素材"练习一"文件夹中,已有E1、E2、E3、E4 文件夹,请按以下要求进行操作:

1. 通过资源管理器浏览"练习一"文件夹。

2. 在 E3 文件夹中创建名为 CC 和 DD 的两个同级文件夹。

3. 将 E4 文件夹中扩展名为 ico 的文件移到 DD 文件夹中。

4. 将 E1 文件夹中文件名以 T 开头的所有文件复制到 CC 文件夹中。

5. 将 E2 文件夹中的所有文件夹删除。

6. 在"练习一"文件夹中创建一个名为 mytxt. txt 的文本文件,其内容为:计算机—Computer。

7. 将 E3 文件夹中的 book. txt 文件改名为 my. txt。

8. 将"练习一"文件夹中的 cmd. txt 文件设置为只读。

9. 在 E3 文件夹中创建一个 E1 文件夹的快捷方式,快捷方式名为 kje1。

10. 将"练习一"文件夹中的 E1、E2 文件夹压缩为 exy. rar 文件。

11. 将 cmd. txt 文件添加到 exy. rar 文件中。

12. 将 exy. rar 文件中压缩的 E2 文件夹中的 abc. tab 文件从压缩文件中删除。

13. 将 exy. rar 文件中压缩的所有文件及文件夹解压缩到"练习一"文件夹下的 xyz 文件夹中。

第二章 互联网的基本操作

认识 IE 浏览器

一、简洁的设计

打开 Internet Explorer 浏览器时首先注意到的是紧凑的用户界面。大多数命令栏功能,如"打印"或"缩放",现在都可以通过单击右上角"工具"按钮 访问,单击"收藏夹"按钮 时会显示收藏夹。此外,Internet Explorer 还提供了使用者所需的基本控制,并让网页显示在正中。若要还原"命令栏"、"收藏夹栏"和"状态栏",则右键单击"新建选项卡"右侧,然后在菜单中选择它们。

二、固定网站

对于需要经常访问的某些网页,使用"固定网站"功能,就可以从 Windows 7 桌面上的任务栏直接进行访问。固定网站的方法是:将地址栏中的图钉图标(或"新建选项卡"页的网站图标)拖动到任务栏,该网站图标会一直显示在此处,直到删除为止。以后单击该图标时,就会在 Internet Explorer 中打开该网站。打开固定的网站时,网站图标显示在浏览器顶部,以方便访问网站主页。

三、增强的选项卡

可以在一个窗口中打开的多个网页间轻松移动,如果需要同时查看两个选项卡网页,通过分离选项卡,可以将选项卡拖出 IE,从而在新窗口中打开该选项卡的网页,然后将它们对齐并排查看。选项卡是彩色编码的,目的是显示出哪些打开的网页是相互关联的,为在选项卡间单击时提供方便直观的参考。

四、新建选项卡页

单击"新建选项卡"图标 ,可以显示出最常访问的网站,并将它们彩色编码以便快速导航。网站标志栏还会显示出访问每个网站的频率,可以根据需要随时删除或隐藏显示的网站。

五、地址栏搜索

在地址栏中输入网站地址后,将直接进入该网站。如果输入搜索术语或不完整的地址,将使用当前选定的搜索引擎启动搜索。单击地址栏,可从列出的图标中选择搜索引擎或添加新的搜索引擎。从地址栏中进行搜索时,可以选择是打开搜索结果页还是置顶搜索结果。

了解 Microsoft Outlook 2016

Outlook 2016 作为 Office 2016 的一个组件,大家通常是使用这个来收发邮件或者管理邮箱帐户的。那么安装了 Outlook 2016 以后,如何对 Outlook 2016 进行一些简单的设置,添加邮箱帐户,管理自己的邮箱,然后收发邮件呢? 实验四将会介绍 Outlook 2016 的常用设置及使用方法,希望起到抛砖引玉的作用,让大家对 Outlook 2016 有个了解,且能熟练使用。

 # 实验三　上网基本操作

一、实验目的

1. 掌握信息浏览与保存的方法。
2. 掌握网上信息检索的方法。
3. 掌握文件下载的一般方法。

二、实验内容

1. 浏览网站,保存网页及图片文件。
2. 设置 IE。
3. 使用搜索引擎搜索信息。
4. 将搜索到的信息下载到本地磁盘。

三、实验步骤

1. 浏览与保存网上信息

(1) 启动 IE。双击桌面上的 Internet Explorer 图标,或单击任务栏左端的 IE 快速启动按钮,打开 IE 浏览器窗口。

(2) 输入网址。如在 IE 浏览器窗口的地址栏中输入网址"http://www.sina.com.cn",然后按回车键,便可以看到"新浪首页"的网页,如图 2-1 所示。单击"新闻"链接,找到感

兴趣的标题,单击即可打开相应的页面。

图 2-1　新浪网首页

（3）单击"后退"按钮,返回上次查看过的网页;单击"前进"按钮,查看在单击"后退"按钮前查看的网页。

（4）保存网页。网页中的起始页称为主页,主页通常由文字、图形、背景等组成,有的还可能包括动画和声音。使用"文件"菜单中的"另存为"子菜单项,可将文档存储到指定的文件夹中。另外,在"保存类型"中可以单击右侧的下三角,在下拉列表中选择所需的文件类型保存,如图 2-2 所示。

图 2-2　保存网页

（5）保存图片。将鼠标移动到有图片的位置，单击鼠标右键，选择"图片另存为"命令，将图片保存在指定文件夹中，并给图片重命名，如图2-3所示。

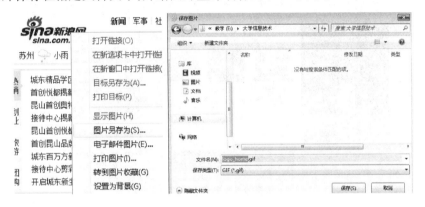

图2-3　保存图片

（6）添加到收藏夹。如果喜欢当前正在浏览的页面，就可以用收藏夹将其保存起来。用鼠标单击IE浏览器窗口中的"收藏"菜单，选择"添加到收藏夹"命令（图2-4），弹出"添加到收藏夹"对话框。在"名称"框中为网页输入一个容易记忆的名称，在"创建到"旁边的目录栏中选择存放的路径。如果想把网址保存在新的目录中，则可以单击"新建文件夹"按钮，输入目录名称，再按"确定"按钮。

（7）整理收藏夹。单击浏览器窗口中的"收藏"菜单，选择"整理收藏夹"命令，弹出"整理收藏夹"对话框（图2-5），然后对收藏夹进行整理。

图2-4　添加到收藏夹　　　　　　图2-5　"整理收藏夹"对话框

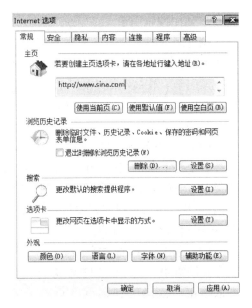

图 2-6 "Internet 选项"对话框

操作小提示

（1）在 IE 中，收藏夹按钮在右上角，与旧版本浏览器不同的是，只有一个星号图标，旁边不再显示"收藏夹"字样。

（2）要显示收藏夹、命令栏或状态栏，请执行以下操作：

右击"新建选项卡"按钮右侧，然后从菜单中勾选以下选项之一：收藏夹栏、命令栏、状态栏。

2. 设置 IE。

在 IE 中，单击浏览器界面右上角的"工具"按钮，在下拉菜单中选择"Internet 选项"命令，打开如图 2-6 所示的对话框。在"常规"选项卡下的"主页"中可以进行如下操作：

（1）在输入框中输入希望作为主页的网址，如要输入多个网页，在每个网址后按回车键即可。

（2）也可以单击"使用当前页"按钮，将当前网页作为默认主页。

（3）如果不希望使用任何网页作为主页，单击"使用空白页"按钮。

操作小提示

（1）已设定了主页，可是每次打开浏览器都显示导航已取消，该如何解决？

在 IE 中，单击右上角的"工具"按钮，在下拉菜单中单击"Internet 选项"命令，选择"高级"选项卡，单击"重置"按钮，将"删除个性化设置"勾选并且重置，重启浏览器看看是否能够恢复正常。

（2）怎样清除 IE 新建选项卡中的常用网站？

在 IE 中，单击浏览器界面右上角的"工具"按钮，在下拉菜单中单击"Internet 选项"命令，打开"Internet 选项"对话框；在"常规"选项卡下的"选项卡"中，单击"设置"按钮，弹出"选项卡浏览设置"对话框；单击"在打开新选项卡"后，单击向下的箭头，在下拉菜单中选择"空白页"或"你的第一个主页"。这样以后在新建选项卡中就不会出现常用网站了。

（3）如何始终在新窗口或新选项卡中打开网页？

在 IE 中，单击浏览器界面右上角的"工具"按钮，在下拉菜单中单击"Internet 选项"命令，打开"Internet 选项"对话框；在"常规"选项卡下的"选项卡"中，单击"设置"按钮，弹出"选项卡浏览设置"对话框；在"遇到弹出窗口时"下面单击"始终在新窗口中打开弹出窗口"或"始终在新选项卡中打开弹出窗口"单选按钮即可。

3. 使用搜索引擎

浏览网页时常常需要搜索感兴趣的主题,可以利用各种搜索引擎来达到这一目的。如在 IE 浏览器窗口的地址栏中输入"http://www.baidu.com"网址,按回车键,即可打开百度搜索引擎。在文本框中输入搜索关键字,如"××××学院",单击"百度一下",即可搜索出有关"××××学院"的相关文档。

4. 下载文件

(1) 基于网页的文件下载。

右击要下载的目标,弹出如图 2-7 所示的快捷菜单,选择"目标另存为"命令,打开"另存为"对话框(图 2-8),选择保存的位置、文件夹及文件名,单击"保存"按钮保存。

(2) 基于 FTP 的文件下载。

在网络中有大量的 FTP 服务器,这些 FTP 服务器给用户提供了许多可以直接下载的文件。用户登录到目的服务器上就可以在服务器目录中寻找所需文件。一般的 FTP 服务器都支持匿名(anonymous)登录,用户在登录到这些服务器时无须事先注册用户名和口令,只要以

图 2-7　下载目标

anonymous 为用户名和自己的 E-mail 地址作为口令就可以访问该 FTP 服务器。在浏览器窗口的地址栏中输入 FTP 地址,选择要下载的文件或文件夹,单击鼠标右键,在弹出的快捷菜单中选择"复制"命令,然后在本地磁盘上选择指定位置,单击鼠标右键,在弹出的快捷菜单中选择"粘贴"命令,即可将 FTP 上的文件下载到本地磁盘上。

图 2-8　"另存为"对话框

实验四　电子邮件的使用

一、实验目的

1. 掌握在网上申请一个免费邮箱的方法。
2. 掌握使用 Outlook 2016 接收和发送电子邮件。

二、实验内容

1. 了解 Outlook 2016 的配置方法。
2. 掌握 Outlook 2016 接收和发送邮件。

三、实验步骤

1. 配置 Outlook 2016 帐户。

在使用 Microsoft Office Outlook 2016 之前,需要配置 Outlook 帐户,具体的操作步骤如下:

(1) 单击"开始"菜单按钮,在"所有程序"→"Microsoft Office"中选择"Microsoft Office Outlook 2016",弹出"Microsoft Office Outlook 2016 启动"对话框。初次使用 Outlook 2016 需要配置 Outlook 帐户,然后单击"下一步",如图 2-9 所示。

(2) 在进入界面中选择"是"单选按钮,然后单击"下一步"按钮,如图 2-10 所示。

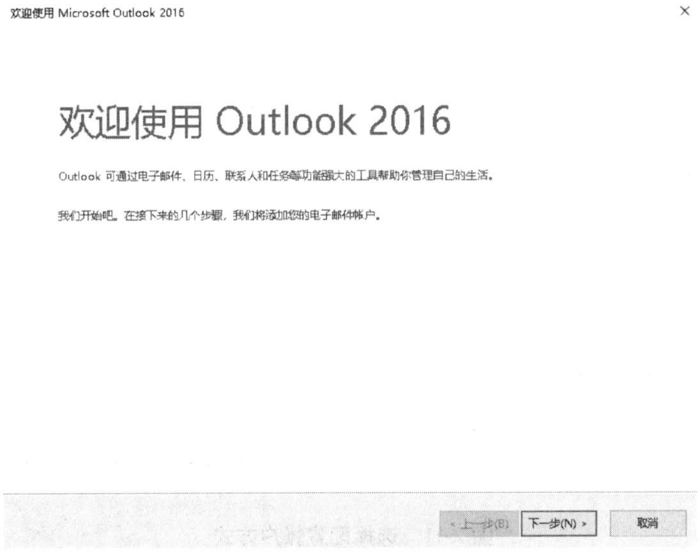

欢迎使用 Microsoft Outlook 2016 　　　　　　　　　　　　　　　　　　　　×

欢迎使用 Outlook 2016

Outlook 可通过电子邮件、日历、联系人和任务等功能强大的工具帮助你管理自己的生活。

我们开始吧。在接下来的几个步骤,我们将添加您的电子邮件帐户。

‹ 上一步(B)　下一步(N) ›　　取消

图 2-9　启动界面

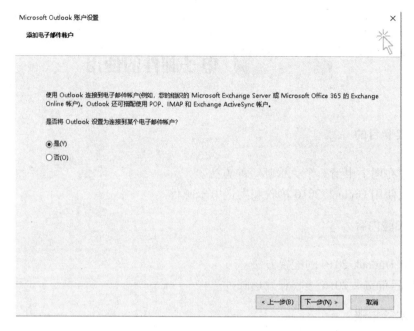

图 2-10 用户配置界面

（3）进入如图 2-11 所示的界面中，可以选择"电子邮件帐户"单选按钮，然后输入邮件地址和密码，让 Outlook 自动检测并配置电子邮件帐户。这里选择"手动设置或其他服务类型"，然后单击"下一步"按钮。

（4）选择"POP 或 IMAP"单选按钮，然后单击"下一步"按钮，如图 2-12 所示。

图 2-11 选择配置帐户方式

图 2-12　选择电子邮件服务类型

（5）进入如图 2-13 所示的"添加新帐户"界面，输入电子邮件帐户的信息，包括显示的姓名、电子邮件地址、邮件服务类型、电子邮件密码等。如果是 126 邮箱，则在"接收邮件服务器"中填写"pop.126.com"，在"发送邮件服务器"中填写"smtp.126.com"。如果添加 QQ 邮箱，则在"接收邮件服务器"中填写"pop.qq.com"，在"发送邮件服务器"中填写"smtp.qq.com"。

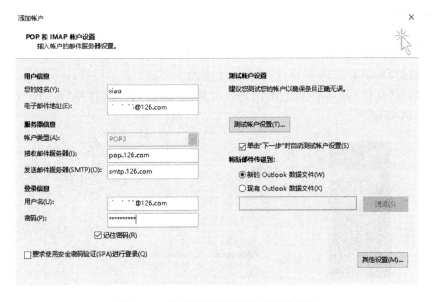

图 2-13　设置电子邮件帐户的相关信息

（6）单击"其他设置"按钮，打开"Internet 电子邮件设置"对话框，切换到"发送服务器"选项卡，然后选中"我的发送服务器（SMTP）要求验证"复选框，如图 2-14 所示。

（7）单击"确定"按钮，返回"添加新帐户"对话框。单击"测试帐户设置"按钮，打开"测试帐户设置"对话框，如图 2-15 所示。如果接收和发送的测试都显示"已完成"，那么说明帐户配置正确无误。

图 2-14　设置发送服务器验证方式　　　　图 2-15　"测试帐户设置"对话框

（8）单击"关闭"按钮，返回"添加新帐户"对话框，然后单击"下一步"按钮。在进入的界面中单击"完成"按钮，这样就完成了新帐户的创建，Outlook 会自动启动并使用新建的帐户自动从电子邮件服务器中接收电子邮件。

2. 添加新邮件帐户。

配置好 Outlook 帐户后，创建新邮件帐户的具体操作步骤如下：

（1）启动 Outlook 2016 程序，打开程序主界面。

（2）单击"文件"选项卡，在打开的列表中选择"信息"选项，打开"帐户信息"设置界面，如图 2-16 所示。

图 2-16　帐户信息界面

（3）单击"添加帐户"按钮，打开"添加新帐户"对话框，选中"电子邮件帐户"单选按钮，单击"下一步"按钮，然后依次输入"您的姓名""电子邮件地址""邮件地址登录的密码"。

（4）单击"下一步"按钮，打开"正在配置"对话框，其中显示了配置的进度。

（5）配置完成，会显示创建成功的提示信息"祝贺你！"。

（6）单击"完成"按钮，在 Outlook 2016 的左边导航窗口中就会显示新创建的帐户信息。

3. 配置和管理邮箱帐户。

（1）单击"文件"选项卡，在打开的列表中选择"信息"选项，打开"帐户信息"设置界面，单击"帐户设置"按钮，从弹出的下拉列表中选择"帐户设置"选项，如图 2-17 所示。

图 2-17 "帐户设置"按钮

（2）打开"帐户设置"对话框，如图 2-18 所示，单击"更改"按钮，可以对用户信息、服务器信息及登录信息进行更改，并可以进行测试操作。按照上述方法，还可以创建和配置更改网易 163、126 邮箱及 QQ 等其他邮箱的帐户。

图 2-18 "帐户设置"对话框

（3）要进行更多的设置，需要单击"更改帐户界面"中右下角的"其他设置"按钮，打开"Internet 电子邮件设置"对话框，如图 2-19 所示，单击"高级"选项卡选中"在服务器上保留邮件的副本"复选框，否则当 Outlook 程序接收电子邮件后，网络服务器上的电子邮件就会自动删除。

图 2-19　设置在服务器上保留邮件的副本

4. 撰写与发送电子邮件。

设置好电子邮箱帐户后，就可以开始撰写和发送电子邮件了。

（1）单击"开始"选项卡下的"新建电子邮件"按钮，如图 2-20 所示。打开"邮件"窗口，在"收件人"文本框中输入收件人的电子邮件地址，在"主题"文本框中输入电子邮箱的标题，然后在下方的文本框中输入邮件的内容。

（2）添加附件。在"邮件"选项卡下的"添加"选项组中单击"附件文件"按钮，弹出"插入文件"对话框，在"查找范围"下拉列表框中选择要添加的附件文件，如果要发送多个文件，可以按住【Ctrl】键的同时依次单击每一个文件，然后单击"插入"按钮，即将

图 2-20　新建电子邮件

选择的所有文件添加到"邮件窗口"的"附件"文件夹中，如图 2-21 所示。

（3）使用"邮件"选项卡下的"普通文本"选项组中的相关工具按钮，对邮件正文中的内容进行调整，然后单击"发送"按钮。

（4）邮件发送完毕后，工作界面自动关闭，返回主界面，在导航窗格中的"已发送邮件"窗口可以看到已发送的邮件信息。

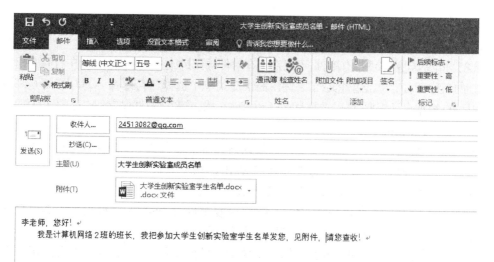

图 2-21　撰写新邮件的内容

操作小提示

（1）如果希望将邮件同时发给多个人，那么可以在"抄送"文件框中填写其他人的电子邮件地址，各个地址之间用分号进行分隔。

（2）如果在 Outlook 中添加了多个帐户，那么每次发送邮件时的发件人会使用默认帐户，通过更改默认帐户，可以改变默认使用的发件人。

5. 接收与查看电子邮件。

（1）单击"发送/接收"选项卡下的"发送/接收所有文件夹"按钮，如果有邮件到达，会出现如图 2-22 所示的"Outlook 发送/接收进度"窗口，并显示邮件接收进度，状态栏中会显示发送/接收状态的进度。

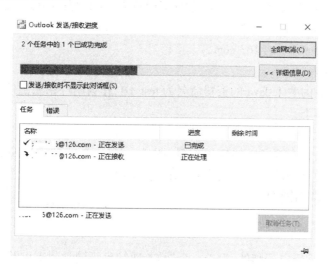

图 2-22　"Outlook 发送/接收进度"窗口

（2）接收邮件完毕,选择 Outlook 窗口左侧导航栏中帐户名称所属的"收件箱",然后在右侧列表中会显示当前帐户下接收的邮件内容。

（3）如果收到的邮件带有附件,可以在带有附件的邮件上单击鼠标左键,在右侧会出现附件文档的名称。右键单击附件文档,在弹出的快捷菜单中选择"打开"命令,弹出"打开邮件附件"对话框,根据自己需要,可以选择直接打开附件文档,或者把附件保存到自己的计算机中。

6. 回复与转发电子邮件。

在看完一封邮件后,可能需要立即回复这封邮件的发件人,可以使用以下两种方法。

方法一:右击邮件列表中的邮件标题,在弹出的快捷菜单中选择"答复"命令。

方法二:选择邮件列表中的邮件标题,单击"开始"选项卡下的"答复"按钮。

回复邮件的窗口与发送邮件的窗口类似,回复邮件时 Outlook 会根据来源邮件自动填写回复邮件时的收件人地址,用户只需填写内容即可。

转发与回复类似,不同之处在于回复来源于邮件的发件人,而转发则可以由用户自己选择将邮件回复给哪些人。

7. 添加联系人。

（1）在主界面"开始"选项卡下的"新建"组中单击"新建项目"按钮,在弹出的下拉列表中选择"联系人"选项。

（2）弹出"联系人"工作界面,填写联系人姓名、工作单位、照片、邮箱地址等信息,单击"保存并关闭"按钮。

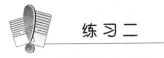

练习二

1. 打开"××××学院"网页,搜索你所在学院有关的信息,将网页下载到指定文件夹下保存。

2. 输入网址"http://www.163.com",搜索并下载 MP3 播放器。

3. 输入"ftp://10.28.78.168",下载与"大学计算机基础"有关的文件。

4. 申请一个 163 邮箱,将"大学计算机基础"课程的作业以附件的形式发送给任课老师。

5. 用 Outlook 编辑电子邮件:

收件地址:mail4test@163.com

主题:Java 入门

将网上下载的关于 Java 的资料命名为 test.txt,作为附件粘贴到信件中。

信件正文如下:

您好!

Java 语言有着广泛的应用前景,附件是关于 Java 的入门资料,请下载查看。如果需要更详细的 Java 学习资料,请来信索取。

祝您学习愉快!

此致

敬礼!

6. 用 Outlook 编辑电子邮件,发送一个通知,通知班级同学周末出游,收到邮件的同学将邮件转发给其他同学。

第三章　文字处理

　制作 Word 电子板报

一、实验目的

1. 掌握页面的设置方法。
2. 掌握文字、段落的排版技术。
3. 掌握页眉和页脚的设置方法。
4. 掌握文字的查找和替换方法。
5. 了解图文混排的编辑操作技术。
6. 掌握特殊格式的设置方法。

二、实验内容

本实验所需素材存放于 ex5 文件夹中。参考图 3-1 所示的样张,按照下列要求对文档进行编辑、排版及保存。

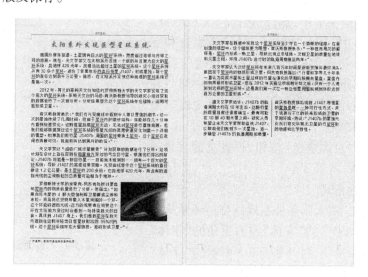

图 3-1　实验五样张

1. 打开实验素材 ex5 文件夹中的 ex5.docx 文档。

2. 设置文档版面纸张大小为 A4,设置上、下页边距均为 2.5 厘米,左、右页边距均为 2 厘米,每页 38 行,每行 42 个字,页面颜色设置成"灰色-25%,背景 2"。

3. 设置文档标题"太阳系外发现巨型星环系统"格式为华文行楷,一号字,红色,字符间距为 1 磅,居中对齐,并添加黄色底纹。

4. 对文档中正文进行字体设置,中文设置为宋体、四号字,英文和数字设置为 Arial 字体、四号字。

5. 设置各段首行缩进 2 个字符,段前、段后间距均为 0.5 行。

6. 把正文中所有的"环形"替换为蓝色、加粗、带"双波浪线"下划线的"星环"。

7. 将最后一段设置为等宽两栏,栏间加分隔线。

8. 插入实验素材 ex5 文件夹中的"star.jpg"图片到"罗彻斯特大学……能够形成卫星"一段内,设置图片格式。

9. 在正文第一行"星环"处加入脚注"行星环:围绕行星旋转的星际物质"。

10. 设置页眉"星环系统",页面底端插入"普通数字 2"样式页码。

11. 把编辑好的文档以文件名"word5"、文件类型"Word 文档(＊.docx)"保存在 ex5 文件夹中。

▶ 三、实验步骤

1. 启动 Word 2016 软件,打开实验素材 ex5 文件夹中的 ex5.docx 文档。

2. 设置文档版面。

在"布局"选项卡下的"页面设置"组中,单击右下角的"页面设置"对话框启动器按钮 ,打开"页面设置"对话框。在"页边距"选项卡中,设置上、下页边距均为 2.5 厘米,左、右页边距均为 2 厘米;在"纸张"选项卡中,选择 A4;在"文档网格"选项卡(图 3-2)中,单击"网络"下的"指定行和字符网格",在"字符数"下的"每行"中设置字数为"42",在"行数"下的"每页"中设置行数为"38";在"预览"下的"应用于"列表中选择"整篇文档";最后单击"确定"按钮。单击"设计"选项卡下的"页面背景"组中的"页面颜色"按钮,设置页面背景颜色为"灰色-25%,背景 2"。

3. 设置标题格式。

选中标题文字"太阳系外发现巨型星环系统",单击"开始"选项卡下的"字体"组右下角的"字体"对话框启动器按钮 ,打开如图 3-3 所示的"字体"

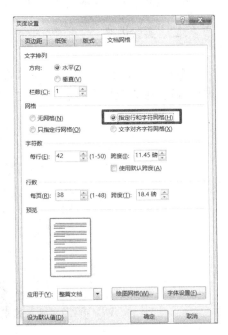

图 3-2 "页面设置"对话框

对话框。在"字体"选项卡中,设置"中文字体"为"华文行楷","字号"为"一号","字体颜色"为"红色";在"高级"选项卡中,将"字符间距"下的"磅值"设置为"1 磅";最后单击"确定"按钮。

选中标题文字,单击"开始"选项卡下的"段落"组中的"居中"按钮,然后单击"设计"选项卡下的"页面背景"组中的"页面边框"按钮,打开如图 3-4 所示的"边框和底纹"对话框;单击"底纹"选项卡,设置填充颜色为"黄色","应用于"为"文字"。

图 3-3 "字体"对话框

图 3-4 "边框和底纹"对话框

4. 设置字体。

选中正文"据国外媒体……化学特性",在选中区域单击鼠标右键,打开如图 3-5 所示的快捷菜单;选中"字体"菜单项,打开如图 3-3 所示的"字体"对话框,"中文字体"设置为"宋体","西文字体"设置为"Arial"字体,"字号"均设置为"四号";最后单击"确定"按钮。

5. 设置段落格式。

选中正文各段,在"开始"选项卡下的"段落"组中单击右下角的"段落"对话框启动器按钮 ,打开如图 3-6 所示的"段落"对话框。在"缩进和间距"选项卡中,设置"缩进"下的"特殊格式"为"首行缩进","缩进值"为"2 字符",设置"间距"下"段前"和"段后"均为"0.5 行",最后单击"确定"按钮。

操作小提示

段落设置、复制、剪切、粘贴等常用操作还可以通过打开快捷菜单,单击相应菜单项的方法实现。

图 3-5　快捷菜单　　　　　　　图 3-6　"段落"对话框

6. 执行操作查找和替换。

　　将当前插入点移到正文起始位置,在"开始"选项卡下的"编辑"组中单击"替换"按钮,打开如图 3-7 所示的"查找和替换"对话框。在"替换"选项卡中,在"查找内容"中输入"环形",在"替换为"中输入"星环",单击"更多"按钮;在展开的对话框中单击"格式"按钮,选择"字体",打开"替换字体"对话框,在"字形"下选择"加粗",在"字体颜色"下选择"蓝色",在"下划线线型"下选择"双波浪线样式",单击"确定"按钮。然后在如图 3-7所示的"查找和替换"对话框的"搜索选项"下的"搜索"列表中选择"向下",单击"全部替换"按钮。最后关闭"查找和替换"对话框。

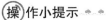作小提示

　　若不小心给"查找内容"设置了格式,单击"查找和替换"对话框下方右侧的"不限定格式"按钮,可将设置的格式取消。

7. 设置分栏。

　　选中最后一段内容,在"布局"选项卡下的"页面设置"组中单击"分栏"按钮,在下拉列表中选择"更多分栏"命令;打开如图 3-8 所示的"分栏"对话框,在"预设"下选择两栏,选中"栏宽相等""分隔线"复选框;最后单击"确定"按钮。

作小提示

　　选中最后一段内容时,文档尾部回车键不能包含在内。

图 3-7 "查找和替换"对话框

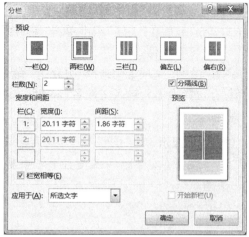

图 3-8 "分栏"对话框

8. 插入图片及设置格式。

首先,将插入点移至"罗彻斯特大学……能够形成卫星"段内,在"插入"选项卡下的"插图"组中单击"图片"按钮,打开"插入图片"对话框,选择实验素材 ex5 文件夹中的"star.jpg"文件,单击"插入"按钮。然后,选中插入的图片,单击"图片工具—格式"选项卡下的"大小"组右下角的"高级版式:大小"对话框启动器按钮,打开如图3-9 所示的"布局"对话框。在"大小"选项卡中设置图片缩放"高度"为"37%","宽度"为"40%";在"文字环绕"选项卡中设置环绕方式为"四周型";在"位置"选项卡中设置水平对齐方式为"右对齐";最后单击"确定"按钮。

图 3-9 "布局"对话框

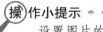 作小提示

设置图片的大小时,应取消"锁定纵横比"前的"√"(图 3-9)。

9. 插入脚注。

选中正文第一行的"星环"一词,在"引用"选项卡下的"脚注"组中单击"插入脚注"按钮,然后在页面底端脚注区域生成的脚注编号 1 后输入脚注内容"行星环:围绕行星旋转的星际物质",如图 3-1 所示。

10. 设置页眉和页脚。

先在"插入"选项卡下的"页眉和页脚"组中单击"页眉"按钮,选择"编辑页眉",在页眉处输入"星环系统";再单击"页眉和页脚工具—设计"选项卡下的"导航"组中的"转至页脚"按钮,从光标插入点进入页脚编辑区;这时再单击"页眉和页脚工具—设计"选项卡下的"页眉和页脚"组中的"页码"按钮,打开下拉列表,选择"页面底端"→"普通数字2"样式页码;最后在"关闭"组中单击"关闭页眉和页脚"按钮。

11. 保存文件。

在"文件"选项卡中选择"另存为"命令,单击"浏览"选项,打开"另存为"对话框,选择保存位置为 ex5,输入文件名"word5",文件类型选择"Word 文档(* .docx)",最后单击"保存"按钮。

操作小提示

> 在保存文件时,一定要注意三个要素:保存的位置、保存的文件类型及保存的文件名。

实验六　利用 Word 编辑文稿

➡ 一、实验目的

1. 掌握页面设置的方法。
2. 掌握文字、段落的排版技术。
3. 掌握公式编辑器的使用方法。
4. 了解表格的设置方法。
5. 了解文本框的应用。
6. 掌握特殊格式的设置方法。
7. 了解 Word 中"域"的插入方法。

➡ 二、实验内容

本实验所需素材存放于 ex6 文件夹中。参考图 3-10 所示的样张,按照下列要求对文档进行编辑、排版并保存。

1. 打开实验素材 ex6 文件夹中的 ex6.docx 文档。
2. 设置文档版面纸张大小为 B5,设置上、下页边距均为 1.8 厘米,左、右页边距均为 1.5 厘米,每页 38 行,每行 36 个字。
3. 在文章标题位置插入文本框,输入文字"不同年龄段的防癌筛查",将文字设置为隶书、30 号字,并设置文本框格式。
4. 设置段落格式。
5. 设置项目符号。
6. 对文中"究其原因……最终诱发癌症"这一段落设置边框和底纹。

图 3-10 实验六样张

7. 在文档第一段中适当位置利用公式编辑器输入一个分数。

8. 在文中插入表格,设置表格居中对齐,设置表格列宽、内外框线的格式。

9. 设置奇数页页眉为"癌症筛查",偶数页页眉为"防患未然",页脚为"第 X 页共 Y 页",均居中。

10. 把编辑好的文档以文件名"word6"、文件类型"Word 文档(＊.docx)"保存在 ex6 文件夹中。

三、实验步骤

1. 打开实验素材 ex6 文件夹中的 ex6.docx 文档。

2. 设置页面。

在"布局"选项卡下的"页面设置"组中,单击右下角的"页面设置"对话框启动器按钮,打开如图 3-2 所示的"页面设置"对话框。在"页边距"选项卡中,设置上、下页边距均为 1.8 厘米,左、右页边距均为 1.5 厘米;在"纸张"选项卡中,选择"B5";在"文档网格"选项卡中,单击"网格"下的"指定行和字符网格",在"字符数"下的"每行"中设置字数为"36",在"行数"下的"每页"中设置行数为"38";在"预览"下的"应用于"列表中选择"整篇文档";最后单击"确定"按钮。

3. 输入标题并设置其格式。

(1) 将插入点移至文本标题位置,在"插入"选项卡下的"文本"组中单击"文本框"按钮,选中"简单文本框",在文本框内输入"不同年龄段的防癌筛查";选中文本框中的文字,将文字格式设置为"隶书""30 号字"。

(2) 单击"绘图工具—格式"选项卡下的"形状样式"组中的样式列表扩展按钮(图 3-11),然后在展开的列表中选中"彩色轮廓-橄榄色,强调颜色 3"样式;在"排列"组中单击"位置"按钮,选中"其他布局选项",打开如图 3-9 所示的"布局"对话框,分别设置文本框文字环绕方式为"上下型",水平下的对齐方式为"居中",高度为"2 厘米",宽度为"12 厘米"。

图 3-11　文本框样式

4. 设置段落格式。

(1)选中正文中除最后五个段落的内容("绝大多数……有针对性地进行筛查"),在"开始"选项卡下的"段落"组中单击右下角的"段落"对话框启动器按钮 ,打开"段落"对话框,在"缩进和间距"选项卡中,设置"间距"下的"行距"为"固定值""30 磅"。

(2)选中正文第二段到倒数第六段的内容("癌症的形成不是一朝一夕……有针对性地进行筛查"),打开"段落"对话框,在"缩进和间距"选项卡中,设置"缩进"下的"特殊格式"为"首行缩进""2 字符"。

(3)把光标插入正文起始位置,单击"插入"选项卡下的"文本"组中的"首字下沉"按钮,选中"首字下沉选项",打开如图 3-12 所示的"首字下沉"对话框,在"位置"中选中"下沉",在"选项"中设置"下沉行数"为"2","距正文"为"0.5 厘米"。

5. 设置项目符号。

选中正文中的第 3、6、10、13 段,在"开始"选项卡下的"段落"组中单击"项目符号"按钮 右侧的下拉按钮,在"项目符号库"中选择如图 3-13 所示样式的项目符号。最后设置这些段落字体为"华文行楷""三号""红色"。

图 3-12　"首字下沉"对话框

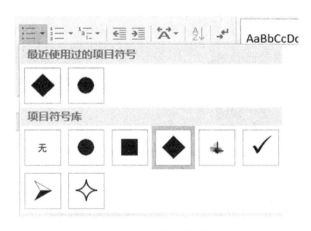

图 3-13　设置项目符号

操作小提示

(1)按住【Ctrl】键拖动鼠标,可同时选中不连续的文字。

(2)文档中有多处需要设置同样的格式时,可以先设置第一处的格式,然后使用"格式刷"复制格式。只要选中带格式的内容,单击"格式刷",刷过所要设置同样格式的内容即可;如果要刷多处,则双击"格式刷"。

6. 设置边框和底纹。

选中"究其原因……最终诱发癌症"这一段落全部内容,在"设计"选项卡下的"页面背景"组中,单击"页面边框"按钮,打开如图 3-14 所示的"边框和底纹"对话框;在"边框"选项卡中,在"设置"下选择"三维","样式"下选择"双实线","颜色"下选择"绿色","宽度"下选择"0.75 磅","预览"下的"应用于"下选择"段落";在"底纹"选项卡中,在"填充"下选择"橙色","图案式样"选择"20%","应用于"下选择"段落";最后单击"确定"按钮。

图 3-14 "边框和底纹"对话框

操作小提示

在选中段落内容时,如果把段尾的回车符一起选中,那么在"应用于"中默认是"段落"。

7. 编辑数学公式。

在正文第一段"明确提出:的癌症可以预防,的癌症如能早期诊断可以治愈,的癌症可以减轻痛苦,延长寿命"这句话中三个"的"字前分别输入 1/3,具体操作步骤如下:

将插入点移至适当的插入位置,在"插入"选项卡下的"符号"组中单击"公式"按钮;在列表中选择"插入新公式";在"公式工具—设计"选项卡中,利用"工具""符号""结构"组中的按钮编辑所需内容,如图 3-15 所示。

不同年龄段的防癌筛查

绝 大多数癌症与不良生活方式和环境因素有关。世界卫生组织顾问委员会 1981 年就明确提出:$\frac{1}{3}$的癌症可以预防,的癌症如能早期诊断可以

图 3-15 公式工具

8. 插入表格,设置表格格式。

(1) 选中正文中最后五段内容("年龄……前列腺癌"),单击"插入"选项卡下的"表格"组中的"表格"按钮,在下拉列表中单击"文本转换成表格",打开如图 3-16 所示的"将文字转换成表格"对话框;在"列数"中填入"3",在"行数"中填入"5",在"文字分隔位置"

下选择"制表符";然后单击"确定"按钮。

（2）选中表格中所有单元格中的文字,把文字设置成小五号字。

（3）选中表格中第1、第2列单元格,单击"表格工具—布局"选项卡下的"单元格大小"组右下角的"表格属性"对话框启动器按钮，打开"表格属性"对话框;单击"列"选项卡(图3-17),设置这两列单元格列宽为"4厘米";选中"表格"选项卡,在"对齐方式"下选择"居中",设置表格居中对齐。

图3-16　"将文字转换成表格"对话框

图3-17　"表格属性"对话框

（4）将光标插入表格任意单元格后,单击"表格工具—设计"选项卡下的"绘图边框"组右下角的"边框和底纹"对话框启动器按钮，打开"边框和底纹"对话框;打开"边框"选项卡,在"设置"下选择"无",在"样式"下选择"实线",在"颜色"下选择"紫色",在"宽度"下选择"1.5磅",在"预览"下分别单击上、下、左、右边框按钮;然后在"样式"下选择"虚线",在"颜色"下选择"浅蓝色",在"宽度"下选择"0.5磅",在"预览"下分别单击水平、垂直内框线按钮,如图3-18所示;最后单击"确定"按钮即可。

图3-18　设置表格边框

9. 设置页眉和页脚。

（1）在"插入"选项卡下的"页眉和页脚"组中单击"页眉"按钮,在下拉列表中选择"编辑页眉";在"页眉和页脚工具—设计"选项卡下,选中"选项"组中的"奇偶页不同"复选框,如图3-19所示。在奇数页页眉处输入"癌症筛查",鼠标滚动到偶数页,在偶数页页眉处输入"防患未然"。

（2）设置页脚时,需要插入"第X页共Y页"的自动图文集(系统不自带),我们可以先自定义建立好这一自动图文集,然后在页脚处插入。具体操作步骤如下:

① 将光标插入第 1 页页脚处,单击"插入"组中的"文档部件"按钮,在下拉列表中选中"域",打开如图 3-20 所示的"域"对话框;在"请选择域"下的"域名"列表里选择"Page"(页码),在"域属性"下"格式"列表里选择"1,2,3,…"格式;然后单击"确定"按钮。用同样的办法插入"NumPages"(页数)域,这时页脚处显示为"13",然后输入字符,使页脚内容变为"第 1 页共 3 页"。

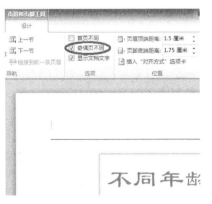

图 3-19　设置奇偶页不同　　　　　　　　　图 3-20　"域"对话框

② 将光标插入页脚首字符位置,单击"位置"组中的"插入'对齐方式'选项卡"按钮,打开如图 3-21 所示的"对齐制表位"对话框,在"对齐方式"下选中"居中"单选按钮,然后单击"确定"按钮。

③ 选中页脚内容,在"插入"组中单击"文档部件"按钮,在下拉列表中选中"自动图文集",又展开一个列表;这时选择"将所选内容保存到自动图文集库",打开

图 3-21　"对齐制表位"对话框

如图 3-22 所示的"新建构建基块"对话框,把"名称"设置为"第 X 页共 Y 页";最后单击"确定"按钮。

④ 将光标插入第 2 页页脚处,单击"插入"组中的"文档部件"按钮,在下拉列表中单击"自动图文集"中的"第 X 页共 Y 页"(图 3-23);设置页脚内容"居中"对齐。

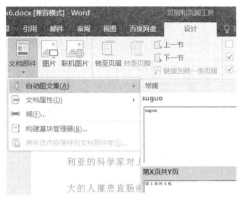

图 3-22　"新建构建基块"对话框　　　　　图 3-23　应用"自动图文集"

（3）最后在"关闭"分组中单击"关闭页眉和页脚"按钮。

10. 保存文件。

在"文件"选项卡中选择"另存为"命令，单击"浏览"选项，打开"另存为"对话框，选择保存位置为 ex6 文件夹，输入文件名"word6"，文件类型选择"Word 文档（＊.docx）"，最后单击"保存"按钮。

练习三

打开实验素材"练习三"文件夹中的 test3.docx 文件，参考图 3-24 所示的练习三样张，按照下列要求对文档进行编辑操作。

1. 将页面设置为：16 开纸，上、下、左、右页边距均为 3 厘米，每页 38 行，每行 35 个字符，设置页面垂直方向对齐方式是底端对齐。

2. 参考样张，在文章标题位置插入艺术字，输入文字"保护大熊猫"，选择"渐变填充-蓝色，着色，反射"样式，将文字设置为华文行楷、40 号字、加粗，并设置艺术字环绕方式为上下型、居中，文本效果为左上对角透视的阴影效果。

3. 设置第一段首字悬挂 3 行，字体为隶书，距正文 0.2 厘米，其余各段落首行缩进 2 字符，段前、段后间距为 0.5 行。

4. 将正文第二段分成等宽两栏，栏间加分隔线。

5. 参考样张，在正文第一段右侧插入图片 panda.jpg，高度为 5 厘米，宽度为 4 厘米，环绕方式为四周型，边框为 3 磅、绿色、短划线。

图 3-24　练习三样张

6. 设置页眉为"国宝熊猫"，页脚为罗马数字"i, ii, iii,…"样式，页码从 iii 开始，均居中显示。

7. 设置页面边框为 0.5 磅、蓝色、双实线。

8. 给页面添加内容为"保护熊猫"的斜式水印。

9. 将文档以文件名 done3.docx 保存到"练习三"文件夹中。

第四章　电子表格处理

实验七　Excel 的简单操作

▶ 一、实验目的

1. 掌握工作表中单元格格式的设置方法、工作表重命名的方法。
2. 掌握基本函数计算和公式计算的方法。
3. 掌握利用填充柄自动填充数据的方法。
4. 掌握相对地址、绝对地址的使用方法。
5. 初步领会数据筛选、条件格式及图表的制作方法。
6. 掌握数据排序的方法。

▶ 二、实验内容

本实验所需素材存放在 ex7 文件夹中,参考图 4-1 所示的样张,按照下列要求进行操作并保存。

1. 打开 ex7 文件夹下的 EXCEL.xlsx 工作簿文件,在工作表 Sheet1 中完成下列操作。

（1）设置"型号"列数据格式为文本格式。

（2）计算"产值"列的值（产值＝产量×单价）;计算产值的总计置于"总计"行的 D12 单元格;计算"产值所占比例"列的值,要求结果为百分比型,保留 1 位小数。

（3）对 Sheet1 工作表的数据清单按主要关键字"产值"的升序次序排序和次要关键字"产量"的降序次序排序。利用条件格式的"数据条"下的"实心填充"中的"蓝色数据条"修饰 D2：D12 单元格区域。

（4）设置"产量""单价""产值"列内容居中对齐,其余列水平右对齐。

（5）将工作表命名为"某企业日生产情况表",保存 EXCEL.xlsx 工作簿。

2. 打开 ex7 文件夹下的 EXC.xlsx 工作簿文件,在工作表 Sheet1 中完成下列操作。

（1）将 Sheet1 工作表的 A1：F1 单元格合并为一个单元格,内容水平居中。

（2）计算"总成绩"列的内容,数值保留 2 位小数。

（3）给"备注"列填入信息。如果总成绩≥90 则备注为优秀,其他情况备注为良好。利用条件格式设置"总成绩"列格式,并把大于或等于 85 的总成绩字体颜色设置为红色。

	A	B	C	D	E
	型号	产量(台)	单价（元）	产值（元）	产值所占比例
	C080	900	320	288000	2.7%
	C010	880	560	492800	4.7%
	C100	580	965	559700	5.3%
	C070	760	1320	1003200	9.5%
	C030	1000	1150	1150000	10.9%
	C060	1160	1025	1189000	11.3%
	C040	950	1258	1195100	11.4%
	C090	1590	850	1351500	12.8%
	C020	1980	785	1554300	14.8%
	C050	1200	1450	1740000	16.5%
	总计			10523600	

	A	B	C	D	E	F
1			竞赛成绩统计表			
2	选手号	性别	初赛成绩（占30%）	决赛成绩（占70%）	总成绩	备注
3	A07	男	92	90	90.60	优秀
4	A01	男	85	92	89.90	良好
5	A02	男	79	94	89.50	良好
6	A09	男	74	82	79.60	良好
7	A04	男	87	63	70.20	良好
9	A03	女	96	89	91.10	优秀
10	A10	女	97	87	90.00	优秀
11	A05	女	70	88	82.60	良好
12	A06	女	67	75	72.60	良好

竞赛结果分析

图 4-1　实验七样张

（4）将 A2:F12 数据区域设置为自动套用格式"表样式浅色 9"。

（5）对 Sheet1 工作表内容进行自动筛选，条件为总成绩大于或等于 70；对筛选后的数据清单按主要关键字"性别"的"男、女"的排序次序、次要关键字"总成绩"的降序次序进行排序。

（6）在数据表中，插入一个"三维簇状圆柱图"。图表标题为"竞赛结果分析"，显示数据标签，不显示图例，将图插入当前工作表 A13:D24 单元格区域内。

（7）保存 EXC.xlsx 文件。

三、实验步骤

1. 在 ex7 文件夹中，双击工作簿文件 EXCEL.xlsx，即可在 Excel 2016 环境中打开该文件。打开的工作簿文件中有三张工作表，名称分别是 Sheet1、Sheet2、Sheet3，其中默认 Sheet1 为当前工作表。

（1）设置"型号"列数据格式为文本格式。

把鼠标移到"型号"所在列 A 列，这时显示列名称的单元格颜色变为绿色，鼠标指针箭头是方向向下的实心箭头；单击鼠标左键，选中 A 列，如图 4-2 所示。单击快捷键

【Ctrl】+【1】,弹出"设置单元格格式"对话框;单击"数字"选项卡,在"分类"列表框中单击"文本"选项,单击"确定"按钮,如图4-3所示。

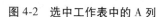

图4-2 选中工作表中的A列　　　　　图4-3 "设置单元格格式"对话框

操作小提示

（1）在Excel中可以将单元格设置为文本格式,在该单元格中输入的数字均为文本。使用该方法可以输入以0开头的文本,如以0开头的学号、产品编号等。

（2）设置文本格式还有另外一个方法:选中A2单元格,在单元格中原有的内容"C080"前加一英文单引号,按回车键就可看到文本单元格左上角有一个"绿色"文本标记,其他单元格设置可以使用格式刷完成。

（3）"设置单元格格式"操作,可以在选定单元格区域后,在选定的区域上单击鼠标右键,在弹出的快捷菜单中选择"设置单元格格式"命令,在弹出的对话框中进行设置;或者在选定单元格区域后,按下快捷键【Crtl】+【1】,弹出"设置单元格格式"对话框,进行单元格格式设置。

（2）计算"产值"列的值(产值=产量×单价);计算产值的总计置于"总计"行的D12单元格;计算"产值所占比例"列的值,要求结果为百分比型,保留1位小数。

① 选中D2单元格,输入公式"=B2*C2"(图4-4),按回车键,计算得到D2单元格的值。

② "产值"列中余下单元格的计算可以使用填充柄快速实现,其方法是:移动光标至D2单元格右下角的黑色小方块(即填充柄),当光标变成黑色实心十字形状时,填充柄激活;按住鼠标左键向下拖动,拖到目标位置后释放鼠标左键;此时可以看到填充柄经过的单元格中都显示了相应的结果,即填充柄已经将D2单元格中的公式复制到了下方单元格中。计算结果如图4-5所示。

D2			fx	=B2*C2
▲	A	B	C	D
1	型号	产量(台)	单价（元）	产值（元）
2	C080	900	320	288000
3	C030	1000	1150	
4	C100	580	965	
5	C090	1590	850	
6	C070	760	1320	
7	C050	1200	1450	
8	C040	950	1258	
9	C010	880	560	
10	C020	1980	785	
11	C060	1160	1025	
12	总计			

图 4-4　计算 D2 的值

D2			fx	=B2*C2
▲	A	B	C	D
1	型号	产量(台)	单价（元）	产值（元）
2	C080	900	320	288000
3	C030	1000	1150	1150000
4	C100	580	965	559700
5	C090	1590	850	1351500
6	C070	760	1320	1003200
7	C050	1200	1450	1740000
8	C040	950	1258	1195100
9	C010	880	560	492800
10	C020	1980	785	1554300
11	C060	1160	1025	1189000
12	总计			

图 4-5　拖动填充柄实现批量计算

操作小提示

（1）公式由函数、引用、常量、运算符中的部分内容或全部内容组成。在 Excel 中输入公式是从"="开始的，公式的类型有多种。一般来说，包含数值运算的数学运算符号有：+（加）、-（减）、*（乘）、\（除）等；包含关系运算（即比较运算）的运算符号有：>（大于）、<（小于）、>=（大于等于）、<=（小于等于）等。

（2）填充柄。在 Excel 中填充柄可以用来批量生成数据，也可以用来快速复制公式实现大批量的计算。以后的实验和练习中还会使用填充柄，需熟练掌握填充柄的使用方法。

③ 选中单元格 D12，在"公式"选项卡下的"函数库"组中单击"插入函数"按钮 fx，弹出"插入函数"对话框，如图 4-6 所示。在"或选择类别"右侧的列表框中选择"常用函数"，在"选择函数"下面的下拉列表框中选择求和函数"SUM"，单击"确定"按钮，弹出"函数参数"对话框，如图 4-7 所示。在参数 Number1 右侧的数值框中，默认的单元格区域为 D2:D11，符合题目的计算要求；单击"确定"按钮，完成 D12 单元格的计算。

图 4-6　"插入函数"对话框

图 4-7　"函数参数"对话框

④ 选中 E2 单元格，输入公式"=D2/$D$12"，单击回车键，计算出该产品产值所占比例；然后用填充柄计算出 E3:E11 单元格的值。选中 E2:E11 单元格，单击快捷键【Ctrl】+

【1】，弹出"设置单元格格式"对话框；单击"数字"选项卡，在"分类"列表框中单击"百分比"选项，"小数位数"列表框中设置为"1"，单击"确定"按钮。

操作小提示

（1）函数使用。在"公式"选项卡下，单击"插入函数"按钮或"自动求和"按钮；在相应的列表框中，单击选中的函数，在"函数参数"对话框中，根据函数使用格式，设置函数参数。

（2）单元格的引用方式分为相对引用、绝对引用和混合引用三种。在用填充柄拖动计算复制公式时，不同的引用方法会得到不同的计算结果。只有使用正确的引用方法，才能得到正确的结果。

相对引用：在使用填充柄进行计算时，计算结果单元格和参与计算的参数单元格相对位置是一一对应的关系。比如，在上述计算产值的运算中，D2 单元格的计算公式是"=B2＊C2"，使用填充柄拖动复制公式计算后，D3 单元格的计算公式是"=B3＊C3"，D4 单元格的计算公式是"=B4＊C4"，以此类推。计算结果列与参与运算列的单元格是一一对应的，这种引用方法称为相对引用。

绝对引用：在用填充柄拖动计算的过程中，参与计算的单元格位于固定的位置。对固定位置的单元格值的引用，列号和行号前要加上符号"＄"，如 ＄A＄1。如上述计算产值所占比例的例子。

混合引用：在计算公式中，参与计算的单元格有一一对应，也有保持特定位置不变的。

（3）对 Sheet1 工作表的数据清单按主要关键字"产值"的升序次序排序和次要关键字"产量"的降序次序排序。利用条件格式的"数据条"下的"实心填充"中的"蓝色数据条"修饰 D2：D12 单元格区域。

① 选中 A1：E11 区域，在"数据"选项卡下的"排序和筛选"组中单击"排序"按钮，弹出"排序"对话框，如图 4-8 所示。在"列"下的"主要关键字"下拉列表框中选择"产值（元）"，在"排序依据"下拉列表框中选择"数值"，在"次序"下拉列表框中选择"升序"，完成主要关键字的设置。

图 4-8 "排序"对话框

② 单击"排序"对话框左上角的"添加条件"按钮添加次要关键字。按照上面的办法设置"次要关键字"为"产量（台）"，"排序依据"为"数值"，排序"次序"为"降序"，最后单击"确定"按钮完成排序。

③ 选中 D2 单元格，按下鼠标左键不放，向下拖动鼠标，直到选中 D2：D12 区域，再放开鼠标左键，用这种方法可以在工作表中选中一片连续的单元格区域。

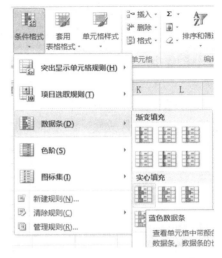

用上面的办法选中 D2：D12 区域后，在"开始"选项卡的"样式"组中单击"条件格式"按钮，再在展开的窗格中选择"数据条"，继续展开窗格，然后选择"实心填充"下的"蓝色数据条"按钮，如图 4-9 所示，以修饰单元格区域。

图 4-9　修饰 D2：D12 单元格区域

（4）设置"产量""单价""产值"列内容居中对齐，其余列水平右对齐。

选中 B1：D12 单元格，在"开始"选项卡下的"单元格"组中单击"格式"按钮下面的下拉按钮，再单击下拉列表中的"设置单元格格式"命令，弹出"设置单元格格式"对话框，如图 4-10 所示。单击"对齐"选项卡，在"文本对齐方式"下面的"水平对齐"的下拉列表中选择"居中"选项，单击"确定"按钮。

图 4-10　"设置单元格格式"对话框

选中其余单元格即 A1：A12、E1：E12 单元格区域，参考上述方法设置其单元格内容"靠右"对齐。

（5）将工作表命名为"某企业日生产情况表"，保存 EXCEL.xlsx 工作簿。

双击工作表名称标签 Sheet1(图 4-11),工作表名称标签反相显示,此时输入新的工作表名称"某企业日生产情况表",即完成工作表重命名的操作。

图 4-11 工作表的重命名

全部操作完成后,单击 Excel 快速访问工具栏中的按钮,以原文件名 EXCEL.xlsx 保存,单击 Excel 主界面右上角的"关闭"按钮,结束本次操作。

2. 打开 ex7 文件夹下的 EXC.xlsx 工作簿文件,在默认的当前工作表 Sheet1 中完成以下操作。

(1)将 Sheet1 工作表的 A1:F1 单元格合并为一个单元格,内容水平居中。

选中要合并的单元格区域 A1:F1,在"开始"选项卡下的"对齐方式"组中单击"合并后居中"按钮。

(2)计算"总成绩"列的内容,数值保留 2 位小数。

选中 E3 单元格,输入公式"= C3 * 0.3+D3 * 0.7",按回车键,计算得到 E3 单元格的值。利用填充柄计算其余单元格的值。

选中 E3:E12 单元格,单击快捷键【Ctrl】+【1】,弹出"设置单元格格式"对话框;单击"数字"选项卡,在"分类"列表框中选择"数值"选项,在"小数位数"列表框中设置为"2",单击"确定"按钮。

(3)给"备注"列填入信息,利用条件格式设置"总成绩"列格式。

① 选中 F3 单元格,输入公式"= IF(E3 >= 90,"优秀","良好")",按回车键,计算出单元格的值。利用填充柄计算其余单元格的值。

⊙**作小提示**

IF 函数的语法结构:

对于 IF 函数语句 IF(条件,结果 1,结果 2),当条件为真时,函数取"结果 1"的值;当条件为假时,函数取"结果 2"的值。

②选中 E3:E12 单元格,单击"开始"选项卡下的"样式"组中的"条件格式"按钮,在展开的下拉列表中选择"新建规则"项后,打开如图 4-12 所示的"新建格式规则"对话框。在"选择规则类型"下选择"只为包含以下内容的单元格设置格式",在"编辑规则说明"下面左边的下拉列表框里选择"单元格值",在中间的下拉列表框里选择"大于或等于",在右边的输入框中输入"85";然后单击右下角的"格式"按钮,打开如图 4-13 所示的"设置单元格格式"对话框,单击"字体"选项卡,设置"颜色"为"红色";最后单击"确定"按钮。

图 4-12 "新建格式规则"对话框 | 图 4-13 "设置单元格格式"对话框

（4）将 A2:F12 数据区域设置为自动套用格式"表样式浅色 9"。

选中 A2:F12 单元格区域，在"开始"选项卡下的"样式"组中单击"套用表格格式"按钮，在弹出的下拉列表中选择"浅色"样式第 2 行第 2 列的"表样式浅色 9"，如图 4-14 所示。

（5）对 Sheet1 工作表内容进行自动筛选，并对筛选后的数据清单进行排序。

① 单击"总成绩"单元格右侧的下拉按钮 ，展开如图 4-15 所示的下拉列表框；选择"数字筛选"→"大于或等于"命令，打开如图 4-16 所示的"自定义自动筛选方式"对话框；在第 1 行输入框中输入"70"后，单击"确定"按钮，完成筛选。

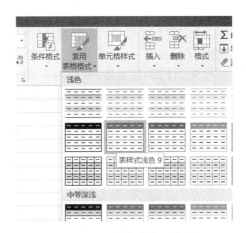

图 4-14 设置自动套用格式

图 4-15 设置数字筛选

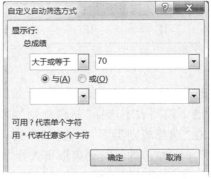

图 4-16 "自定义自动筛选方式"对话框

② 单击 A2 单元格，在"数据"选项卡下的"排序和筛选"组中单击"排序"按钮，弹出"排序"对话框。

③ 设置主要关键字。单击"主要关键字"下拉列表框右侧的下拉按钮,在展开的下拉列表框中单击"性别"选项;单击"排序依据"下拉列表框右侧的下拉按钮,在展开的下拉列表框中单击"数值"选项;单击"次序"下拉列表框右侧的下拉按钮,在展开的下拉列表框中单击"自定义序列"选项。弹出如图 4-17 所示的"自定义序列"对话框后,在"输入序列"列表框中输入排序的序列"男,女",单击"添加"按钮,此时在"自定义序列"列表框中的最后一项增加了新建的序列。单击"确定"按钮,回到"排序"对话框。此时在"排序"对话框中的"次序"下侧的选项就显示出刚定义的新序列"男,女",如图 4-18 所示。

图 4-17　"自定义序列"对话框

图 4-18　按自定义序列排序

④ 设置次要关键字。单击"排序"对话框中的"添加条件"按钮,添加"次要关键字","次要关键字"为"总成绩","排序依据"为"数值","次序"为"降序"。最后单击"确定"按钮完成排序。排序结果如图 4-19 所示。

	A	B	C	D	E	F
1	竞赛成绩统计表					
2	选手号	性别	初赛成绩（占30%）	决赛成绩（占70%）	总成绩	备注
3	A07	男	92	90	90.60	优秀
4	A01	男	85	92	89.90	良好
5	A02	男	79	94	89.50	良好
6	A09	男	74	82	79.60	良好
7	A04	男	87	63	70.20	良好
8	A03	女	96	89	91.10	优秀
9	A10	女	97	87	90.00	优秀
11	A05	女	70	88	82.60	良好
12	A06	女	67	75	72.60	良好

图 4-19　排序结果

（6）插入"三维簇状圆柱图"至当前工作表 A13:D24 单元格区域内。

① 分别选中"选手号"列、"性别"列、"总成绩"列标题及其中排名前三的男、女同学的数据（即选中 A2:B5,然后按下【Ctrl】键不放开,再选中 E2:E5、A8:B9、E8:E9、A11:B11、E11,这样就可选定不连续的单元格区域）,单击"插入"选项卡下的"图表"组中的"柱形图"按钮,在下拉列表中单击"三维柱形图"下的"三维簇状柱形图"（图 4-20）,在表格中插入图表。

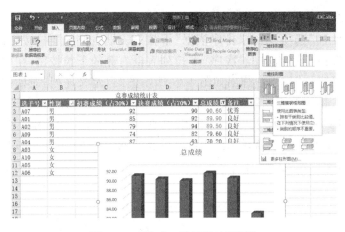

图 4-20　插入"三维簇状柱形图"

② 鼠标右键单击选中任意数据系列,在弹出的快捷菜单中选择"设置数据系列格式"命令(图 4-21),打开"设置数据系列格式"任务窗格,在"系列选项"的"柱体形状"中选择"圆柱图"单选按钮(图 4-22)。

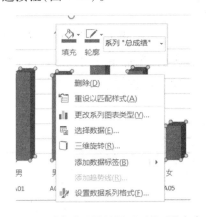

图 4-21　选择"设置数据系列格式"命令

图 4-22　设置柱体形状

③ 单击图表标题,把图表标题设置为"竞赛结果分析";单击图表中的"图例",按【Delete】键删除图例;单击"图表工具—设计"选项卡下的"图表布局"组中的"添加图表元素"按钮,在打开的下拉列表中选择"数据标签";然后选择"其他数据标签选项",如图 4-23 所示。

④ 单击生成的图表,当鼠标指针变成由双向箭头组成的十字形时,即可拖动鼠标,把图表移动到左上角对准 A13 单元格开始的位置;再把鼠标指针移动到图表的右下角,当鼠标指针变成与对角线平行的双向箭头时,顺着箭头方向移动鼠标指针,调整图的大小到固定位置 A13:D24,如图 4-24 所示。

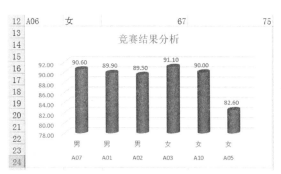

图 4-23 设置数据标签   图 4-24 插入图表结果

操作小提示

插入图表前选择数据时，一定要注意选中数据所在列的列标题，如上题中的"选手号""性别""总成绩"等，避免出错。

（7）保存 EXC.xlsx 文件。

全部操作完成后，单击 Excel 快速访问工具栏中的 🖫 按钮，以原文件名 EXC.xlsx 保存，单击 Excel 主界面右上角的"关闭"按钮，结束本次操作。

实验八 Excel 的综合操作

一、实验目的

1. 熟练掌握工作表计算公式、函数的使用方法、单元格格式的设置方法。
2. 熟练掌握条件函数的使用方法。
3. 熟练掌握图表的制作方法、图表相关属性的设置方法。
4. 熟练掌握数据透视图的制作方法。
5. 熟练掌握数据的分类、条件筛选，并能对电子表格数据进行分析汇总。

二、实验内容

本实验所需素材存放在 ex8 文件夹中，参考图 4-25 所示的样张，按照下列要求进行操作。

1. 打开 ex8 文件夹下的 EXCEL.xlsx 工作簿文件，完成下列操作。

（1）在工作表 Sheet1 中，计算"总评成绩"列的值（总评成绩是平时成绩和期末成绩的平均值，保留 0 位小数）。利用 RANK 函数，按照总评成绩的降序次序计算"排名"列的值，利用条件格式的"蓝、白、红"色阶修饰表 F2:F16 单元格区域。

（2）在工作表 Sheet2 中，按"营销 1 班、营销 2 班、营销 3 班"顺序分类汇总三个班级

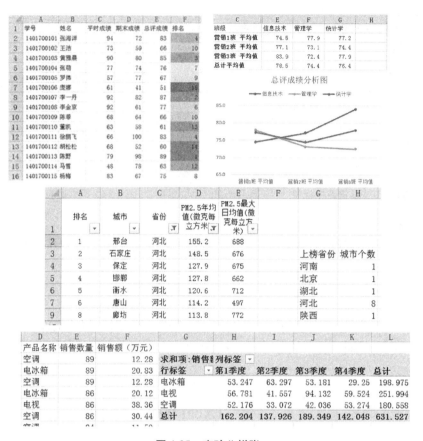

图 4-25　实验八样张

各个科目的平均成绩,保留1位小数。隐藏除了"班级""信息技术""管理学""统计学"以外的其余数据列,并折叠汇总以后的数据表。

(3)根据 Sheet2 汇总折叠后的数据表,依据"班级""信息技术""管理学""统计学"列数据(不包括总计平均值),建立"带数据标记的二维折线图",不显示数据标签,图例位置在顶部。图表标题为"总评成绩分析图",插入表的 C48:H60 单元格区域内。

(4)文件名不变,结果保存在原文件中。

2. 在 ex8 文件夹下打开 EXC1.xlsx 工作簿文件,完成下列操作。

(1)在工作表 Sheet1 中,计算"上榜省份"中涉及的"城市个数",放置于 H4:H11 单元格区域(利用 COUNTIF 函数)。

(2)在 Sheet1 工作表中,对数据清单中的数据进行自动筛选,筛选出条件为河北省并且 PM2.5 年均值大于或等于 100 的数据;再把工作表重命名为"2013 年 PM2.5 严重污染城市排行榜",保存结果到原文件中。

3. 在 ex8 文件夹下打开 EXC2.xlsx 工作簿文件,完成下列操作。

依据"产品销售情况表"工作表内的数据内容建立数据透视表,按行为"产品名称",列为"季度",数据为"销售额"求和布局,并置于现工作表的 G2:L7 单元格区域。保存结果到原文件中。

三、实验步骤

1. 打开 ex8 文件夹,双击 EXCEL.xlsx 工作簿,在 Excel 2016 环境中打开文件。工作簿中有两张工作表,名称分别是 Sheet1、Sheet2,默认 Sheet1 为当前工作表。

(1) 在工作表 Sheet1 中,计算"总评成绩""排名"列的值,并设置格式。

① 选中 E2 单元格,单击"开始"选项卡下的"编辑"组左上角的"自动求和"按钮右侧下三角 $\boxed{\Sigma\ \cdot}$,在展开的下拉列表中选择"平均值",E2 单元格中就自动填充公式内容"=AVERAGE(C2:D2)",按回车键后计算出结果。此列其余单元格的值用填充柄拖动计算。

② 选中"总评成绩"列,按快捷键【Ctrl】+【1】,在弹出的"设置单元格格式"对话框中,设置数字分类为"数值",小数位数为 0。

③ 选中 F2 单元格,在"公式"选项卡下的"函数库"组中单击"插入函数"按钮;在弹出的如图 4-26 所示的"插入函数"对话框中,单击"或选择类别"右侧的下拉按钮,在下拉列表框中单击"全部"选项,此时在"选择函数"列表框中显示出了全部函数,选择函数"RANK";单击"确定"按钮,弹出如图 4-27 所示的"函数参数"对话框。

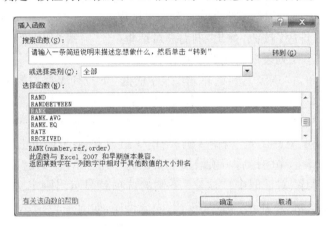

图 4-26 "插入函数"对话框

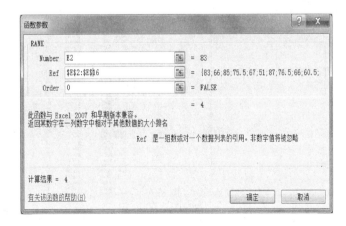

图 4-27 "函数参数"对话框

④ 在"函数参数"对话框中的参数"Number"右边的数值框中输入单元格"E2",设置当前要查找排名的数值;然后单击参数"Ref"右侧的空白数值框,在数值框内输入要进行排名的单元格范围"$E$2:$E$16"(此处成绩排名的数据范围固定在 E2:E16,所以使用绝对地址引用)。在参数"Order"后的数值框中输入数值"0","0"表示降序;若要表示升序,则输入一个非 0 数字。单击"确定"按钮,完成 F2 单元格的计算。其余单元格内容用填充柄拖动计算。

⑤ 选中 F2:F16 单元格区域,在"开始"选项卡下的"样式"组中单击"条件格式"按钮后,在展开的窗格中选择"色阶",继续展开窗格,然后选择"蓝-白-红色阶"(图 4-28),以修饰单元格区域。

图 4-28　设置色阶修饰单元格

(2) 对工作表 Sheet2 中数据进行分类汇总、隐藏列、折叠汇总后的数据表。

单击 Sheet2 工作表标签,打开 Sheet2 工作表。

在做分类汇总之前必须先把数据按分类汇总顺序进行排序以分类。

① 选中 A1 单元格,在"数据"选项卡下的"排序和筛选"组中单击"排序"按钮,弹出"排序"对话框。单击"主要关键字"下拉列表框右侧的下拉按钮,在展开的下拉列表框中单击"班级"选项;单击"排序依据"下拉列表框右侧的下拉按钮,在展开的下拉列表框中单击"数值"选项;单击"次序"下拉列表框右侧的下拉按钮,在展开的下拉列表框中单击"自定义序列"选项。在弹出"自定义序列"对话框中的"输入序列"列表框输入排序的序列"营销 1 班、营销 2 班、营销 3 班"(图 4-29),单击"添加"按钮,此时在"自定义序列"列表框中的最后一项增加了新建的序列。单击"确定"按钮,回到"排序"对话框。此时在"排序"对话框中,"次序"下侧的选项就显示出刚定义的新序列"营销 1 班、营销 2 班、营销 3 班"。单击"确定"按钮,完成排序,如图 4-30 所示。

图 4-29　添加自定义排序序列

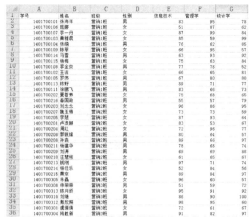

图 4-30　排序结果

② 在"数据"选项卡下的"分级显示"组中单击"分类汇总"按钮,弹出如图4-31所示的"分类汇总"对话框。在"分类字段"中选择"班级","汇总方式"中选择"平均值","选定汇总项"列表框中选中"信息技术""管理学""统计学"复选框;单击"确定"按钮,得到如图4-32所示的分类汇总结果。

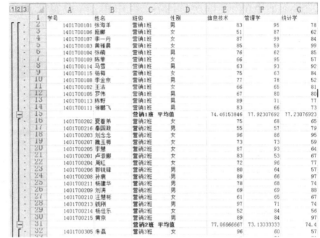

图4-31　"分类汇总"对话框　　　　　　**图4-32　分类汇总结果**

③ 按住【Ctrl】键不放,选中四行不连续的汇总平均值数据区域,按【Ctrl】+【1】快捷键,在弹出的"设置单元格格式"对话框中,在"数字"选项下设置"分类"为"数值","小数位数"为"1"。

单击图4-32左侧的折叠符,得到汇总后折叠的数据表,如图4-33所示。然后选中除了"班级""信息技术""管理学""统计学"之外的所有列(即A、B、D列),在列序号上单击鼠标右键,在弹出的快捷菜单中选择"隐藏"命令,得到如图4-34所示的结果。

		A	B	C	D	E	F	G
	1	学号	姓名	班级	性别	信息技术	管理学	统计学
+	15			**营销1班 平均值**		74.5	77.9	77.2
+	31			**营销2班 平均值**		77.1	73.1	74.4
+	46			**营销3班 平均值**		83.9	72.4	77.9
−	47			**总计平均值**		78.5	74.4	76.4
	48							

图4-33　折叠汇总结果

		C	E	F	G
	1	班级	信息技术	管理学	统计学
+	15	**营销1班 平均值**	74.5	77.9	77.2
+	31	**营销2班 平均值**	77.1	73.1	74.4
+	46	**营销3班 平均值**	83.9	72.4	77.9
−	47	**总计平均值**	78.5	74.4	76.4

图4-34　隐藏列后的数据

（3）根据Sheet2汇总折叠后的数据表,建立"带数据标记的二维折线图",插入表的C48:H60单元格区域内。

① 在图 4-34 所示数据表中,选择如图 4-35 所示的单元格区域,在"插入"选项卡下的"图表"组中单击"插入折线图或面积图"按钮;在弹出的下拉窗格中的"二维折线图"下选择"带数据标记的折线图",得到初始的折线图。

② 单击图表标题栏,修改标题为"总评成绩分析图";单击"图例",在"图表工具—格式"选项卡下的"当前所选内容"组中单击"设置所选内容格式"按钮(图 4-36),打开"设置图例格式"任务窗格,在"图例选项"选项卡的"图例位置"下选择"靠上"。

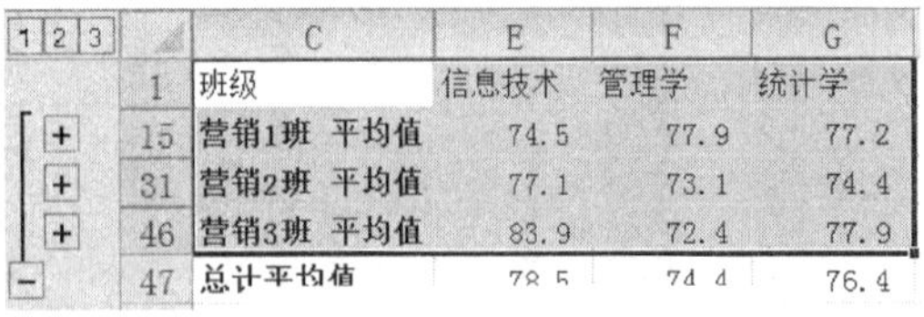

图 4-35　选择单元格区域

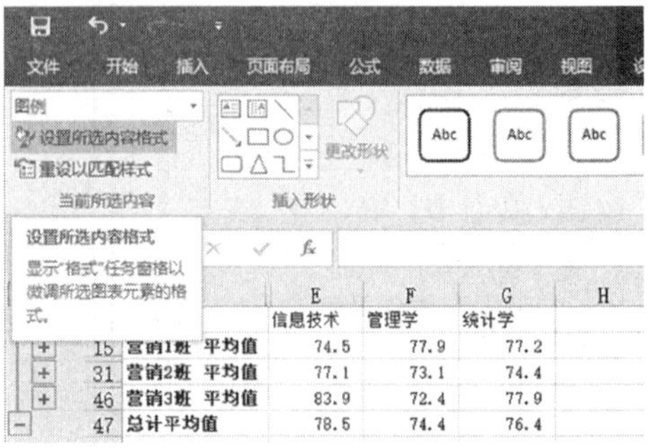

图 4-36　设置图例

③ 最后,调整图表的大小和位置到 C48:H60 区域。

(4) 保存文件。

全部操作完成后,单击 Excel 快速访问工具栏中的 🖫 按钮,以原文件名 EXCEL.xlsx 保存;单击 Excel 主界面右上角的"关闭"按钮,结束本次操作。

2. 在 ex8 文件夹下双击打开 EXC1.xlsx 工作簿文件,完成下面的操作。

(1) 在工作表 Sheet1 中,计算"上榜省份"列中涉及的"城市个数",放置于 H4:H11 单元格区域(利用 COUNTIF 函数)。

①选中 H4 单元格,在"公式"选项卡下的"函数库"组中单击"插入函数"按钮,弹出如图 4-26 所示的"插入函数"对话框;单击"或选择类别"右侧下拉列表框的下拉按钮,选择"全部"选项,在"选择函数"下方的下拉列表框中选择"COUNTIF",单击"确定"按钮,弹出"函数参数"对话框;在参数"Range"右侧的空白数据框中输入要统计的数据区域" $C$2: $C$16"(统计的范围固定不变,此处要用绝对引用),在参数"Criteria"右侧的空白数值框中输入单元格地址 G4(即参与统计的值所在单元格);参数设置完毕后单击"确定"按钮,完成 H4 单元格"河南省上榜城市个数"的统计。

②将鼠标指针移至 H4 单元格右下角的黑色方块上(即填充柄),当鼠标指针变成实心十字时,向下拖动填充柄至 H11 单元格,统计其他省份上榜城市个数。统计结果如图 4-37 所示。

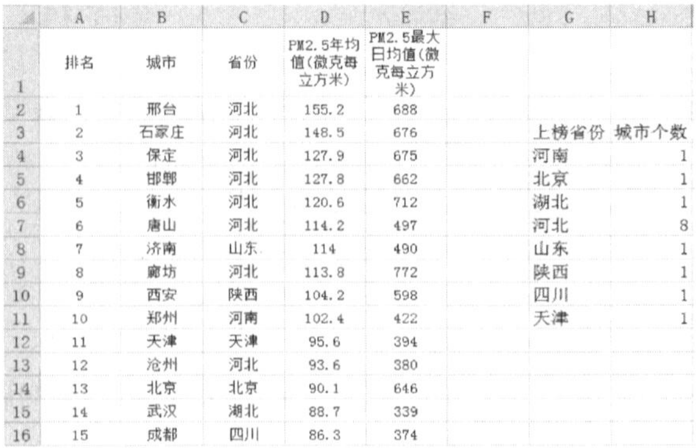

图 4-37　统计结果

　　函数参数的快捷输入:如此处的 Range,可把鼠标先移至右侧的空白数据框,再移动鼠标选择单元格区域 C2:C16,松开鼠标,就可以把选中的区域填入参数框。如果是绝对地址引用,在单元格行号和列标前输入" $ "符号即可。

　　(2) 在 Sheet1 工作表中,对数据清单中的数据进行自动筛选,重命名工作表后保存结果到原文件中。

　　① 选中 A1 单元格,在"数据"选项卡下的"排序和筛选"组中单击"筛选"按钮;单击 C1 单元格"省份"列的下拉按钮,在下拉列表中仅勾选"河北"复选框(图 4-38),单击"确定"按钮;单击 D1 单元格"PM2.5 年均值"列的下拉按钮,在下拉列表中单击"数字筛选"下的"大于或等于"按钮(图 4-39);弹出"自定义自动筛选方式"对话框,在"大于或等于"右侧的文本框中输入"100";单击"确定"按钮,筛选结果如图 4-40 所示。

图 4-38　数据筛选

图 4-39　数字筛选

排名	城市	省份	PM2.5年均值(微克每立方米)	PM2.5最大日均值(微克每立方米)		上榜省份	城市个数
1	邢台	河北	155.2	688			
2	石家庄	河北	148.5	676		上榜省份	城市个数
3	保定	河北	127.9	675		河南	1
4	邯郸	河北	127.8	662		北京	1
5	衡水	河北	120.6	712		湖北	1
6	唐山	河北	114.2	497		河北	8
8	廊坊	河北	113.8	772		陕西	1

图 4-40　筛选结果

　　② 双击工作表标签 Sheet1,工作表名称标签反相显示,输入新的工作表名称"2013 年 PM2.5 严重污染城市排行榜",即完成工作表重命名的操作。

　　③ 全部操作完成后,单击 Excel 快速访问工具栏中的 🖫 按钮,以原文件名 EXC1.xlsx

保存;单击 Excel 主界面右上角的"关闭"按钮,结束本次操作。

3. 打开 ex8 文件夹下的工作簿文件 EXC2.xlsx,对工作表"产品销售情况表"内的数据内容建立数据透视表,按行为"产品名称",列为"季度",数据为"销售额"求和布局,并置于现工作表的 G2:L7 单元格区域。

(1) 选中 A1 单元格,在"插入"选项卡下的"表格"组中单击"数据透视表"按钮,选择下拉列表中的"数据透视表",弹出"创建数据透视表"对话框;在"请选择要分析的数据"下使用默认值(默认选定"选择一个表或区域",文本框中默认的是当前的整个工作表区域),在"选择放置数据透视表的位置"下单击"现有工作表"选项,在"位置"文本框中输入"G2:L7",如图 4-41 所示;单击"确定"按钮。这时在当前工作表窗口的右半部分创建了空白数据透视表,同时打开"数据透视表工具"选项卡及"数据透视表字段"任务窗格,如图 4-42 所示。

图 4-41 "创建数据透视表"对话框

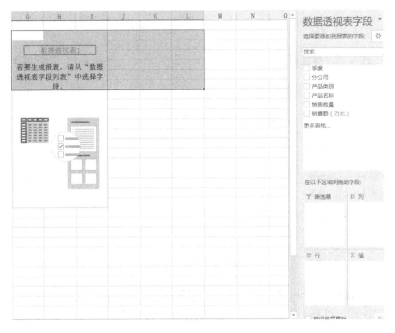

图 4-42 "数据透视表字段"任务窗格

（2）在"数据透视表字段"任务窗格中的"选择要添加到报表的字段"列表框中，将"产品名称"字段拖动到"行"区域中；将"季度"字段拖动到"列"区域中；将"销售额"字段拖动到"Σ值"区域中。单击"数据透视表字段"任务窗格中右上角的"关闭"按钮，关闭"数据透视表字段"任务窗格，得到的数据透视表如图 4-43 所示。

求和项:销售额（万元）	列标签				
行标签	第1季度	第2季度	第3季度	第4季度	总计
电冰箱	53.247	63.297	53.181	29.25	198.975
电视	56.781	41.557	94.132	59.524	251.994
空调	52.176	33.072	42.036	53.274	180.558
总计	162.204	137.926	189.349	142.048	631.527

图 4-43　数据透视表

操作小提示

　　直接用鼠标右键单击"产品名称"字段，在弹出的窗格中单击"添加到行标签"；右击"季度"字段，在弹出的窗格中单击"添加到列标签"；右击"销售额"字段，在弹出的窗格中单击"添加到值"，这与上面题目中通过拖动方法添加字段等效。

（3）全部操作完成后，单击 Excel 快速访问工具栏中的 按钮，以原文件名 EXC2.xlsx 保存；单击 Excel 主界面右上角的"关闭"按钮，结束本次操作。

练习四

本实验素材存放在"练习四"文件夹中，根据素材提供的数据，参考实验结果样张，按照下列要求完成实验。

1. 打开"练习四"文件夹中的工作簿文件 EXCEL.xlsx，完成如下操作。

（1）在 Sheet1 工作表中，设置标题"城市空气质量排名"字体格式为华文彩云、22 号、蓝色，在 A1 到 O1 范围跨列居中。

（2）利用函数分别计算 Sheet1 工作表中"平均值"列和"最高值"列中各单元格的值（平均值是各个城市 12 个月空气指数的平均值，最高值是各个城市 12 个月空气指数中的最大值），要求数据保留 2 位小数。

（3）在 Sheet1 工作表中，按主要关键字"平均值"的升序次序和次要关键字"最高值"的降序次序对表中数据进行排序。

（4）根据 Sheet1 工作表中排序后相关数据，生成一张反映排列在前三位和最后三位的平均空气质量指数的"三维簇状条形图"，并置于当前工作表的 A34:G45 单元格区域；图表布局为"布局 4"，图表标题为"平均空气质量指数"，不显示图例；结果如图 4-44 所示。

（5）将工作表 Sheet1 重命名为"2013 年度全国省会及直辖市城市空气质量排名"，工作簿文件名 EXCEL.xlsx 不变，保存结果到原文件中。

城市空气质量排名														
城市	平均值	最高值	1月	2月	3月	4月	5月	6月	7月	8月	9月	10月	11月	12月
海口	1.93	4.20	4.2	1.62	1.61	1.55	1.48	1.34	1.03	1.15	1.49	2.69	1.99	3.06
福州	2.45	4.40	4.4	2.13	2.51	2.81	2.01	2.38	1.92	1.88	1.82	2.12	2.43	2.93
拉萨	2.75	6.30	6.3	2.17	2.47	2.76	2.76	2.4	2.01	2.37	2.01	2.77	2.26	2.72
昆明	3.19	6.20	6.2	2.85	3.69	3.88	2.59	2.72	1.78	2.34	2.99	3.04	2.93	3.28
贵阳	3.23	8.10	8.1	2.45	3.66	2.87	2.66	2.69	1.44	2.21	2.8	3.45	2.56	3.85
南宁	3.58	7.50	7.5	2.33	3.33	2.83	2.97	2.51	1.86	2.39	3.34	4.76	3.81	5.27
广州	3.72	7.00	7	2.94	4.08	3.45	3.12	2.71	2.89	3.31	3.53	4.05	3.31	4.21
上海	3.75	7.50	7.5	2.95	3.46	3.61	3.37	2.96	3.46	3.24	2.39	2.57	4.22	5.29
重庆	3.91	7.10	7.1	3.75	4.08	3.04	3.17	3.49	3.51	3.81	3.7	4.28	2.95	4
兰州	4.04	9.70	9.7	3.17	5.24	3.14	3.09	3.33	4.13	3.11	2.26	3.26	4.28	3.79
银川	4.04	11.40	11.4	4.06	3.82	3.3	3.08	2.55	1.67	1.88	2.65	3.79	4.89	5.42
南昌	4.11	10.80	10.8	3.69	4.59	3.43	3.32	2.86	3.04	2.6	2.95	3.92	3.76	4.4
合肥	4.12	8.70	8.7	3.4	3.41	3.31	3.96	3.19	2.48	2.9	3.35	4.17	4.37	6.14
杭州	4.18	8.60	8.6	3.21	3.94	4.01	3.71	3.39	2.98	3.19	3.6	3.51	4.36	5.65
长沙	4.32	10.50	10.5	3.4	4.33	3.87	3.6	2.82	2.48	2.62	3.52	5.37	4.24	5.04
长春	4.46	13.80	13.8	3.92	3.27	3.52	3.7	3.13	2.24	2.79	2.92	5.09	4.02	5.13
西宁	4.47	8.80	8.8	4.29	6.11	4.65	3.38	3.36	3.29	3.54	3.62	3.47	4.28	4.79
呼和浩特	4.47	11.20	11.2	3.84	4.22	3.48	4.05	3.24	3.29	3.2	3.48	4.44	4.07	5.12
哈尔滨	4.52	13.90	13.9	4.16	3.23	3.2	3.2	2.84	2.2	2.14	2.53	6.12	4.28	6.39
南京	4.69	11.00	11	3.96	4.29	4.2	4.15	3.76	2.67	3.03	3.51	4.1	5	6.62
武汉	4.97	12.50	12.5	4.3	4.38	4.03	4.05	3.28	2.49	3.09	4.43	5.68	4.77	6.6
成都	5.08	11.90	11.9	5.65	6.81	4.42	3.82	3.52	3.42	3.65	3.27	4.71	3.85	5.89
乌鲁木齐	5.08	15.20	15.2	7.39	5.29	2.93	3.03	3.16	3.26	3.43	3.88	3.96	5.09	4.35
沈阳	5.09	16.00	16	4.58	4.15	3.4	4.38	3.4	3.3	3.43	3.31	4.49	4.54	6.09
太原	5.22	10.40	10.4	5.22	5.38	4.63	4.56	4.89	3.86	3.8	3.92	5.47	5.15	5.39
北京	5.26	17.00	17	4.72	4.8	3.54	4.94	4.83	3.7	3.58	4.1	4.06	3.76	4.12
天津	5.64	14.60	14.6	5.12	4.84	3.85	4.6	5.2	4.43	4.43	4.66	4.73	5	6.24
郑州	5.89	16.20	16.2	6.21	4.52	4.48	4.96	5.01	4.06	3.79	4.55	5.65	4.78	6.44
西安	6.02	15.50	15.5	7.78	6.92	5.08	3.83	3.38	3.78	3.88	4.58	5.76	3.79	8
济南	6.66	19.00	19	7.18	5.18	4.85	5.5	5.26	5.07	4.78	5.36	6.15	5.17	6.42
石家庄	8.72	26.50	26.5	9.22	6.93	5.62	6.7	6.54	5.07	5.08	6.25	8.3	7.25	11.22

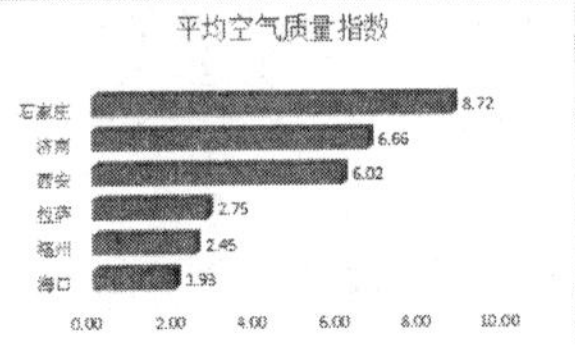

图 4-44　三维簇状条形图

2. 打开“练习四”文件夹中的工作簿文件 EXC1.xlsx，完成如下操作。

(1) 计算“总分”列下各单元格的值(总分=第一名项数 * 8+第二名项数 * 6+第三名项数 * 4)。依据总分的降序次序计算“积分排名”列的内容(利用 RANK 函数，按降序排名)。

(2) 对工作表“运动会成绩统计表”内的数据清单的内容进行自动筛选(自定义)，条件为“积分排名大于或等于 2 并且小于或等于 8”，结果如图 4-45 所示；保存结果到原文件 EXC1.xlsx 中。

单位	第一名(8分/项)	第二名(6分/项)	第三名(4分/项)	总分	积分排名
外语系	3	2	0	36	8
人文系	2	5	5	66	4
自动化系	3	7	5	86	3
通信工程系	1	4	2	40	7
物理系	7	3	7	102	2
生物系	5	2	1	56	5
艺术系	3	1	4	46	6

图 4-45　条件筛选结果

3. 打开“练习四”文件夹中的工作簿文件 EXC2.xlsx，在“图书销售情况表”工作表中，完成如下操作。

(1) 给出“说明信息”列的内容，如果销售额等于或高于 10 000，出现“达标”，否则出现“不达标”；利用条件格式将“说明信息”列中内容为“不达标”的文本颜色设置为红色。

（2）对工作表"图书销售情况表"内数据清单的内容建立数据透视表，行标签为"经销部门"，列标签为"图书类别"，数据为"数量"求和布局，并置于现工作表的 G2:K7 单元格区域，结果如图 4-46 所示。工作表名不变，保存结果到原文件 EXC2.xlsx 中。

	A	B	C	D	E	F		G	H	I	J	K
1	经销部门	图书类别	季度	数量(册)	销售额(元	说明信息						
2	华南分部	科技类	3	124	8680	不达标		求和项:数量(册)	列标签			
3	华南分部	教育类	2	321	9630	不达标		行标签	教育类	经管类	科技类	总计
4	华北分部	经管类	2	435	21750	达标		华北分部	2126	1615	1596	5337
5	华中分部	科技类	2	256	17920	达标		华南分部	1492	1232	1540	4264
6	华南分部	经管类	1	167	8350	不达标		华中分部	1497	993	1290	3780
7	华中分部	科技类	4	157	10990	达标		总计	5115	3840	4426	13381
8	华北分部	科技类	4	187	13090	达标						
9	华南分部	经管类	4	213	10650	达标						
10	华中分部	科技类	4	196	13720	达标						
11	华中分部	经管类	4	219	10950	达标						
12	华中分部	科技类	3	234	16380	达标						
13	华中分部	科技类	1	206	14420	达标						
14	华中分部	经管类	2	211	10550	达标						
15	华南分部	经管类	3	189	9450	不达标						
16	华中分部	教育类	1	221	6630	不达标						
17	华南分部	教育类	4	432	12960	达标						
18	华北分部	科技类	3	323	22610	达标						

图 4-46　数据透视表

第五章　演示文稿制作

　利用 PowerPoint 制作演示文稿一

一、实验目的

1. 掌握 PowerPoint 的运行方式和幻灯片制作的基本知识。
2. 了解 PowerPoint 基本操作界面的组成。
3. 掌握幻灯片的插入、删除及主题的设置方法。
4. 掌握插入图片、文字、标题、日期、时间和页码的方法。
5. 掌握设置幻灯片切换效果的方法。
6. 掌握幻灯片的制作、放映过程。
7. 掌握幻灯片的保存方法。

二、实验内容

本实验所需素材存放在 ex9 文件夹中，打开 ex9 文件夹中的 yswg.pptx 文件，参考图 5-1 所示的样张，按照下列要求对文档进行修饰并保存。

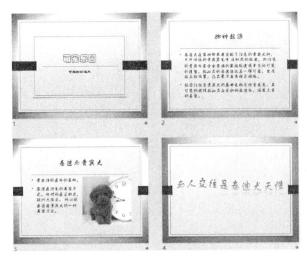

图 5-1　实验九样张

1. 启动 PowerPoint 2016,打开实验素材 ex9 中的 yswg.pptx 文件。在第 1 张幻灯片前插入一张版式为"标题幻灯片"的新幻灯片,在主标题处输入"萌宠乐园",设置其格式为华文彩云、45 磅、蓝色(RGB 模式:红色 0,绿色 0,蓝色 230);副标题处输入"可爱的泰迪犬",设置其格式为隶书、32 磅;设置主标题动画为"进入"→"切入",效果选项为"自顶部"。

2. 为所有幻灯片应用设计主题"环保",并交换第 2 张和第 3 张幻灯片的位置。

3. 把交换后的第 3 张幻灯片版式设置为"两栏内容",在右侧内容区插入 ex9 文件夹中的图片文件 dog.jpg,设置图片在幻灯片中的最佳比例,参考样张,调整图片至合适位置。

4. 设置所有幻灯片背景渐变填充,渐变预设颜色为"顶部聚光灯-个性色 3",类型为"标题的阴影"。

5. 设置所有幻灯片的切换效果为"百叶窗",效果选项为"水平"。

6. 在最后一张空白幻灯片位置(水平设置为 2.8 厘米,从左上角;垂直位置为 7.3 厘米,从左上角)插入"渐变填充-橙色,着色 1,反射"样式的艺术字"与人交往是泰迪犬天性",文字效果为"转换"→"波形 1"。

7. 设置幻灯片放映方式为"观众自行浏览"。

8. 将制作好的演示文稿以文件名"Web"、文件类型"PowerPoint 演示文稿(* .pptx)"保存在 ex9 文件夹中。

三、实验步骤

1. 启动 PowerPoint 2016,打开实验素材 ex9 文件夹中的 yswg.pptx 文件,执行如下操作。

(1)单击"开始"菜单,在"所有程序"项中选择"PowerPoint 2016",打开演示文稿窗口;在左侧窗格选择"打开其他演示文稿"按钮,然后在中间的"打开"窗格下单击"浏览";在弹出的对话框中选择查找范围,打开实验素材 ex9 文件夹中的 yswg.pptx 文件;此时演示文稿处于默认的普通视图。

(2)在"开始"选项卡下的"幻灯片"组中单击"新建幻灯片"按钮下方的下拉按钮,在弹出的"Office 主题"下拉列表中选择"标题幻灯片"(图 5-2),便可自动生成一张版式为"标题幻灯片"的新幻灯片,如图 5-3 所示。

图 5-2 新建幻灯片   图 5-3 "标题幻灯片"模板

（3）在图 5-3 中的"单击此处添加标题"处输入主标题"萌宠乐园"；选中主标题文字，在"开始"选项卡下的"字体"组中，设置字体为"华文彩云"，字号为"45 磅"；并根据题目要求在"字体颜色"下拉框中选择"其他颜色"，在弹出的"颜色"对话框中单击"自定义"选项卡，按图 5-4 所示分别输入红、绿、蓝各个分量的值；完成后单击"确定"按钮。

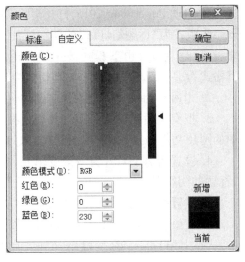

图 5-4　自定义颜色

操作小提示

> 在对字号进行设置的时候可以在其对应的下拉框中选择。若下拉框中没有要求设置的字号，直接通过键盘输入即可。

用上述同样的方法在图 5-3 的"单击此处添加副标题"处输入副标题"可爱的泰迪犬"，设置字体为"隶书"，字号为"32 磅"。

（4）选中主标题"萌宠乐园"，在"动画"选项卡下的"动画"组中单击"其他"下拉按钮 ，在出现的如图 5-5 所示的下拉框中选择"更多进入效果"，打开如图 5-6 所示的"更改进入效果"对话框；在"基本型"中选择"切入"，然后单击"确定"按钮；单击"动画"选项卡下的"动画"组中的"效果选项"按钮，在下拉列表中选择"自顶部"，如图 5-7 所示。

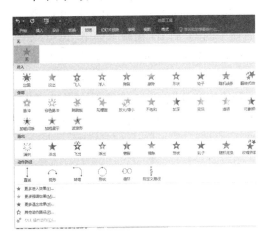

图 5-5　动画效果设置

图 5-6　"更改进入效果"对话框

图 5-7　"效果选项"设置

操作小提示

> 在设置动画效果的同时可以根据要求在"计时"组中对开始方式和持续时间等进行相应的设置。

动画效果设置完成后，在"动画"选项卡下的"预览"组中单击"预览"按钮，可以查看所设置的动画效果,并随时进行调整,直到满意为止。

操作小提示

"自定义动画"功能可使幻灯片上的文本、形状、声音、图像、图表和其他对象具有动画效果,这样可以突出重点,控制信息的流程,并提高演示文稿的趣味性。有时为了方便,也可以用系统预设的动画。

(5)在幻灯片普通视图下左侧幻灯片窗格中选中新插入的标题幻灯片,把它拖动到第1张幻灯片前的空白处时松开鼠标,将此标题幻灯片置于第1张幻灯片的位置。

2. 为所有幻灯片应用设计主题,交换第2张和第3张幻灯片的位置。

(1)在"设计"选项卡下的"主题"组(图5-8)中,选中主题列表中的"环保"主题,将该主题应用于所有幻灯片,可以看到所选主题对所有幻灯片的修饰效果,如图5-9所示。

图5-8　主题设置

图5-9　应用"环保"主题后的幻灯片

操作小提示

(1)如果要对每张幻灯片设置不同的主题,只需单击鼠标右键,选择"应用于选定幻灯片"选项,分别对每张幻灯片进行设置即可。

(2)若主题来自其他文件,只需单击"所有主题"窗格最下方的"浏览主题",在"查找范围"中选择相应的主题即可。

(3)应用主题后原来设置的文字字号可能会发生改变,需要重新设置。

(2)在幻灯片左边的幻灯片窗格中,选中第3张幻灯片,向上拖动鼠标;当移动到第2张幻灯片前空白处时松开鼠标,便交换了第2张幻灯片和第3张幻灯片的位置。

操作小提示

要复制、剪切或删除幻灯片,也可以通过在左边的幻灯片窗格中选择相应幻灯片,右击并选择相应的选项来实现。

3. 设置交换后的第3张幻灯片的版式,插入图片文件。

（1）选中第 3 张幻灯片，在"开始"选项卡下的"幻灯片"组中单击"版式"按钮，打开如图 5-10 所示的下拉列表，选中"两栏内容"。

（2）单击幻灯片右侧内容栏中"图片"按钮，如图 5-11 所示，打开"插入图片"对话框，在"查找范围"中选择 ex9 文件夹中的"dog.jpg"文件，单击"插入"按钮，即完成了对所选图片的插入。

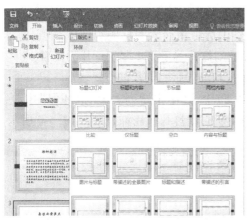

图 5-10　设置版式　　　　　　　　图 5-11　"两栏内容"版式

（3）选中所插入的图片，单击鼠标右键，在弹出的快捷菜单中单击"设置图片格式"命令，在幻灯片右侧展开的"设置图片格式"任务窗格中，单击"大小与属性"选项卡下的"大小"按钮，在下拉列表中选中"幻灯片最佳比例"复选框，如图 5-12 所示；最后单击"关闭"按钮，即完成了对图片的设置。

（4）参考样张，调整幻灯片中图片和文本的位置，设置效果如图 5-13 所示。

图 5-12　"设置图片格式"任务窗格　　　图 5-13　调整图片和文本的位置

4. 设置所有幻灯片的背景。

单击"设计"选项卡下的"自定义"组中的"设置背景格式"按钮，打开如图 5-14 所示的"设置背景格式"任务窗格。在"填充"下选择"渐变填充"，单击"预设渐变"旁的按钮，在展开的列表中选择"顶部聚光灯–个性色 3"（图 5-15），在"类型"下拉列表中选择"标题的阴影"，单击"全部应用"按钮；最后单击"关闭"按钮，就可以设置所有幻灯片的背景格式。

图 5-14　"设置背景格式"任务窗格　　　图 5-15　设置预设颜色

5. 设置幻灯片的切换效果。

在"切换"选项卡下的"切换到此幻灯片"组中单击最右端的"其他"按钮 ，弹出如图 5-16 所示的下拉列表，选择"华丽型"下的"百叶窗"效果；单击"效果选项"按钮，在下拉窗格中选择"水平"；单击"计时"组中的"全部应用"按钮，使每张幻灯片具有相同的切换效果，如图 5-17 所示；同时，可以单击"预览"组中的"预览"按钮，查看所设置的切换效果。

图 5-16　设置幻灯片的切换效果　　　图 5-17　对切换效果做进一步设置

操作小提示

（1）幻灯片的切换方式是指幻灯片放映时进入和离开屏幕的方式，如果要将所做的设置应用于所有的幻灯片上，则单击"计时"组中的"全部应用"按钮，否则只应用于当前幻灯片。

（2）换页方式有两种，读者可以单击鼠标换页，也可每隔几秒钟换页。若两者都选，则先响应先执行。比如，2 秒之内单击鼠标左键则换页，如超过 2 秒未单击鼠标也换页。

6. 在最后一张空白幻灯片位置插入艺术字。

（1）选中最后一张幻灯片，在"插入"选项卡下的"文本"组中单击"艺术字"按钮，在展开的下拉窗格中选中"渐变填充-橙色，着色 1，反射"样式，如图 5-18 所示；在艺术字文本框中输入"与人交往是泰迪犬天性"。

（2）单击"绘图工具—格式"选项卡下的"大小"组右下角的"大小和位置"窗口启动器按钮 ，打开"设置形状格式"任务窗格。单击"位置"，按图 5-19 所示设置。

图 5-18   插入艺术字   图 5-19   "设置形状格式"任务窗格

（操）作小提示
        选中艺术字并右击，在弹出的快捷菜单里选中"设置形状格式"命令，也可以打开"设置形状格式"任务窗格。

（3）选中插入的艺术字，在"绘图工具—格式"选项卡下的"艺术字样式"组中单击"文本效果"按钮；在下拉列表中选择"转换"→"波形 1"，如图 5-20 所示。

7. 设置幻灯片的放映方式。

在"幻灯片放映"选项卡下的"设置"组中单击"设置幻灯片放映"按钮，打开"设置放映方式"对话框，如图 5-21 所示；在"放映类型"下选择"观众自行浏览（窗口）"单选按钮；设置好后按【F5】键，观看放映效果，按【Esc】键，结束放映。

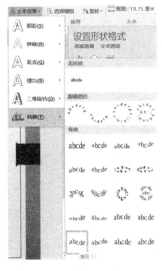

图 5-20   设置艺术字文字效果   图 5-21   "设置放映方式"对话框

8. 保存演示文稿。

在"文件"选项卡下选择"另存为"命令,单击"浏览"选项,打开"另存为"对话框,选择保存位置为 ex9 文件夹,输入文件名"Web",文件类型选择"PowerPoint 演示文稿（ ＊.pptx）",单击"保存"按钮。

实验十　利用 PowerPoint 制作演示文稿二

一、实验目的

1. 掌握幻灯片背景样式的设置方式。
2. 掌握母版的设置方法。
3. 掌握超文本链接的设置方法。
4. 掌握剪贴画、影片、声音等多媒体对象的插入方法。
5. 掌握幻灯片动画效果的设置方法。
6. 掌握幻灯片放映的高级技巧。

二、实验内容

本实验所需素材存放在 ex10 文件夹中,打开 ex10 文件夹中的 yswg.pptx 文件,参考图 5-22 所示的样张,按照下列要求对文档进行修饰并保存。

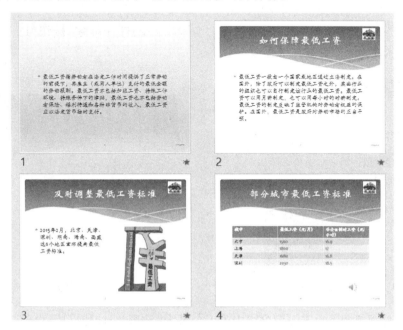

图 5-22　实验十样张

1. 应用幻灯片的母版功能,在母版上放置一个标志性小图标(图片来自实验素材 ex10 文件夹,文件名为 ppt1.jpg);参考样张,调整图片位置,设置图片宽度为 2 厘米、高度为 1.8 厘米,使得此图片出现在每张幻灯片的顶层。

2. 在忽略母版的背景图形情况下,把第 1 张幻灯片的背景设置为"浅色渐变-个性色 4"预设颜色填充,调整幻灯片显示比例为 70%。

3. 把最后一张幻灯片中的图片移动到第 3 张幻灯片的右侧内容栏中;分别设置第 3 张幻灯片中标题文本动画为"进入"→"旋转",效果选项为动画文本"按字/词",图片动画为"进入"→"十字形扩展",形状效果为"加号",方向效果为"切出",动画顺序为"先图片后文本"。

4. 在幻灯片最后插入一张版式为"标题和内容"的新幻灯片。在新幻灯片的标题栏中输入"部分城市最低工资标准",在内容栏中插入一个 5 行×3 列的表格,在第 1 行中分别填入"城市""最低工资(元/月)""非全日制时工资(元/小时)",第 2 行到第 5 行内容参考第 4 张幻灯片的内容填写。为幻灯片插入背景音乐(音乐文件来自实验素材 ex10,文件名为 music.mp3),删除第 4 张幻灯片。

5. 设置所有幻灯片显示自动更新的日期(样式为"××:××:××")和幻灯片编号。

6. 全部幻灯片的切换方案为"分割",效果选项为"中央向上下展开"。

7. 设置所有幻灯片的放映方式为"循环放映,按 ESC 键终止"。

8. 将制作好的演示文稿以文件名"Web"、文件类型"PowerPoint 演示文稿(* .pptx)"保存在 ex10 文件夹中。

三、实验步骤

1. 打开实验素材 ex10 文件夹中的 yswg.pptx 文件,执行如下操作。

(1) 在"视图"选项卡下的"母版视图"组中单击"幻灯片母版"按钮(图 5-23),弹出一个标准的母版版式,如图 5-24 所示。

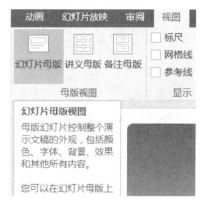

图 5-23　设置幻灯片的母版

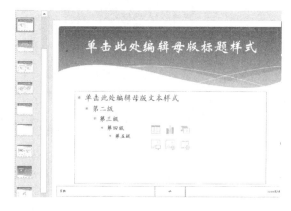

图 5-24　母版版式

(2) 在母版视图下单击左侧窗格中第 1 个名为"波形 幻灯片母版:由幻灯片 1~4 使用"的缩略图,在"插入"选项卡下的"图像"组中单击"图片"按钮,在弹出的"插入图片"

对话框中选择 ex10 文件夹中的 ppt1.jpg 文件,单击"插入"按钮,完成对图片的插入。选中图片,单击鼠标右键,在弹出的快捷菜单中选择"大小和位置"命令,打开"设置图片格式"任务窗格,在"缩放比例"下取消选中"锁定纵横比"复选框,设置图片大小为宽度"2厘米"、高度"1.8 厘米",如图 5-25 所示;最后单击"关闭"命令按钮。

（3）选中所插入的图片,单击鼠标右键,在弹出的快捷菜单中选择"置于顶层"命令,依据样张,调整图片在幻灯片中的位置,如图 5-26 所示。

图 5-25　设置图片大小　　　　图 5-26　设置图片置顶

（4）设置完成后,单击"幻灯片母版"选项卡下的"关闭"组中的"关闭母版视图"按钮,关闭母版。回到当前的幻灯片视图中,可以发现每张幻灯片的标题格式都做了相应改变,插入的图片在每张幻灯片上均有显示。

2. 设置幻灯片背景,预设颜色填充,设置幻灯片最佳比例。

（1）选中第 1 张幻灯片,在"设计"选项卡下的"自定义"组中单击"设置背景格式"按钮,打开"设置背景格式"任务窗格;在"填充"下选中"渐变填充"单选按钮,选中"隐藏背景图形"复选框,在"预设渐变"中选择"浅色渐变-个性色 4",如图 5-27 所示。最后单击"关闭"命令按钮,即可实现只设置第 1 张幻灯片背景格式的效果。

图 5-27　"设置背景格式"任务窗格

操作小提示

　　同样地,在图 5-27 中可以通过单击"纯色填充""图案填充"等单选按钮,设置其他背景填充效果。

（2）单击"视图"选项卡下的"显示比例"组中的"显示比例"按钮,打开如图 5-28 所示的"缩放"对话框,在"百分比"输入框中输入"70%",然后单击"确定"按钮。

3. 将最后一张幻灯片中的图片移到第 3 张幻灯片的右侧内容栏中,设置第 3 张幻灯片的标题文本动画、效果选项、图片动画、形状效果、方向效果及动画顺序。

(1) 选中最后一张幻灯片中的图片,单击鼠标右键,在弹出的快捷菜单中选择"剪切"命令;然后选中第 3 张幻灯片,在其右侧内容栏中单击鼠标右键,在弹出的快捷菜单中选择"粘贴选项"命令下的"图片"按钮。

图 5-28　"缩放"对话框

(2) 选中第 3 张幻灯片中的标题文字,在"动画"选项卡下的"动画"组中单击"其他"下拉按钮▼;在出现的下拉列表中选择"进入"→"旋转",如图 5-29 所示。在"动画"组右下角单击"显示其他效果选项"对话框启动器按钮🔲,打开"旋转"对话框,设置动画文本为" 按字/词",如图 5-30 所示。

图 5-29　设置动画

(3) 选中图片,在"动画"选项卡下的"动画"组中单击"其他"下拉按钮▼,在出现的下拉列表中选择"更多进入效果",打开"更改进入效果"对话框,在"基本型"下选择"十字形扩展",如图 5-31 所示。单击"效果选项"按钮,在下拉列表中选择"切出"方向和"加号"形状。

图 5-30　设置文本动画效果

图 5-31　设置图片动画效果

(4) 最后,单击"计时"组中的"向前移动"命令按钮,对动画重新排序,动画顺序为"先图片后文本"。

4. 在幻灯片最后插入一张版式为"标题和内容"的新幻灯片,并插入表格,输入第 4 张幻灯片中的内容,最后删除第 4 张幻灯片。

（1）在幻灯片左侧窗格中单击第4张幻灯片缩略图，然后在"插入"选项卡下的"幻灯片"组中，单击"新建幻灯片"下拉按钮，在下拉列表中选择版式"标题和内容"。

图 5-32　插入表格

（2）在插入的新幻灯片标题处输入文字"部分城市最低工资标准"；将光标移到"标题和内容"版式的内容栏，在"插入"选项卡下的"表格"组中单击"表格"按钮，在展开如图5-32所示的列表中选择"插入表格"命令；打开"插入表格"对话框，输入列数为"3"，行数为"5"，如图5-33所示。

（3）在表格第1行的第1列到第3列单元格中分别输入"城市""最低工资（元/月）""非全日制时工资（元/小时）"，第2行到第5行内容依据第4张幻灯片中的内容填入，效果如图5-34所示。

图 5-33　"插入表格"对话框

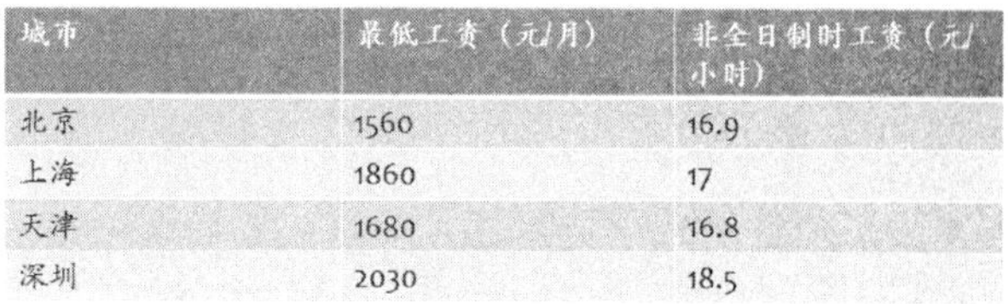

城市	最低工资（元/月）	非全日制时工资（元/小时）
北京	1560	16.9
上海	1860	17
天津	1680	16.8
深圳	2030	18.5

图 5-34　插入表格效果图

（4）在"插入"选项卡下的"媒体"组中单击"音频"按钮，在弹出的列表中单击"PC 上的音频"命令，如图5-35所示，然后在弹出的"插入音频"对话框中选择要插入的声音文件（来自实验素材 ex10 文件夹，文件名为 music.mp3），单击"插入"按钮，这时即可在幻灯片页面看见一个音频图标，再按样张调整其在幻灯片中的位置，如图5-36所示。

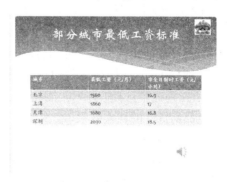

图 5-35　插入音频文件　　　　图 5-36　音频图标

操作小提示

（1）与插入图片类似，若需要对出现的音频图标的颜色和样式等做调整，可以在选中该图标的时候，在"音频工具"选项卡中根据需要进行相应的设置。

（2）以同样的方法可以在幻灯片中插入视频文件。

（5）在左侧窗格中选中第 4 张幻灯片,按【Delete】键,删除第 4 张幻灯片。

5. 设置所有幻灯片显示自动更新的日期和幻灯片编号。

在"插入"选项卡下的"文本"组中单击"页眉和页脚"按钮,在弹出的"页眉和页脚"对话框中选中"日期和时间"复选框及"自动更新"单选按钮,在"自动更新"下拉列表框中选中"××:××:××"样式,再选中"幻灯片编号"复选框,如图 5-37 所示。设置完毕后,单击"全部应用"按钮。

图 5-37　"页眉和页脚"对话框

(操)作小提示

在图 5-37 中可以进行两种选择:单击"应用"按钮,设置只应用于当前幻灯片;单击"全部应用"按钮,设置将应用于所有幻灯片。选中"日期和时间"复选框和"自动更新"单选按钮后,每次打开幻灯片时都会更新到当前的日期和时间。

6. 设置所有幻灯片的切换方案和效果选项。

单击"切换"选项卡下的"切换到此幻灯片"组中的"分割"按钮,再单击"效果选项"按钮,在展开的下拉列表中选择"中央向上下展开"选项,最后单击"计时"组中的"全部应用"按钮,设置全部幻灯片的切换效果。

7. 设置所有幻灯片的放映方式。

在"幻灯片放映"选项卡下的"设置"组中单击"设置幻灯片放映"按钮,弹出如图 5-38 所示的"设置放映方式"对话框,然后根据题目要求在此对话框的"放映选项"中选中"循环放映,按 ESC 键终止"复选框,在"换片方式"中选中"手动"单选按钮,最后单击"确定"按钮,即完成放映方式的设置。

8. 保存演示文稿。

在"文件"选项卡下选择"另存为"命令,单击"浏览"选项,打开"另存为"对话框,选择保存位置为 ex10 文件夹,输入文件名"Web",文件类型选择"PowerPoint 演示文稿(* .pptx)",单击"保存"按钮。

图 5-38 "设置放映方式"对话框

练 习 五

打开实验素材"练习五"文件夹中的 yswg.pptx 文件,参考图 5-39 所示的样张,按照下列要求进行操作。

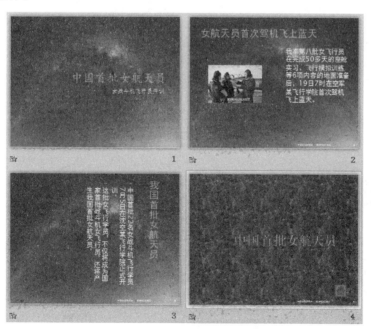

图 5-39 练习五样张

1. 为所有幻灯片应用"练习五"文件夹中的主题 Moban.potx。

2. 将第 1 张幻灯片的版式改为"两栏内容",将"练习五"文件夹下的文件 ppt1.jpg 插入第 1 张幻灯片左侧内容区域,设置图片宽度为 8 厘米,高度为 5.5 厘米。将第 3 张幻灯片文本内容"我军第八批女飞行员……首次驾机飞上蓝天。"移到第 1 张幻灯片的右侧内容区域。

3. 设置第 1 张幻灯片的文本动画为"进入"→"轮子",效果选项为"4 轮辐图案";设置图片动画为"强调"→"陀螺旋",设置动画顺序为"先图片后文本"。

4. 在第 2 张幻灯片主标题处输入"中国首批女航天员",在副标题处输入"女战斗机飞行员开训"。设置主标题格式为楷体、50 磅字、黄色(RGB 颜色模式:250,250,0),设置副标题格式为仿宋、25 磅字。

5. 交换第 1 张和第 2 张幻灯片的位置,将第 3 张幻灯片的版式改为"垂直排列标题和文本"。

6. 除标题幻灯片外,设置其余幻灯片显示幻灯片编号及自动更新的日期(样式为"××××年××月××日"),插入页脚"中国航天新活力"。

7. 在幻灯片最后插入一张新的版式为"空白"的幻灯片,并在新幻灯片中插入艺术字"中国首批女航天员",艺术字样式是"填充-红色,着色 2,轮廓-着色 2"。

8. 在最后一张幻灯片的右下角插入一个"第一张"动作按钮,超链接指向第 1 张幻灯片。忽略背景图形,把这张幻灯片的背景设置成绿色大理石纹理样式。

9. 设置所有幻灯片切换效果为自左侧擦除、单击鼠标时换页、伴有打字机声。

10. 将制作好的演示文稿以文件名"Lianxi"、文件类型"PowerPoint 演示文稿(＊.pptx)"保存。

第六章　综合练习一

实验十一　综合练习(1)

一、基本操作题

（一）题目要求

本实验所需素材存放在 ex11 文件夹中。

1. 在 ex11 文件夹中分别建立 AB 和 AC 两个文件夹。

2. 搜索 ex11 文件夹下的 BC.XLSX 文件,然后将其复制到 ex11 文件夹下的 DT 文件夹中。

3. 将 BAT\CC 文件夹中的文件 ARTICLE.TXT 设置成只读属性。

4. 为 ex11 文件夹下 TEAC 文件夹中的 MPT.EXE 文件建立名为 TM 的快捷方式,存放在 ex11 文件夹下。

5. 删除 ex11 文件夹下 WORK 文件夹中的 WOMEN 文件夹。

（二）操作步骤

1. 创建文件夹。

（1）右击"开始"菜单,在弹出的快捷菜单中选择"打开 Windows 资源管理器"。

（2）在"资源管理器"窗口左侧的文件夹树窗格中单击 ex11 文件夹,即选中该文件夹。

（3）在 ex11 文件夹下的空白处单击鼠标右键,在弹出的快捷菜单中选择"新建"→"文件夹"命令,然后输入文件名 AB。

（4）用同样的方法在 ex11 文件夹中创建一个名为 AC 的文件夹。

2. 搜索、复制文件。

（1）打开 ex11 文件夹,在窗口右上角的搜索框中输入"BC.XLSX",资源管理器会立刻开始在 ex11 文件夹中搜索文件名中包含"BC.XLSX"的文件,结果如图 6-1 所示。

（2）右击搜索到的文件 BC.XLSX,在弹出的快捷菜单中选择"复制"命令;回到 ex11 文件夹,双击 DT 文件夹将其打开,在空白处单击鼠标右键,在弹出的快捷菜单中选择"粘贴"命令即可。

图6-1　资源管理器搜索结果

3. 设置文件属性。

双击打开 BAT\CC 文件夹,右击名为 ARTICLE.TXT 的文件,在弹出的快捷菜单中选择"属性"命令,在属性对话框中选中"只读"复选框,单击"确定"按钮。

4. 创建快捷方式。

在 ex11 文件夹中的空白处单击鼠标右键,在弹出的快捷菜单中选择"新建"→"快捷方式"命令,打开"创建快捷方式"对话框,如图6-2所示。单击"浏览"按钮,选择 TEAC 文件夹下的 MPT.EXE 文件,单击"下一步"按钮,在打开的对话框中输入名称"TM",如图6-3所示,单击"完成"按钮。

图6-2　"创建快捷方式"对话框的设置位置页面

图6-3　"创建快捷方式"对话框的命名页面

5. 删除文件夹。

打开 ex11 文件夹中的 WORK 文件夹,右击名为 WOMEN 的文件夹,在弹出的快捷菜单中选择"删除"命令,然后单击"是"按钮。

二、文字处理题

（一）题目要求

打开 ex11 文件夹下的 word.docx 文档，参考图 6-4所示的样张，按照下列要求对其中的文字进行编辑、排版和保存。

1. 将标题段（"2015 年 1 月我国商用车市场销量分析"）文字设置为三号、红色、楷体、加粗、居中，并添加着重号。

2. 设置正文各段"2014 年，商用车市场……重汽、重庆长安。"首行缩进 2 字符、左右各缩进 1 字符，段前间距 0.5 行。

3. 设置页面上、下边距均为 2 厘米，页面垂直对齐方式为"底端对齐"。

4. 将正文中所有的文字"商用车"设置为加粗、绿色、带着重号格式。

5. 将文中倒数第 9 行（排名　企业名称　销售）至最后一行（8　重庆长庆　1.29）的文字转换成一个 9 行 3 列的表格；设置表格居中、表格中所有文字中部居中；设置表格列宽为 3 厘米、行高为 0.8 厘米；设置表格所有单元格的左、右边距均为 0.2 厘米。

图 6-4　实验十一样张 1

6. 在表格最后添加一行，并在"排名"列中输入"销售总计"，在"销售"列中计算以上 8 款车型的销售总量。

7. 保存 word.docx 文件。

（二）操作步骤

1. 设置字体。

选中标题段文字，在"开始"选项卡下的"字体"组中单击右下角的"字体"对话框启动器按钮（图 6-5），弹出"字体"对话框（图 6-6）；在"字体"选项卡中，"中文字体"下选择"楷体"、"字形"下选择"加粗"，"字号"下选择"三号"，"字体颜色"下选择"红色"，并添加着重号，单击"确定"按钮。在"开始"选项卡下的"段落"组中单击"居中"按钮，如图 6-7 所示，使标题段文字居中显示。

图 6-5　"字体"对话框启动器按钮

图 6-6 "字体"对话框

图 6-7 "段落"组

2. 设置段落。

选中正文各段落,在"开始"选项卡下的"段落"组中单击右下角的"段落"对话框启动器按钮,打开如图 6-8 所示的"段落"对话框;单击"缩进和间距"选项卡,在"缩进"下设置左、右侧均为"1 字符",在"特殊格式"中选择"首行缩进",在"磅值"中选择"2 字符",设置"间距"下的"段前"为"0.5 行",单击"确定"按钮。

3. 设置页面。

(1) 在"布局"选项卡下的"页面设置"组中单击右下角的"页面设置"对话框启动器按钮,弹出"页面设置"对话框;在"页边距"选项卡中设置页面上、下边距均为"2 厘米"。

(2) 单击"页面设置"对话框中的"版式"选项卡,在"垂直对齐方式"中选择"底端对齐",如图 6-9 所示,单击"确定"按钮。

图 6-8 "段落"对话框

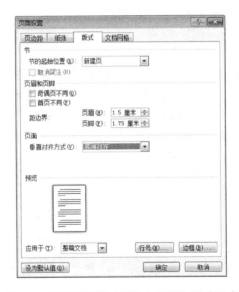

图 6-9 "页面设置"对话框中的"版式"选项卡

4. 替换文字。

（1）将光标停留在正文起始处，单击"开始"选项卡下的"编辑"组中的"替换"按钮，弹出"查找和替换"对话框，在"查找内容"中输入"商用车"，在"替换为"中输入"商用车"。

（2）单击"更多"按钮，展开对话框，将光标放入"替换为"后的文本框中，"搜索"选择"向下"；单击"格式"按钮右侧的下拉箭头（图 6-10），选择"字体"选项，打开"替换字体"对话框；设置字体的格式为加粗、绿色、加着重号，单击"确定"按钮；然后单击"全部替换"按钮。

图 6-10 "查找和替换"对话框

5. 设置表格样式。

（1）选中正文最后 9 行文字，在"插入"选项卡下的"表格"组中单击"表格"按钮，选择"文本转换成表格"命令，弹出"将文字转换成表格"对话框，如图 6-11 所示；在"文字分隔位置"下选中"制表符"，单击"确定"按钮，将文字转换成一个 9 行 3 列的表格。

（2）选中表格，单击"表格工具—布局"选项卡下的"表"组中的"属性"按钮，弹出"表格属性"对话框，在"表格"选项卡的对齐方式中选择"居中"，使表格居中。在"表格属性"对话框的"行"选项卡中选中"指定高度"，设置行高为"0.8 厘米"，设置"行高值"为"固定值"；在"列"选项卡中选中"指定宽度"，设置列宽为"3 厘米"。单击"表格工具—布局"选项卡下的"对齐方式"组中的"单元格边距"按钮，弹出"表格选项"对话框，如图 6-12 所示；设置单元格左、右边距均为"0.2 厘米"，单击"确定"按钮。选中表格中的所有文字，在"表格工具—布局"选项卡中单击"对齐方式"组中的"水平居中"按钮。

图 6-11 "将文字转换成表格"对话框

图 6-12 "表格选项"对话框

6. 给表格添加行并计算值。

（1）选中表格的最后一行，在"表格工具—布局"选项卡下，单击"行和列"组中的"在下方插入"按钮,然后在相应单元格中输入相应的内容。

（2）将光标置于最后 1 行第 3 列,在"表格工具—布局"选项卡中单击"数据"组中的"公式"按钮,弹出"公式"对话框,在公式单元格中输入"＝SUM（ABOVE）",单击"确定"按钮,如图 6-13 所示。

图 6-13　　"公式"对话框

7. 保存文件。

单击"文件"选项卡中的"保存"按钮,保存 word.docx 文件。

 三、电子表格处理题

（一）题目要求

打开 ex11 文件夹下的 excel.xlsx 文档,参考图 6-14 所示的样张,按照下列要求对文档进行操作并保存。

1. 将 Sheet1 工作表的 A1:C1 单元格合并为一个单元格,内容水平居中;在 B8 单元格中计算消费总支出,在 C3:C7 单元格中计算各种消费所占比例,设置"比例"单元格格式的数字分类为"百分比",小数位数为 2;将工作表命名为"消费统计"。

2. 将工作表中的数据按"所占比例"的降序次序重新排序(不含总支出行);筛选比例在 10% 以上的数据。

3. 对筛选后的数据,选取"消费种类"列和"所占比例"列的内容,建立"分离型饼图",图标题为"儿童消费统计";清除图例,添加数据标签,标签

图 6-14　　实验十一样张 2

位置在外;将图插入 Sheet1 工作表的 A10:D18 单元格区域内。

（二）操作步骤

1. 合并单元格,并利用函数计算各消费所占比例。

（1）选择 Sheet1 工作表的 A1:C1 单元格区域,在"开始"选项卡下的"对齐方式"组中单击"合并后居中"按钮,如图 6-15 所示。

图 6-15　　"对齐方式"组

（2）选中 B8 单元格,单击单元格编辑栏左侧的"插入函数"按钮 fx ,在弹出的"插入函数"对话框中选择 SUM 函数,单击"确定"按钮;在弹出的"函数参数"对话框中,确认 Number1 栏中的参数为 B3:B7 单元格,单击"确定"按钮,生成"消费总支出"。

（3）选中 C3 单元格,在单元格编辑栏中输入"＝B3/\$B \$8",按回车键;选中 C3 单元格,移动鼠标指针到单元格右下角,利用填充柄拖动到 C7 单元格,生成各种消费"所占比例"。

（4）选中 C3：C7 单元格，在"开始"选项卡下的"数字"组中单击右下角的"设置单元格格式"对话框启动器按钮，弹出如图 6-16 所示的"设置单元格格式"对话框；在数字选项卡中设置"分类"为"百分比"，"小数位数"为"2"，单击"确定"按钮。

图 6-16 "设置单元格格式"对话框

（5）双击工作表名"Sheet1"，输入"消费统计"，保存文件。

2. 数据排序、数据筛选。

（1）选中数据区 A2：C7，在"数据"选项卡下的"排序和筛选"组中单击"排序"按钮，弹出"排序"对话框；在"主要关键字"中选择"所占比例"，在"次序"中选择"降序"，单击"确定"按钮。

（2）在"数据"选项卡下的"排序和筛选"组中，单击"筛选"按钮。

（3）单击"所占比例"列右侧的下拉按钮，如图 6-17 所示，在下拉列表中选择"数字筛选"→"大于"命令；弹出如图 6-18 所示的"自定义自动筛选方式"对话框，在"大于"右侧的文本框中输入"10%"，单击"确定"按钮。

图 6-17 设置筛选方式

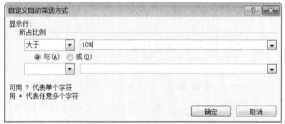

图 6-18 "自定义自动筛选方式"对话框

3. 创建图表。

（1）对筛选后的数据同时选取"消费种类"列和"所占比例"列；在"插入"选项卡下的"图表"组中单击右下角的"图表"对话框启动器按钮，弹出"插入图表"对话框；选择"所有图表"（图6-19），左侧选择"饼图"，右侧选择"三维饼图"；单击"确定"按钮，在Sheet1工作表中创建图表。

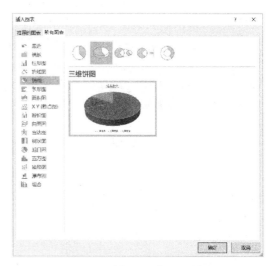

图6-19　"插入图表"对话框

（2）选中图表标题，将图表标题修改为"儿童消费统计"；在图例上单击鼠标右键，在弹出的快捷菜单中选择"删除"命令，删除图例。在饼图上单击鼠标右键，在弹出的快捷菜单中选择"添加数据标签"命令；再在饼图上单击鼠标右键，在弹出的快捷菜单中选择"设置数据标签格式"命令，

弹出如图6-20所示的"设置数据标签格式"任务窗格，设置数据"标签位置"为"数据标签外"；单击"关闭"按钮，完成数据标签格式的设置。得到的饼图如图6-21所示。

图6-20　"设置数据标签格式"任务窗格

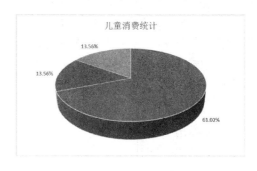

图6-21　设置后的饼图

（3）将图拖动到A10:D18，并调整其大小。

四、演示文稿处理题

（一）题目要求

打开ex11文件夹下的演示文稿yswd.pptx，参考图6-22所示的样张，按照下列要求对文件进行操作并保存。

图 6-22　实验十一样张 3

1. 在第 1 张幻灯片前插入一个版式为"标题幻灯片"的新幻灯片,主标题处输入"长江三峡工程",并设置其格式为楷体、54 磅、加粗、红色,副标题处输入"当今世界最大的水利枢纽工程",并设置其格式为宋体、32 磅、加粗,颜色用自定义选项卡中的红色 229、绿色216、蓝色 47。

2. 使用"电路"主题修饰全文,全部幻灯片切换效果为"分割"。

3. 将第 3 张幻灯片的版式改为"图片与标题",在图片区域插入 ex11 文件夹中的A.jpg 图片;设置图片中文本"长江三峡工程模型图"的动画为"飞入""自左下部",设置图片的动画为"淡出",设置动画顺序为"先图片后文字"。

(二)操作步骤

1. 插入幻灯片。

(1)在"开始"选项卡下的"幻灯片"组中单击"新建幻灯片"右边的下拉按钮,选择"标题幻灯片",新建一张"标题幻灯片";在左侧窗格中拖动此幻灯片到第 1 张幻灯片之前。

(2)单击第 1 张幻灯片,在主标题中输入"长江三峡工程"。选中主标题文字,在"开始"选项卡下的"字体"组中,设置文字格式为"楷体""54 磅字""加粗""红色"。

(3)在副标题中输入"当今世界最大的水利枢纽工程"。选中副标题文字,在"开始"选项卡下的"字体"组中,设置文字格式为"宋体""32 磅""加粗"。单击"字体颜色"按钮右侧的下拉按钮,选择"其他颜色",弹出"颜色"对话框,如图 6-23 所示;选择"自定义"选项卡,输入"红色"为"229"、"绿色"为"216"、"蓝色"为"47",单击"确定"按钮。

2. 设置主题与切换效果。

(1)在"设计"选项卡下的"主题"组中单击"电路"按钮。

(2)在"切换"选项卡下的"切换到此幻灯片"组中单击"分割"按钮;在"切换"选项卡下的"计时"组中单击"全部应用"按钮。

3. 插入图片、设置动画。

(1)选中第 3 张幻灯片,在"开始"选项卡下的"幻灯片"组中单击"版式"按钮,选择

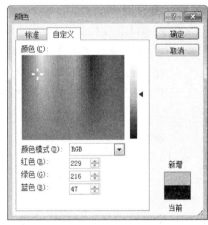

图 6-23　"颜色"对话框

"图片与标题"。在图片区域,单击鼠标左键,插入素材中的"A.jpg"图片。

（2）选中该片中的文字"长江三峡工程模型图",在"动画"选项卡下的"动画"组中,单击"添加动画"按钮,选择"飞入",效果为"自左下部",如图 6-24 所示;选中图片,用同样的方法设置图片动画为"淡出"。

（3）选中图片,在"动画"选项卡下的"计时"组中单击"向前移动"按钮,将动画顺序设置为"先图片后文字",如图 6-25 所示。

图 6-24　动画设置

图 6-25　动画顺序设置

综合练习（2）

一、基本操作题

（一）题目要求

本实验所需素材存放在 ex12 文件夹中。

1. 将 ex12 文件夹下 YELLOW 文件夹中的文件夹 RED 移动到 ex12 文件夹下的 GREEN 文件夹中。

2. 将 BLUE 文件夹中的文件 BEAUTY.exe 重命名为 UGLY.exe。

3. 将 ex12 文件夹下 YELLOW 文件夹中的文件 PICTURE.docx 的"隐藏"属性撤销。

4. 在 ex12 文件夹下 BLUE 文件夹中建立一个新的文件,名为 HELLO.dat。

5. 将 ex12 文件夹下 BLUE 文件夹中的文件 SUPER.dll 删除。

（二）操作步骤

1. 移动文件夹。

（1）打开实验素材 ex12,双击 YELLOW 文件夹,右击名为 RED 的文件夹,在弹出的快捷菜单中选择"剪切"命令。

（2）切换到 ex12 文件夹,双击 GREEN 文件夹将其打开,在空白处单击鼠标右键,在弹出的快捷菜单中选择"粘贴"命令。

2. 重命名文件。

（1）如果此时文件的扩展名隐藏,则单击"资源管理器"窗口工具栏上的"工具"菜单,单击"文件夹选项"命令,打开"文件夹选项"对话框（图 6-26）,单击"查看"选项卡,在"高级设置"中,取消选中"隐藏已知文件类型的扩展名"复选框,单击"确定"按钮。

（2）双击打开 BLUE 文件夹，右击名为 BEAUTY.exe 的文件，在弹出的快捷菜单中选择"重命名"命令，输入"UGLY.exe"，在空白处单击即可。

3. 修改文件属性。

（1）双击打开 YELLOW 文件夹。如果在该文件夹中看不到 PICTURE.docx 文件，则单击"工具"菜单，选择"文件夹选项"命令，弹出"文件夹选项"对话框，选择"查看"选项卡，在"高级设置"中选中"显示隐藏的文件、文件夹和驱动器"，以便将隐藏的文件、文件夹显示出来，单击"确定"按钮。

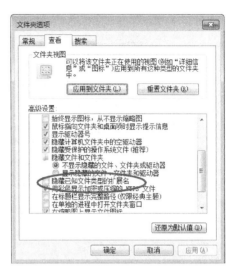

图 6-26 "文件夹选项"对话框

（2）右击名为 PICTURE.docx 的文件，在弹出的快捷菜单中选择"属性"命令，弹出"属性"对话框，取消选中"隐藏"，撤销文件的隐藏属性。

4. 新建文件。

（1）双击打开 BLUE 文件夹，在空白处单击鼠标右键，在弹出的快捷菜单中选择"新建"命令，再选择"文本文件"，建立名为"新建文本文件.txt"的文件。

（2）右击选中该新建文件，在弹出的快捷菜单中选择"重命名"命令，输入"HELLO.dat"，在空白处单击退出，即将"新建文本文件.txt"更名为"HELLO.dat"。

5. 删除文件。

打开 ex12 文件夹中的 BLUE 文件夹，右击名为 SUPER.dll 的文件，在弹出的快捷菜单中选择"删除"命令，然后选择"是"按钮。

二、文字处理题

（一）题目要求

打开 ex12 文件夹下的相关文档，按照下列要求对其中的文字进行编辑、排版和保存，具体要求如下。

1. 打开文档 word1.docx，参考图 6-27 所示的样张，按照要求完成下列操作并以原文件名保存文档。

（1）设置正文第一段首字下沉 3 行，首字为黑体、蓝色，其余各段设置为首行缩进 2 字符、段前 10 磅。将正文最后一段设置为等宽 2 栏，栏间加分割线，栏间距为 3 字符。

（2）给页面加 1.5 磅、红色、阴影边框。

（3）为小标题"物种灭绝""植被破坏""土地退化"添加编号"（1），（2），（3），…"。

2. 打开文档 word2.docx，参考图 6-28 所示的样张，按照下列要求完成操作并以原文件名保存文档。

（1）设置表格外框线为 3 磅、红色、单实线，内框线为 1 磅、黑色、单实线；为表格添加"茶色，背景 2"底纹。

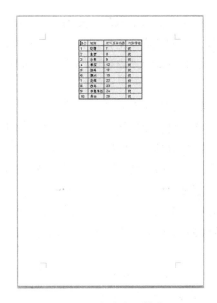

图 6-27　实验十二样张 1　　　　　　　　图 6-28　实验十二样张 2

（2）将文档中表格内容的对齐方式设置为"靠下两端对齐"，按"空气质量指数"（依据"数字"类型）升序排列表格内容。

（二）操作步骤

1. 打开文档 word1.docx，按照要求完成下列操作并以原文件名保存文档。

（1）设置首字下沉、段落格式、分栏。

① 将光标移到正文第 1 段，在"插入"选项卡下的"文本"组中单击"首字下沉"按钮，选择"首字下沉"选项，弹出如图 6-29 所示的"首字下沉"对话框；单击"下沉"按钮，"字体"选"黑体"，"下沉行数"选"3"，单击"确定"按钮；选定正文第一段首字，在"开始"选项卡下的"字体"组中单击"字体颜色"右边的下拉按钮，设置颜色为"蓝色"。

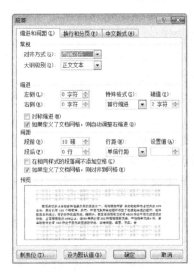

图 6-29　"首字下沉"对话框　　　　　　图 6-30　"段落"对话框

② 选定正文其余各段,在"开始"选项卡下的"段落"组中单击右下角的"段落"对话框启动器按钮,弹出如图 6-30 所示的"段落"对话框;在"缩进和间距"选项卡的"特殊格式"中选择"首行缩进","磅值"设置为"2 字符",在"间距"中设置"段前"为"10 磅"。

③ 选中最后一段文字,在"布局"选项卡下的"页面设置"组中单击"分栏"按钮,选择"更多分栏",打开如图 6-31 所示的"分栏"对话框;选择"两栏",并设置栏间距为"3 字符",选中"分隔线"复选框,单击"确定"按钮。

(2)设置页面边框。

在"设计"选项卡下的"页面背景"组中单击"页面边框"按钮,弹出如图 6-32 所示的"边框和底纹"对话框;在"页面边框"选项卡中,"设置"选择"阴影","颜色"设置为"红色","宽度"设置为"1.5 磅"。

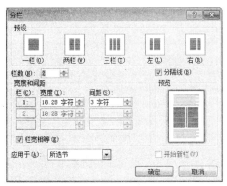
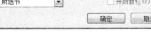

图 6-31　"分栏"对话框　　　　图 6-32　"边框与底纹"对话框的"页面边框"选项卡

(3)添加编号。

选中正文小标题"物种灭绝""植被破坏""土地退化",在"开始"选项卡下的"段落"组中,单击"编号"下拉按钮,选择符号"(1),(2),(3),…"。

2. 打开文档 word2.docx,按照下列要求完成操作,并以原文件名保存文档。

(1)设置表格边框和底纹。

① 选中表格,在"表格工具—设计"选项卡下单击"边框"组右下角"边框和底纹"启动器按钮,打开如图 6-33 所示的"边框和底纹"对话框;在"边框"选项卡中,在"设置"中选择"方框",在"样式"中选择"单实线",在"颜色"中选择"红色",在"宽度"中选择"3.0磅",在"应用于"中选择"表格",单击"确定"按钮。再次打开"边框和底纹"对话框(图 6-34),在"样式"中选"单实线",在"颜色"中选"黑色",在"宽度"中选"1.0 磅",在"预览"中单击内横线和内竖线按钮,单击"确定"按钮。

② 选中表格,在"表格工具—设计"选项卡下单击"表格样式"组中的"底纹"下拉列表,选择"茶色,背景 2"。

图 6-33 　设置表格外框

图 6-34 　设置表格内框

（2）设置表格文字对齐方式、数据排序。

① 选中表格中的文字，在"表格工具—布局"选项卡下单击"对齐方式"组中的"靠下两端对齐"按钮。

② 选中表格，在"表格工具—布局"选项卡下单击"数据"组中的"排序"按钮，打开"排序"对话框，如图 6-35 所示；设置"主要关键字"为"空气质量指数"，"类型"为

图 6-35 　"排序"对话框

"数字"，选择"升序"单选按钮，"列表"项选择"有标题行"，单击"确定"按钮。

三、电子表格处理题

（一）题目要求

打开 ex12 文件夹中的 excel.xlsx 文件，参考图 6-36 所示的样张，按照下列要求完成对此文件的操作并保存。

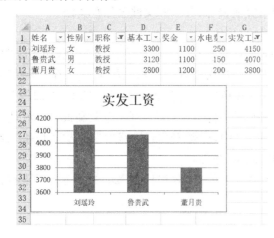

图 6-36 　实验十二样张 3

1. 在工作表中,计算教师的"实发工资"(实发工资=基本工资+奖金-水电费),在 J4:J6 单元格区域计算职称为"助教""讲师""教授"的人数(利用 COUNTIF 函数)。

2. 对工作表内的数据清单按主要关键字"职称"的升序次序和次要关键字"实发工资"的降序次序进行排序。对排序后的数据进行自动筛选,条件为:职称为"教授"、实发工资为大于或等于 3 800 且小于或等于 4 200。

3. 对筛选后的数据,选取"姓名"列和"实发工资"列数据区域的内容,建立"簇状柱形图",清除图例,将图插入 Sheet1 工作表的 A23:F34 单元格区域。

(二)操作步骤

1. 数据计算。

(1)选中 G2 单元格,在单元格编辑栏中输入"=D2+E2-F2",按回车键;选中 G2 单元格,移动鼠标指针到单元格右下角,利用填充柄拖动到 G21 单元格。

(2)选中 J4 单元格,单击单元格编辑栏左侧的"插入函数"按钮 f_x,在弹出的"插入函数"对话框中选择 COUNTIF 函数,单击"确定"按钮,弹出"函数参数"对话框,如图 6-37 所示;在"Range"文本框中输入 $C $2:$C $21,在"Criteria"文本框中输入"I4";单击"确定"按钮,计算出助教的人数。选中 J4 单元格,移动鼠标指针到单元格右下角,利用填充柄拖到 J6 单元格,分别计算出讲师和教授的人数。

2. 数据排序、筛选。

(1)选中数据区 A1:G21,在"数据"选项卡下的"排序和筛选"组中单击"排序"按钮,弹出如图 6-38 所示的"排序"对话框。在"主要关键字"中选择"职称",在"次序"中选择"升序";单击"添加条件"按钮,在"次要关键字"中选择"实发工资",在"次序"中选择"降序";单击"确定"按钮。

图 6-37 "函数参数"对话框

图 6-38 "排序"对话框

(2)在"数据"选项卡下的"排序和筛选"组中单击"筛选"按钮。

(3)单击"职称"单元格的向下按钮,取消"(全选)"复选框,然后选中"教授",单击"确定"按钮。单击"实发工资"列右侧的下拉按钮,在下拉列表中选择"数字筛选"→"自定义筛选"命令,弹出如图 6-39 所示的"自定义自动筛选方式"对话框;设置第一个条件为"大于或等于",在右侧的文本框中输入"3 800",选择"与"选项,设置第二个条件为"小于或等于",在右侧的文本框中输入"4 200";单击"确定"按钮。

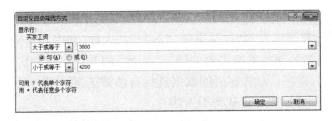

图 6-39　"自定义自动筛选方式"对话框

3. 创建图表。

（1）对筛选后的数据，同时选中"姓名"和"实发工资"列，在"插入"选项卡下的"图表"组中单击右下角的"插入图表"对话框启动器按钮，弹出"插入图表"对话框；在"所有图表"选项卡下选择"柱形图"，右侧选择"簇状柱形图"；单击"确定"按钮，在 Sheet1 工作表中创建图表。

（2）在图例上单击鼠标右键，在弹出的快捷菜单中选择"删除"命令，删除图例。然后，将图拖动到 A23:F34，并调整其大小。

四、演示文稿处理题

（一）题目要求

打开 ex12 文件夹下的演示文稿 yswd.pptx，参考图 6-40 所示的样张，按照下列要求完成对此文稿的修饰并保存。

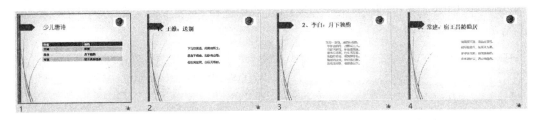

图 6-40　实验十二样张 4

1. 使用"丝状"主题修饰全文，设置放映方式为"观众自行浏览（窗口）"。

2. 设置母版，使每张幻灯片的右上角插入一幅"中文"类的剪切画（图可自行选择），调整剪切画大小。

3. 将第 1 张幻灯片的版式修改为"标题和内容"，在内容部分插入一张 4 行 2 列的表格。在第 1 行的第 1 列中录入"作者"，在第 2 列中录入"诗名"，将第 2~4 幻灯片标题中的作者和诗名分别录入表格。

（二）操作步骤

1. 设置主题、放映方式。

（1）在"设计"选项卡下的"主题"组中选择"丝状"主题修饰全文。

（2）在"幻灯片放映"选项卡下的"设置"组中单击"设置幻灯片放映"选项，打开如图 6-41 所示的对话框，选择放映类型为"观众自行浏览（窗口）"，单击"确定"按钮。

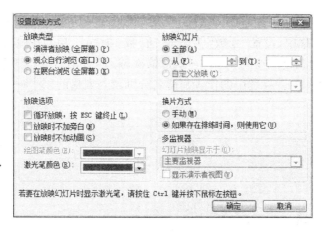

图 6-41　"设置放映方式"对话框

2. 设置母版。

（1）在"视图"选项卡下的"母版视图"组中，单击"幻灯片母版"按钮，然后选择"幻灯片母版"视图中的第 1 张幻灯片母版。

（2）在"插入"选项卡下的"图像"组中单击"图片"按钮，如图 6-42 所示，在弹出的"插入图片"对话框中选择 ex12 文件夹下的"中文.png"图片，该图片会自动出现在母版上；选中图片并将它移至母版右上角，调整图片至合适大小。

（3）选择"幻灯片母版"选项卡，在"关闭"组中单击"关闭母版视图"按钮。

3. 插入表格。

（1）选中第 1 张幻灯片，在"开始"选项卡下的"幻灯片"组中单击"版式"按钮，选择"标题和内容"，如图 6-43 所示。

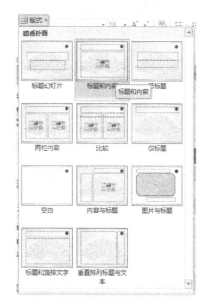

图 6-42　"图像"组中的"图片"按钮　　　　**图 6-43　设置版式**

（2）单击内容区的"表格"图标,在出现的如图6-44所示的"插入表格"对话框中,设置"列数"为"2","行数"为"4",单击"确定"按钮。在表格第1行的第1~2列依次输入"作者""诗名",将第2~4幻灯片标题中的作者和诗名分别录入表格的第2~4行。

图6-44　插入表格

练习六

一、基本操作题

本练习所需素材存放在"练习六"文件夹中。

1. 将"练习六"文件夹下 AIR\TREE 文件夹中的 PINE 文件夹复制到"练习六"文件夹下。

2. 在"练习六"文件夹下的 WATER 文件夹中新建一个 GREEN.dll 文件。

3. 将 FIRE\RED 文件夹中的文件 HOT.com 设置为"隐藏"和"存档"属性。

4. 将"练习六"文件夹下 WATER\RIVER 文件夹中的 FW.txt 文件重命名为 FLOW.txt。

5. 搜索"练习六"文件夹下的 WRONG.dat 文件,然后将其删除。

二、文字处理题

打开"练习六"文件夹下的 word.docx 文档,参考图6-45所示的样张,按照下列要求对其中的文字进行编辑、排版和保存。

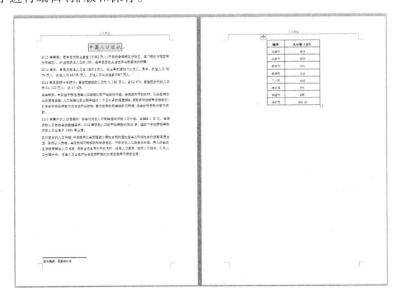

图6-45　练习六样张1

1. 将标题段"中国人口现状"文字设置为楷体、三号、蓝色,添加绿色边框和黄色底纹并使之居中。

2. 给文章添加页眉:奇数页为"人口现状",偶数页为"人口排名"。

3. 在正文第 2 段末尾"男性人口比女性多 3 367 万人。"插入脚注,脚注内容为"资料来源:国家统计局",脚注文字为小五号、宋体,脚注位于页面底端。

4. 将正文后 11 行文字转换为一张 11 行 2 列的表格。设置表格居中;设置表格行高为 0.8 厘米,表格第 1 列列宽设置为 2 厘米,第 2 列列宽设置为 4 厘米;表格中所有文字全部居中;设置表格所有框线为 1 磅、红色、单实线。

5. 删除表格的最后两行数据,依据"人口数"列(主要关键字)、"数字"类型、"降序"对表格进行排序。

6. 保存 word.docx 文件。

▶ 三、电子表格处理题

打开"练习六"文件夹中的 excel.xlsx 文件,参考图 6-46 所示的样张,按照下列要求完成对此文件的操作并保存。

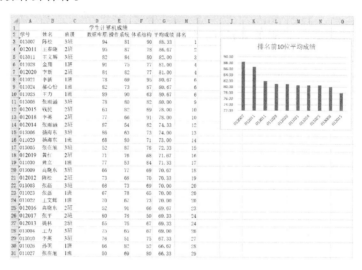

图 6-46　练习六样张 2

1. 将 Sheet1 工作表的 A1:H1 单元格合并为一个单元格,内容水平居中。

2. 计算"平均成绩"和"排名"列的内容("平均成绩"列单元格格式数字分类为"数值",小数位数保留 2 位,"排名"用 RANK 函数,按"平均成绩""降序"次序排序);将工作表的数据按主要关键字"排名"的升序次序排序。

3. 选取排序后前 10 位同学的"学号"列(A2:12)和"平均成绩"列(G2:G12)数据区域的内容,建立"簇状柱形图",标题为"排名前 10 位平均成绩",清除图例,将图插入本工作表的 J3:O14 单元格区域内。

4. 保存 excel.xlsx 文件。

四、演示文稿处理题

打开"练习六"文件夹下的演示文稿 yswd.pptx，参考图 6-47 所示的样张，按照下列要求完成对此文稿的修饰并保存。

图 6-47 练习六样张 3

1. 在最后一张幻灯片的文字"靓车欣赏"下方，插入"练习六"文件中的 F2014.jpg 图片，设置该图片的动画为"飞入"，效果为"自右下部"。

2. 将第 4 张幻灯片中的文字移入第 3 张幻灯片的文字下方，删除第 4 张幻灯片，设置第 3 张幻灯片"技术参数"的背景预设为"底部聚光灯－个性色 6"，底纹样式为"线性向上"。

3. 交换"技术参数"和"靓车欣赏"两张幻灯片的位置。

第二部分　Office高级应用

第七章　Word 高级应用

实验十三　论文排版

一、实验目的

1. 熟练掌握页面的设置方法。
2. 掌握样式的设置方法及应用。
3. 掌握脚注、题注的设置方法及应用。
4. 掌握节的概念及应用。
5. 掌握图表的创建及设置方法。
6. 掌握目录的生成及更新方法。

二、实验内容

本实验所需素材存放于 ex13 文件夹中,按照下列要求完成论文的排版工作。

1. 在 ex13 文件夹下,将"Word 素材.docx"文件另存为"Word.docx"文件(".docx"为扩展名),后续操作均基于此文件。

2. 按下列要求进行页面设置:纸张大小为 A4,对称页边距,上、下边距均为 2.5 厘米,内侧边距为 2.5 厘米、外侧边距为 2 厘米,装订线为 1 厘米,页眉、页脚均距边界 1.1 厘米。

3. 文稿中包含三个级别的标题,其文字分别用不同的颜色显示。按表 7-1 要求对书稿应用样式,并对样式格式进行修改。

表 7-1　文字设置要求

文字颜色	样式	格式
红色(章标题)	标题 1	小二号字、华文中宋、不加粗,标准深蓝色,段前 1.5 行、段后 1 行,行距最小值 12 磅,居中,与下段同页
蓝色(用"一、""二、""三、"……标示的段落)	标题 2	小三号字、华文中宋、不加粗,标准深蓝色,段前 1 行、段后 0.5 行,行距最小值 12 磅

续表

文字颜色	样式	格式
绿色(用"（一）""（二）""（三）"……标示的段落)	标题 3	小四号字、宋体、加粗,标准深蓝色,段前 12 磅、段后 6 磅,行距最小值 12 磅
除上述三个级别标题外的所有正文(不含表格、图表及题注)	正文	仿宋体,首行缩进 2 字符、1.25 倍行距、段后 6 磅,两端对齐

4. 为书稿中用黄色底纹标出的文字"手机上网比例首超传统 PC"添加脚注。脚注位于页面底部,编号格式为"①,②,③,…"内容为"网民最近半年使用过台式机或笔记本或同时使用台式机和笔记本统称为传统 PC 用户"。

5. 将 ex13 文件夹下的图片 pic1.png 插入书稿中用浅绿色底纹标出的文字"调查总体细分图示"上方的空行中,在说明文字"调查总体细分图示"左侧添加格式如"图 1""图 2"的题注,添加完毕,将样式"题注"的格式修改为楷体、小五号字、居中。在图片上方用浅绿色底纹标出的文字的适当位置引用该题注。

6. 根据论文第二章中的表 1 内容生成一张如示例文件 chart.png 所示的图表,插入表格后的空行中,并居中显示。要求图表的标题、纵坐标轴和折线图的格式和位置与示例图相同。

7. 参照示例文件 cover.png,为文档设计封面,并对前言进行适当的排版。封面和前言必须位于同一节中,且无页眉、页脚和页码。封面上的图片可取自 ex13 文件夹下的文件 Logo.jpg,并进行适当的裁剪。

8. 在"前言"内容和"报告摘要"之间插入自动目录,要求包含标题第 1~3 级及对应页码,目录的页眉、页脚按下列格式设计:页脚居中,显示大写罗马数字Ⅰ,Ⅱ格式的页码,起始页码为Ⅰ且自奇数页码开始;页眉居中,插入文档标题属性信息。

9. 自"报告摘要"开始为正文。为正文设计下述格式的页码:自奇数页码开始,起始页码为 1,页码格式为阿拉伯数字"1,2,3,…"。偶数页页眉内容依次显示页码、一个全角空格、文档属性中的作者信息,居左显示。奇数页页眉内容依次显示章标题、一个全角空格、页码,居右显示,并在页眉内容下添加横线。

10. 将文稿中所有的西文空格删除,然后对目录进行更新。

三、实验步骤

1. 设置文件另存。

打开实验素材 ex13 文件夹中的"Word 素材.docx"文档,单击"文件"菜单中的"另存为"菜单项;在弹出的对话框中单击"当前文件夹"下的 ex13;在弹出的"另存为"对话框(图 7-1)中输入文件名"Word",然后单击"保存"按钮。

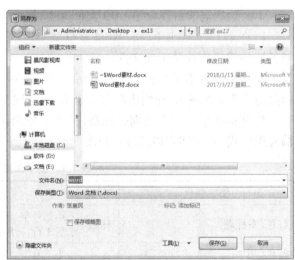

图 7-1 "另存为"对话框

2. 设置文档版面。

在"布局"选项卡下的"页面设置"组中,单击右下角的"页面设置"对话框启动器按钮,打开如图 7-2 所示的"页面设置"对话框。在"纸张"选项卡中,选择"A4";在"页边距"选项卡中,设置"多页"为"对称页边距",设置上、下边距各为"2.5 厘米",内侧边距为"2.5 厘米"、外侧边距为"2 厘米",装订线为"1 厘米",如图 7-2(a)所示;在"版式"选项卡中,设置页眉、页脚距边界均为"1.1 厘米",如图 7-2(b)所示。

(a)"页边距"选项卡　　　　　　　　　　　　　(b)"版式"选项卡

图 7-2　"页面设置"对话框

3. 更改样式格式并应用样式。

(1)在"开始"选项卡中单击"样式"下拉按钮,右击"标题 1"样式,在弹出的快捷菜单中选择"修改"(图 7-3),出现"修改样式"对话框(图 7-4)。

(2)单击"修改样式"对话框中的"格式"按钮,选择"字体",弹出"字体"对话框;在"字体"对话框中分别设置"字号"为"小二号"、"中文字体"为"华文中宋"、"字形"为"常规"(即不加粗)、"字体颜色"为标准色"深蓝"色;单击"确定"按钮,关闭"字体"对话框。

图 7-3　修改"标题 1"格式

(3)单击"修改样式"对话框中的"格式"按钮,选择"段落",弹出"段落"对话框,在"段落"对话框的"缩进和间距"选项卡中,分别设置"段前"间距为"1.5 行"、"段后"间距为"1 行",将"行距"设置为"最小值""12 磅","对齐方式"选择"居中";在"换行和分页"

选项卡中选中"与下段同页"复选框;然后单击"确定"按钮,关闭"段落"对话框。

(4)最后单击"修改样式"对话框中的"确定"按钮,关闭"修改样式"对话框,"标题1"样式修改完毕。

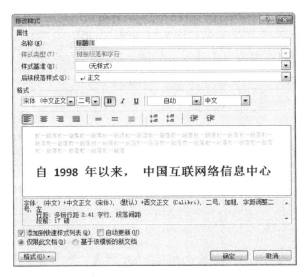

图 7-4　"修改样式"对话框

(5)同时选中红色的章标题,然后单击"开始"选项卡下的"样式"组中的"标题1",使其应用"标题1"样式。

(6)重复上述操作,分别设置"标题2""标题3""正文"样式的格式,然后再对相应的标题和正文应用样式。

操作小提示

同时选中红色的章标题的方法:

(1)按住【Ctrl】键不放,再用鼠标分别选择红色的章标题。

(2)选择第一个红色的章标题,单击"开始"选项卡下的"编辑"组中的"选择"下拉按钮,在下拉列表中选择"选定所有格式类似的文本"。

4. 设置脚注。

选中用黄色底纹标出的文字"手机上网比例首超传统PC",单击"引用"选项卡下的"脚注"组中的"插入脚注"按钮,在页面底端输入文字"网民最近半年使用过台式机或笔记本或同时使用台式机和笔记本统称为传统PC用户";单击"脚注"组右下角的对话框启动器按钮 ,弹出"脚注和尾注"对话框,将脚注"位置"设置为"页面底端","编号格式"设置为"①,②,③...";单击"应用"按钮,如图7-5所示。

图 7-5　"脚注和尾注"对话框

5. 插入图片和题注。

（1）将光标置于用浅绿色底纹标出的文字"调查总体细分图示"上方的空行中，单击"插入"选项卡下的"插图"组中的"图片"按钮，在弹出的"插入图片"对话框中选择 ex13 文件夹中的"pic1.png"，单击"插入"按钮。将光标置于"调查总体细分图示"左侧，单击"引用"选项卡下的"题注"组中的"插入题注"按钮，弹出"题注"对话框；在该对话框中单击"新建标签"按钮，将标签设置为"图"，如图 7-6 所示；单击两次"确定"按钮。

（2）参照第 3 题中的方法，将"题注"样式的格式设置为楷体、小五号字、居中，并将此题注应用该样式。

（3）将光标置于图片上方文字"如下"右侧，单击"引用"选项卡下的"题注"组中的"交叉引用"按钮，弹出"交叉引用"对话框；将"引用类型"设置为"图"，"引用内容"设置为"只有标签和编号"，在"引用哪一个题注"中选择"图 1 调查总体细分图示"，单击"插入"按钮，如图 7-7 所示；然后单击"关闭"按钮。

图 7-6 "题注"对话框   图 7-7 "交叉引用"对话框

6. 插入图表。

（1）将光标置于表 1 下方空行处，单击"插入"选项卡下的"插图"组中的"图表"按钮，弹出"插入图表"对话框，在该对话框中选择"柱形图"中的"簇状柱形图"，单击"确定"按钮，弹出 Excel 表格。

（2）将 Excel 表格中的"类别 3"和"类别 4"两行删除，将"表 1"中的数据复制到 Excel 表格 A1 单元格开始的区域中，切换到 Word 文档，单击生成的图表；在"图表工具—设计"选项卡下的"数据"组中单击"切换行/列"按钮；然后关闭 Excel 表格，生成的图表如图 7-8 所示。

（3）右击图表绘图区，在弹出的快捷菜单中选择"更改图表类型"，弹出"更改图表类型"对话框；在对话框左侧选择"组合"，将右侧"互联网普及率"系列图表类型更改为"带数据标记的折线图"，如图 7-9 所示；然后单击"确定"按钮。

（4）单击图表中的红色线条，右击鼠标，在弹出的快捷菜单中选择"设置数据系列格式"命令；在"设置数据系列格式"任务窗格的"系列选项"选项卡中选择"次坐标轴"单选按钮；在"填充与线条"选项卡中单击"标记"，在"数据标记选项"中单击"内置"单选按钮,"类型"选择"×",适当调整"大小",如图7-10所示;下拉对话框右侧的垂直滚动条,在"边框"中选择"实线",颜色设置为"绿色",适当调整"宽度",如图7-11所示;设置完成后,关闭该任务窗格。

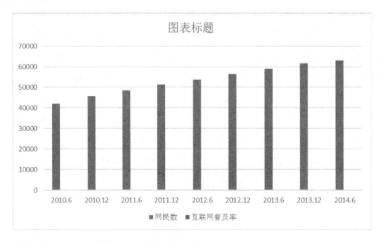

图7-8 生成的图表

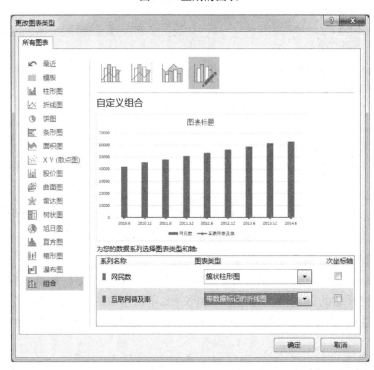

图7-9 更改"互联网普及率"系列图表类型

（5）选择图表左侧的垂直坐标轴,右击鼠标,在弹出的快捷菜单中选择"设置坐标轴格式"命令;在弹出的"设置坐标轴格式"任务窗格中设置"最大值"为"100 000",设置"主要"为"25 000",将"刻度线"下的主要类型设置为"交叉"（图7-12）;然后关闭该任务窗格。

（6）选择图表右侧的垂直次坐标轴，右击鼠标，在弹出的快捷菜单中选择"设置坐标轴格式"命令；在弹出的任务窗格中，设置"最大值"为"0.6"，将"刻度线"下的主要类型设置为"交叉"，将"标签"下的"标签位置"设置为"无"（图 7-13）；然后关闭该任务窗格。

图 7-10　设置标记线样式及大小

图 7-11　设置标记线颜色及宽度

图 7-12　设置左侧坐标轴格式

图 7-13　设置右侧坐标轴格式

（7）单击"图表工具—设计"选项卡下的"图表布局"组中的"添加图表元素"→"轴标题"→"主要纵坐标轴"，输入标题文字"万人"，调整至合适的位置。单击图表中的红色折线，选中全部绿色"×"型数据标记，单击"图表工具—设计"选项卡下的"图表布局"组中的"添加图表元素"→"数据标签"→"上方"。单击"图表工具—设计"选项卡下的"图表布局"组中的"添加图表元素"→"图表标题"→"居中覆盖"，将标题文字设置为"中国网民规模和互联网普及率"，并将字体设置为黑体、加粗。参照题目要求，把图表居中，并适当调整图表大小。

7. 设计封面。

（1）将光标置于"前言"文字前，在"布局"选项卡下的"页面设置"组中单击"分隔符"按钮，在弹出的下拉列表中选择"分页符"组下的"分页符"选项；将光标置于"报告摘要"文字前，在"布局"选项卡下的"页面设置"组中单击"分隔符"按钮，在弹出的下拉列表中选择"分节符"组下的"下一页"选项。

（2）参照样例文件 cover.png，将文字"中国互联网络发展状况统计报告"设置为微软雅黑、二号、居中；将文字"（2014 年 7 月 ）"及"中国互联网络信息中心"设置为微软雅黑、四号、居中，适当调整文字位置。在"中国互联网络信息中心"文字上方插入图片 logo.jpg，并将图片中下方的文字裁剪掉。将文字"前言"设置为黑体、三号、居中，将最后两行文字设置为"右对齐"。

8. 插入目录。

（1）将光标置于"报告摘要"文字前，在"布局"选项卡下的"页面设置"组中单击"分隔符"按钮，在弹出的下拉列表中选择"分节符"组下的"下一页"选项。将光标置于新的空白页中，单击"引用"选项卡下的"目录"按钮，在弹出的下拉列表中选择"自动目录 1"。

（2）双击第一页目录的页脚位置，在"页眉和页脚工具—设计"选项卡下取消勾选"链接到前一条页眉"，使之变成灰色；在"页眉和页脚工具—设计"选项卡下的"页眉和页脚"组中单击"页码"按钮，在弹出的下拉列表中选择"设置页码格式"选项，在弹出的"页码格式"对话框中将"编号格式"设置为"Ⅰ，Ⅱ，Ⅲ，…"，选中"起始页码"单选按钮，并将其设置为"Ⅰ"，单击"确定"按钮，关闭对话框，如图 7-14 所示；再次单击"页码"按钮，在弹出的下拉列表中选择"页面底端"→"普通数字1"，插入页码，并设置为居中。

图 7-14　"页码格式"对话框

（3）将光标置于第一页目录的页眉位置，在"页眉和页脚工具—设计"选项卡下单击"链接到前一条页眉"按钮，使之取消勾选，变成灰色；单击"插入"选项卡下的"文本"组中的"文档部件"按钮，在弹出的下拉列表中选择"文档属性—标题"，并使之居中；单击"页眉和页脚工具—设计"选项卡下的"关闭页眉和页脚"按钮。

9. 设置正文页眉和页脚。

（1）将光标置于正文第一页页脚位置，在"页眉和页脚工具—设计"选项卡下取消勾选"链接到前一条页眉",使之变成灰色;在"页眉和页脚工具—设计"选项卡下的"选项"组中选中"奇偶页不同"复选框;在"页眉和页脚工具—设计"选项卡下的"页眉和页脚"组中单击"页码"按钮,在弹出的下拉列表中选择"删除页码",删除原有的页码。

（2）将光标置于正文第一页页眉位置,在"页眉和页脚工具—设计"选项卡下取消勾选"链接到前一条页眉",使之变成灰色;设置页码格式,将"编号格式"设置为"1,2,3,…",将"起始页码"设置为"1";单击"页眉和页脚工具—设计"选项卡下的"页眉和页脚"组中的"页眉"按钮,在弹出的下拉列表中选择"删除页眉"。

（3）单击"插入"选项卡下的"文本"组中的"文档部件"按钮,在弹出的下拉列表中选择"域",弹出"域"对话框,在对话框中的"域名"中选择"StyleRef",在"样式名"中选择"标题1",单击"确定"按钮,如图7-15所示;通过键盘输入一个全角空格;单击"插入"选项卡下的"页眉和页脚"组中"页码"按钮,在弹出的下拉列表中选择"当前位置"→"普通数字1"选项;设置该页眉右对齐。

（4）将光标置于正文第二页页眉位置,单击"插入"选项卡下的"页眉和页脚"组中的"页码"按钮,在弹出的下拉列表中选择"当前位置"→"普通数字1"选项;通过键盘输入一个全角空格;单击"插入"选项卡下的"文本"组中的"文档部件"按钮,在弹出的下拉列表中选择"文档属性"→"作者"选项;设置该页眉左对齐。

（5）最后单击"页眉和页脚工具—设计"选项卡下的"关闭页眉和页脚"按钮。

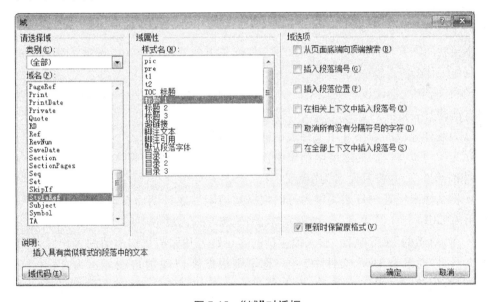

图 7-15　"域"对话框

(操)作小提示

全角空格和半角空格的切换可以使用【Shift】+空格实现。在设置页眉、页脚时,若设置了"奇偶页不同",则会对前面章节中的页眉和页脚有影响,因此,本实验中当设置好第三节的页眉后,必须检查前面章节的页眉和页脚。如有必要,前面章节的页眉和页脚要重新设置。

10. 删除空格并更新目录。

单击"开始"选项卡下的"编辑"组中的"替换"按钮,在弹出的"查找和替换"对话框中设置"查找内容"为空格(英文空格),"替换为"栏内不输入内容,单击"全部替换"按钮。单击"引用"选项卡下的"目录"组中的"更新目录"按钮,在弹出的"更新目录"对话框中选中"更新整个目录"单选按钮,单击"确定"按钮。

实验十四 制作邀请函

一、实验目的

1. 掌握表格的制作和设置方法。
2. 掌握文档部件的保存方法。
3. 掌握邮件合并的使用方法。
4. 掌握简繁中文格式的转换方法。

二、实验内容

本实验所需素材存放于 ex14 文件夹中,按照下列要求在 word.docx 文档中完成邀请函的制作工作。

1. 将文档中"会议议程:"段落后的 7 行文字转换为一张 3 列 7 行的表格,并根据窗口大小自动调整表格的列宽。

2. 为制作完成的表格套用一种表格样式,使表格更加美观。

3. 为了可以在以后的邀请函制作中再利用会议议程内容,将文档中的表格内容保存至"表格"部件库,并将其命名为"会议议程"。

4. 将文档末尾处的日期调整为可以根据邀请函生成日期而自动更新的格式,日期格式显示为"2014 年 1 月 1 日"。

5. 在"尊敬的"文字后面,插入拟邀请的客户姓名和称谓。拟邀请的客户姓名在 ex14 文件夹下的"通讯录.xlsx"文件中,客户称谓则根据客户性别自动显示为"先生"或"女士",如"范俊弟(先生)""黄雅玲(女士)"。

6. 每个客户的邀请函占 1 页内容,且每页邀请函中只能包含 1 位客户姓名,所有的邀请函页面另外保存在一个名为"Word—邀请函.docx"文件中。如果需要,删除"Word—邀请函.docx"文件中的空白页面。

7. 本次会议邀请的客户均来自台资企业,因此,将"Word—邀请函.docx"中的所有文字内容设置为繁体中文格式,以便于客户阅读。

8. 文档制作完成后,分别保存"Word.docx"文件和"Word—邀请函.docx"文件。关闭Word 应用程序,并保存所提示的文件。

三、实验步骤

1. 打开实验素材 ex14 中的 word.docx 文档,将文字转换成表格。

选中"会议议程:"段落后的 7 行文字,单击"插入"选项卡下的"表格"组中的"表格"按钮,在下拉列表中选择"文本转换成表格"选项,打开"将文字转换成表格"对话框;设置"表格尺寸"组中的"列数"和"行数"为默认值"3"和"7",在"'自动调整'操作"中选中"根据窗口调整表格"单选按钮,单击"确定"按钮,如图 7-16 所示。

2. 套用表格格式。

选中表格,单击"表格工具—设计"选项卡下的"表格样式"下拉箭头,选择一个合适的表格样式,使表格更加美观。

图 7-16 "将文字转换成表格"对话框

3.将文档中的表格内容保存至"表格"部件库。

选中整张表格,单击"插入"选项卡下的"文本"组中的"文档部件"按钮,在下拉列表中选择"将所选内容保存到文档部件库";在弹出的"新建构建基块"对话框中设置"名称"为"会议议程","库"选择"表格",单击"确定"按钮,如图 7-17 所示。

4. 设置日期为可以自动更新的格式。

删除文档末尾的日期"2014 年 4 月 20 日",将光标置于原来的日期位置,单击"插入"选项卡下的"文本"组中的"日期和时间"按钮,弹出"日期和时间"对话框;在对话框的"语言(国家/地区)"中选择"中文(中国)","可用格式"中选择"××××年×月×日"的日期格式,选中"自动更新"复选框,单击"确定"按钮,如图 7-18 所示。

图 7-17 "新建构建基块"对话框

图 7-18 "日期和时间"对话框

5. 开始邮件合并。

(1)将光标置于"尊敬的"文字后面,单击"邮件"选项卡下的"开始邮件合并"组中的

"开始邮件合并"按钮,在下拉列表中选择"信函"选项。

(2)单击"邮件"选项卡下的"开始邮件合并"组中的"选择收件人"按钮,在下拉列表中选择"使用现有列表"选项,在弹出的"选取数据源"对话框中选择 ex14 文件夹下的"通讯录.xlsx"文件;单击"打开"按钮,在弹出的"选择表格"对话框中选择"通讯录",单击"确定"按钮。

(3)单击"邮件"选项卡下的"编写和插入域"组中的"插入合并域"按钮,在下拉列表中选择"姓名";单击"邮件"选项卡下的"编写和插入域"组中的"规则"按钮,在下拉列表中选择"如果...那么...否则"选项,弹出"插入 Word 域:IF"对话框;设置"域名"为"性别","比较条件"为"等于","比较对象"为"男","则插入此文字"为"(先生)","否则插入此文字"为"(女士)"(图7-19)。

(4)单击"确定"按钮,关闭对话框。

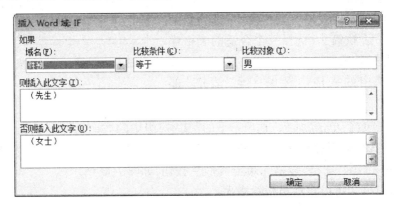

图 7-19 "插入 Word 域:IF"对话框

6. 完成合并。

单击"邮件"选项卡下的"完成"组中的"完成并合并"按钮,在下拉列表中选择"编辑单个文档",在弹出的"合并到新文档"对话框中选择"全部",然后单击"确定"按钮。将新生成的"信函1"保存到 ex14 文件夹中,文件名为"Word—邀请函.docx"。检查该文件,如有空白页,则将空白页删除。

7. 将文字内容设置为繁体中文格式。

单击"审阅"选项卡下的"中文简繁转换"组中的"简转繁"按钮,将"Word—邀请函.docx"中的所有文字内容设置为繁体中文格式。

8. 文档制作完成后,分别保存"Word.docx"文件和"Word—邀请函.docx"文件;关闭Word 应用程序,并保存所提示的文件。

 练习七

1. 在"练习七"文件夹下,将"Word 素材.docx"文件另存为"Word.docx"文件。

2. 修改文档的纸张大小为 B5,纸张方向为横向,上、下页边距均为 2.5 厘米,左、右页

边距均为 2.3 厘米,页眉和页脚距离边界均为 1.6 厘米。

3. 为文档插入"字母表型"封面,将文档开头的标题文本"西方绘画对运动的描述和它的科学基础"移到封面页标题占位符中,将下方的作者姓名"林凤生"移到作者占位符中,适当调整它们的字体和字号,并删除副标题和日期占位符。

4. 删除文档中的所有全角空格。

5. 在文档的第 2 页,插入"飞越型提要栏"的内置文本框,并将红色文本"一幅画最优美的地方和最大的生命力就在于它能够表现运动,画家们将运动称为绘画的灵魂。——拉玛左(16 世纪画家)"移到文本框内。

6. 将文档中 8 个字体颜色为蓝色的段落设置为"标题 1"样式,三个字体颜色为绿色的段落设置为"标题 2"样式,并按照表 7-2 要求修改"标题 1"和"标题 2"样式的格式。

表 7-2　标题样式

"标题 1"样式	字体格式	方正姚体,小三号,加粗,字体颜色为"白色,背景 1"
	段落格式	段前、段后间距均为 0.5 行,左对齐,并与下段同页
	底　　纹	应用于标题所在段落,颜色为"紫色,强调文字颜色 4,深色 25%"
"标题 2"样式	字体格式	方正姚体,四号,字体颜色为"紫色,强调文字颜色 4,深色 25%"
	段落格式	段前、段后间距均为 0.5 行,左对齐,并与下段同页
	边　　框	对标题所在段落应用下框线,宽度为 0.5 磅,颜色为"紫色,强调文字颜色 4,深色 25%",且距正文的间距为 3 磅

7. 新建"图片"样式,应用于文档正文中的 10 张图片,并修改样式为居中对齐和与下段同页;修改图片下方的注释文字,将手动的标签和编号"图 1"到"图 10"替换为可以自动编号和更新的题注,并设置所有题注内容为居中对齐,小四号字,中文字体为黑体,西文字体为 Arial,段前、段后间距均为 0.5 行;修改标题和题注以外的所有正文文字的段前和段后间距均为 0.5 行。

8. 将正文中使用黄色突出显示的文本"图 1"到"图 10"替换为可以自动更新的交叉引用,引用类型为图片下方的题注,且只引用标签和编号。

9. 在标题"参考文献"下方,为文档插入书目,样式为"APA 第五版",书目中文献的来源为文档"参考文献.xml"。

10. 在标题"人名索引"下方插入格式为"流行"的索引,栏数为 2,排序依据为拼音,索引项来自文档"人名.docx";在标题"参考文献"和"人名索引"前分别插入分页符,使它们位于独立的页面中(文档最后如存在空白页,将其删除)。

11. 除了首页外,在页脚正中央添加页码,正文页码自 1 开始,格式为"Ⅰ,Ⅱ,Ⅲ,…"。

12. 为文档添加自定义属性,名称为"类别",类型为"文本",取值为"科普"。

第八章 Excel 高级应用

实验十五 订单统计

一、实验目的

1. 掌握工作表中重复数据的删除方法。

2. 掌握 LEFT 函数、RIGHT 函数、MID 函数、IF 函数、VLOOKUP 函数、SUMIFS 函数等的使用方法。

3. 掌握数据透视表的创建和设置方法。

4. 理解表的概念并掌握表的设置和使用方法。

二、实验内容

本实验所需素材存放在 ex15 文件夹中,请按照如下需求完成操作。

1. 打开"Excel_素材.xlsx"文件,将其另存为"Excel.xlsx"文件,之后所有的操作均在"Excel.xlsx"文件中进行。

2. 在"订单明细"工作表中,删除订单号重复的记录(保留第一次出现的那条记录),但须保持原订单明细的记录顺序。

3. 在"订单明细"工作表的"单价"列中,利用 VLOOKUP 公式计算并填写相对应的图书的单价金额。图书名称与图书单价的对应关系可参考工作表"图书定价"。

4. 如果每订单的图书销量超过 40 本(含 40 本),则按照图书单价的 0.93 折进行销售;否则按照图书单价的原价进行销售。按照此规则,计算并填写"订单明细"工作表中每笔订单的"销售额小计",保留 2 位小数。

5. 根据"订单明细"工作表的"发货地址"列信息,并参考"城市对照"工作表中省市与销售区域的对应关系,计算并填写"订单明细"工作表中每笔订单的"所属区域"。

6. 根据"订单明细"工作表中的销售记录,分别创建名为"北区""东区""南区""西区"的工作表,在这四个工作表中分别统计本销售区域各类图书的累积销售金额。统计格式请参考"Excel_素材.xlsx"文件中的"统计样例"工作表。将这四个工作表中的金额设置为带千分位的、保留两位小数的数值格式。

7. 在"统计报告"工作表中,分别根据"统计项目"列的描述,计算并填写所对应的"统计数据"单元格中的信息。

三、实验步骤

1. 设置文件另存。

在 ex15 文件夹中打开"Excel_素材.xlsx"文件,单击"文件"→"另存为"菜单项,在"另存为"对话框中输入文件名为"Excel.xlsx",单击"保存"按钮。

2. 在"订单明细"工作表中,删除订单号重复的记录。

选择"订单明细"工作表,选中任一单元格(A1 单元格除外),单击"数据"选项卡下的"数据工具"组中的"删除重复项"按钮,弹出"删除重复项"对话框;单击"取消全选"按钮,在"列"列表框中勾选"订单编号",单击"确定"按钮,弹出信息对话框;单击"确定"按钮,如图 8-1 所示。

3. 在"订单明细"工作表的"单价"列中,计算并填写相对应的图书的单价金额。

(1) 选中"订单明细"工作表中的 E3 单元格,单击"编辑栏"左侧的插入函数按钮" f_x ",在"插入函数"对话框中选择

图 8-1　"删除重复项"对话框和信息对话框

VLOOKUP 函数,单击"确定"按钮,弹出 VLOOKUP 函数的"函数参数"对话框。

(2) 在该对话框中将光标置于"Lookup_value"右侧的文本框中,单击 D3 单元格;将光标置于"Table_array"右侧的文本框中,选择"图书定价"工作表中的 A3:B19 区域;在"Col_index_num"右侧的文本框中输入数字"2",在"Range_lookup"右侧的文本框中输入"FALSE",如图 8-2 所示;单击"确定"按钮,Excel 自动生成函数"=VLOOKUP([@图书名称],表 2,2,FALSE)"。

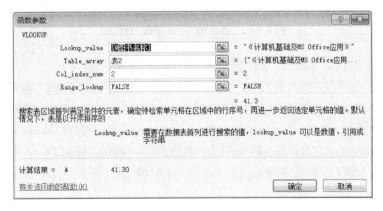

图 8-2　VLOOKUP 函数的"函数参数"对话框

操作小提示

在设置函数参数过程时,"Lookup_value"参数设置的是"D3",但在文本框中显示的是"[@图书名称]","Table_array"中设置的是"图书定价! A3:B19",而文本框中显示的是"表2",这是因为在此素材中已事先将"订单明细"和"图书定价"工作表定义为"表1"和"表2","[@图书名称]"是对"表1"中数据字段的引用。"表"比"区域"相对智能一点。例如,计算"总价=单价×数量"这个公式时,在区域里输入"=a1 * b1"(假设 a1、b1 为单价和数量),然后向下填充。使用"表"时,因为默认整个列的内容是一致的,所以在 c1 里计算"=[@单价] * [@数量]",整个 c 列就会依次计算下去。"表"的定义方法:选中某工作表区域,单击"插入"选项卡下的"表格"组中的"表格"按钮。

4. 根据销量确定图书销售单价。

选中"订单明细"中的 I3 单元格,单击"编辑栏"左侧的插入函数按钮" fx ",在"插入函数"对话框中选择 IF 函数,单击"确定"按钮,弹出 IF 函数的"函数参数"对话框。在此对话框中,分别设置"Logical_test""Value_if_true""Value_if_false"三个参数,如图 8-3 所示;单击"确定"按钮,Excel 自动生成函数"=IF([@销量(本)]>=40,[@单价] * [@销量(本)] * 0.93,[@单价] * [@销量(本)])"。将计算结果设置为保留 2 位小数。

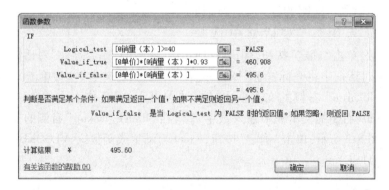

图 8-3　IF 函数的"函数参数"对话框

5. 计算并填写"订单明细"工作表中每笔订单的"所属区域"。

选中"订单明细"工作表中的 H3 单元格,单击"编辑栏"左侧的插入函数按钮" fx ",在"插入函数"对话框中选择 VLOOKUP 函数,单击"确定"按钮,弹出 VLOOKUP 函数的"函数参数"对话框。在该对话框中按照如图 8-4 所示分别设置"Lookup_value""Table_array""Col_index_num""Range_lookup"四个参数;单击"确定"按钮,Excel 自动生成函数"=VLOOKUP(LEFT([@发货地址],3),表3,2,FALSE)"。

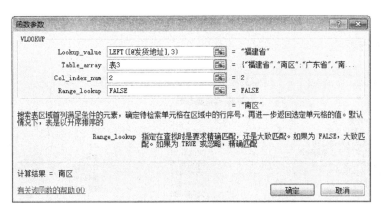

图 8-4　VLOOKUP 函数的"函数参数"对话框

操作小提示

在该操作中要查找的值并不是"发货地址",而是发货地址前三个汉字所表示的省市,因此使用 LEFT([@发货地址],3)函数取出发货地址中的前三个汉字。与 LEFT 函数相关的还有 RIGHT 和 MID 函数。

6. 创建名为"北区""东区""南区""西区"的工作表,并在这四张工作表中分别统计本销售区域各类图书的累积销售金额。

(1) 单击"开始"选项卡下的"单元格"组中的"插入"按钮,在下拉列表中选择"插入工作表",连续四次,插入四张工作表,并将这四张工作表移到"统计样例"工作表前,分别将这四张工作表命名为"北区""东区""南区""西区"。

(2) 选中"北区"工作表的 A1 单元格,单击"插入"选项卡下的"表格"组中的"数据透视表"按钮,弹出"创建数据透视表"对话框;选中"选择一个表或区域"单选按钮,在"表/区域"中输入"表 1","选择放置数据透视表的位置"为默认的"现有工作表"及"北区!$A $1",如图 8-5 所示;单击"确定"按钮。

(3) 在出现的"数据透视表字段"任务窗格中,将"选择要添加到报表的字段"列表框中的"图书名称"字段拖动到右下角的"行标签"区域中,"所属区域"字段拖动到"筛选器"区域中,"销售额小计"拖动到"Σ值"区域中,得到数据透视表,如图 8-6 所示。

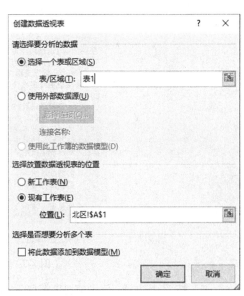

图 8-5　"创建数据透视表"对话框

(4) 将数据透视表 A3 单元格中的内容修改为"图书名称",B3 单元格中的内容修改为"销售额";选中 B4:B21 单元格区域,将其中的金额设置为带千分位的、保留两位小数的数值格式；单击 B1 单元格右侧的下拉箭头，选中“北区”，单击“确定”按钮，得到如图 8-7 所示的数据透视表。

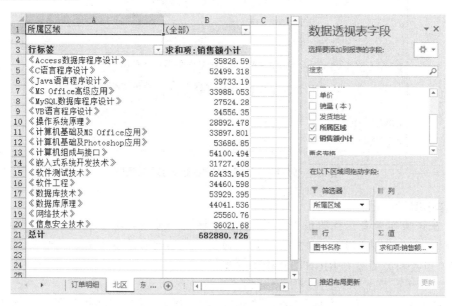

	A	B
1	所属区域	(全部)
2		
3	行标签	求和项:销售额小计
4	《Access数据库程序设计》	35826.59
5	《C语言程序设计》	52499.318
6	《Java语言程序设计》	39733.19
7	《MS Office高级应用》	33988.053
8	《MySQL数据库程序设计》	27524.28
9	《VB语言程序设计》	34556.35
10	《操作系统原理》	28892.478
11	《计算机基础及MS Office应用》	33897.801
12	《计算机基础及Photoshop应用》	53686.85
13	《计算机组成与接口》	54100.494
14	《嵌入式系统开发技术》	31727.408
15	《软件测试技术》	62433.945
16	《软件工程》	34460.598
17	《数据库技术》	53929.395
18	《数据库原理》	44041.536
19	《网络技术》	25560.76
20	《信息安全技术》	36021.68
21	总计	682880.726

图 8-6 “数据透视表字段”任务窗格

	A	B
1	所属区域	北区
2		
3	图书名称	销售额
4	《Access数据库程序设计》	13,440.13
5	《C语言程序设计》	26,254.98
6	《Java语言程序设计》	18,170.53
7	《MS Office高级应用》	5,150.97
8	《MySQL数据库程序设计》	8,671.04
9	《VB语言程序设计》	13,193.30
10	《操作系统原理》	11,161.12
11	《计算机基础及MS Office应用》	9,321.00
12	《计算机基础及Photoshop应用》	21,151.40
13	《计算机组成与接口》	19,587.58
14	《嵌入式系统开发技术》	11,898.66
15	《软件测试技术》	18,949.88
16	《软件工程》	11,123.87
17	《数据库技术》	19,401.93
18	《数据库原理》	18,812.30
19	《网络技术》	7,769.79
20	《信息安全技术》	19,574.29
21	总计	253,632.76

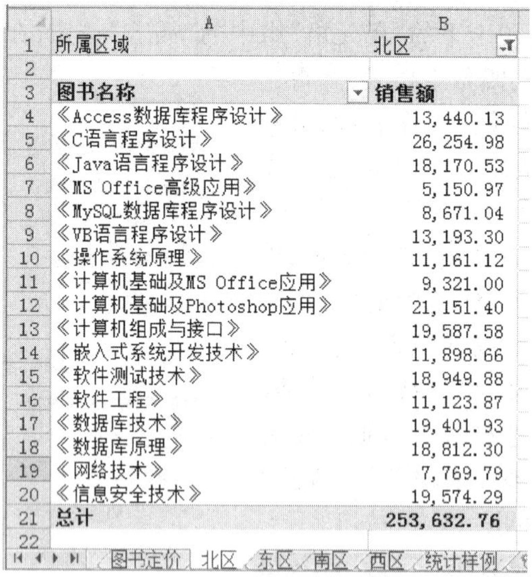

图 8-7 生成的数据透视表

(5) 按以上方法，分别完成“东区”“南区”“西区”的数据透视表的设置。

操作小提示

完成“北区”数据透视表后，可将整张工作表复制到其他三个区的工作表中，再将另外三个区的所属区域重新筛选即可。

7. 在“统计报告”工作表中，计算并填写所对应的“统计数据”单元格中的信息。

（1）计算 2013 年所有图书订单的销售额。

选中"统计报告"工作表的 B3 单元格，选择 SUMIFS 函数，弹出 SUMIFS 函数的"函数参数"对话框。将光标置于"Sum_range"右侧的文本框中，选择"订单明细"工作表，适当向下滚动鼠标滚轮，使第 2 行向上移出屏幕，然后单击屏幕顶行的"销售额小计"字段名，此时在文本框中出现"表 1［销售额小计］"；将光标置于"Criteria_range1"右侧的文本框中，单击"订单明细"工作表中的"日期"字段名，在"Criteria1"右侧的文本框中输入"＞＝2013-1-1"；将光标置于"Criteria_range2"右侧的文本框中，单击"订单明细"工作表中的"日期"字段名，在"Criteria2"右侧的文本框中输入"＜＝2013-12-31"，如图 8-8 所示；单击"确定"按钮，Excel 自动生成函数"＝SUMIFS（表 1［销售额小计］，表 1［日期］，"＞＝2013-1-1"，表 1［日期］，"＜＝2013-12-31"）"。选择"统计报表"中的 B4:B7 区域，删除其中的公式。

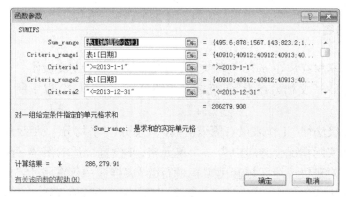

图 8-8　SUMIFS 函数"函数参数"对话框

（2）计算《MS Office 高级应用》图书在 2012 年的总销售额。

在"统计报告"工作表的 B4 单元格中输入公式"＝SUMIFS（表 1［销售额小计］，表 1［图书名称］，订单明细! D7，表 1［日期］，"＞＝2012-1-1"，表 1［日期］，"＜＝2012-12-31"）"。

（3）计算隆华书店在 2013 年第 3 季度（7 月 1 日—9 月 30 日）的总销售额。

在"统计报告"工作表的 B5 单元格中输入公式"＝SUMIFS（表 1［销售额小计］，表 1［书店名称］，订单明细! C14，表 1［日期］，"＞＝2013-7-1"，表 1［日期］，"＜＝2013-9-30"）"。

（4）计算隆华书店在 2012 年的每月平均销售额。

在"统计报告"工作表的 B6 单元格中输入公式"＝SUMIFS（表 1［销售额小计］，表 1［书店名称］，订单明细! C14，表 1［日期］，"＞＝2012-1-1"，表 1［日期］，"＜＝2012-12-31"）/12"。

（5）计算 2013 年隆华书店销售额占公司全年销售总额的百分比。

在"统计报告"工作表的 B7 单元格中输入公式"＝SUMIFS（表 1［销售额小计］，表 1［书店名称］，订单明细! C14，表 1［日期］，"＞＝2013-1-1"，表 1［日期］，"＜＝2013-12-31"）/ SUMIFS（表 1［销售额小计］，表 1［日期］，"＞＝2013-1-1"，表 1［日期］，"＜＝2013-12-31"）"，设置其单元格"数字"格式为"百分比"型，保留 2 位小数。

8. 保存工作簿文件，关闭 Excel 应用软件。

实验十六　成绩管理

一、实验目的

1. 熟练掌握工作表计算公式、函数的使用方法及单元格格式的设置方法。
2. 熟练掌握相关函数的使用方法。
3. 熟练掌握图表的制作方法、图表相关属性的设置方法。
4. 熟练掌握数据透视表的制作方法、数据透视表相关属性的设置方法。

二、实验内容

本实验所需素材存放在 ex16 文件夹中,请按照如下需求完成操作。

1. 将"素材.xlsx"文档另存为"年级期末成绩分析.xlsx"文档,以下所有操作均基于此新保存的文档。

2. 在"2012 级法律"工作表最右侧依次插入"总分""平均分""年级排名"列;将工作表的第 1 行根据实际情况合并居中为一个单元格,并设置合适的字体、字号,使其成为该工作表的标题。对班级成绩区域套用带标题行的"表样式中等深浅 15"的表格格式。设置所有列的对齐方式为居中,其中排名为整数,其他成绩的数值保留 1 位小数。

3. 在"2012 级法律"工作表中,利用公式分别计算"总分""平均分""年级排名"列的值。对学生成绩不及格(小于 60)的单元格套用格式突出显示为"黄色(标准色)填充红色(标准色)文本"。

4. 在"2012 级法律"工作表中,利用公式,根据学生的学号,将其班级的名称填入"班级"列,规则为:学号的第三位为专业代码,第四位代表班级序号,即 01 为"法律一班",02 为"法律二班",03 为"法律三班",04 为"法律四班"。

5. 根据"2012 级法律"工作表,创建一张数据透视表,放置于表名为"班级平均分"的新工作表中,工作表标签颜色设置为红色。要求数据透视表中按照英语、体育、计算机、近代史、法制史、刑法、民法、法律英语、立法法的顺序统计各班各科成绩的平均分,其中行标签为班级。为数据透视表格内容套用带标题行的"表样式中等深浅 15"的表格格式,所有列的对齐方式为居中,成绩的数值保留 1 位小数。

6. 在"班级平均分"工作表中,针对各课程的班级平均分创建二维簇状柱形图,其中水平簇标签为班级,图例项为课程名称,并将图表放置在表格下方的 A10:H30 区域中。

三、实验步骤

1. 设置文件另存。

在 ex16 文件夹中打开"素材.xlsx"文件,单击"文件"→"另存为"菜单项,在"另存为"

对话框中输入"文件名"为"年级期末成绩分析.xlsx",单击"保存"按钮。

2. 在"2012 级法律"工作表中最右侧插入"总分""平均分""年级排名"列,并对该工作表进行编辑。

分别在 M2、N2、O2 单元格中输入列表题"总分""平均分""年级排名";选择 A1:O1 区域,单击"开始"选项卡下的"对齐方式"组中的"合并后居中"按钮,设置合适的字体、字号,使其成为该工作表的标题。选择 A2:O102 区域,单击"开始"选项卡下的"样式"组中的"套用表格格式"按钮,在下拉列表中选择"表样式中等深浅 15"的表格格式。选择 A2:O102 区域,单击"开始"选项卡下的"对齐方式"组中的"居中"按钮;选择 O3:O102 区域,设置其单元格"数字"格式为"数值"型,"小数位数"为 0;选择 D3:N102 区域,设置其单元格"数字"格式为"数值"型,"小数位数"为"1"。

3. 在"2012 级法律"工作表中,计算"总分""平均分""年级排名"列的值,并突出显示成绩不及格的单元格。

(1) 选中 M3 单元格,单击"编辑栏"左侧的插入函数按钮"f_x",在"插入函数"对话框中选择 SUM 函数,单击"确定"按钮,弹出 SUM 函数的"函数参数"对话框。将光标置于"Number1"右侧的文本框中,选择 D3:L3 区域,如图 8-9 所示,单击"确定"按钮。

(2) 选中 N3 单元格,单击"编辑栏"左侧的插入函数按钮"f_x",在"插入函数"对话框中选择 AVERAGE 函数,单击"确定"按钮,弹出 AVERAGE 函数的"函数参数"对话框。将光标置于"Number1"右侧的文本框中,选择 D3:L3 区域,如图 8-10 所示,单击"确定"按钮。

(3) 选中 O3 单元格,单击"编辑栏"左侧的插入函数按钮"f_x",在"插入函数"对话框中选择 RANK(或 RANK.EQ)函数,单击"确定"按钮,弹出 RANK(或 RANK.EQ)函数的"函数参数"对话框。将光标置于"Number"右侧的文本框中,单击 M3 单元格,将光标置于"Ref"右侧的文本框中,单击"总分"字段名(或 M3:M102 区域),在"Order"右侧的文本框中输入"0"(或忽略),如图 8-11 所示,单击"确定"按钮。

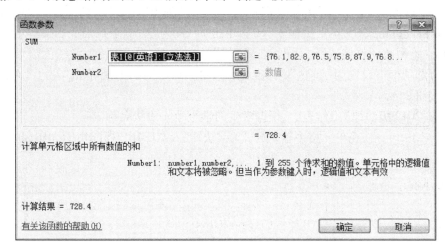

图 8-9　SUM 函数的"函数参数"对话框

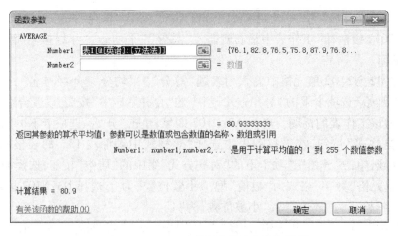

图 8-10 AVERAGE 函数的"函数参数"对话框

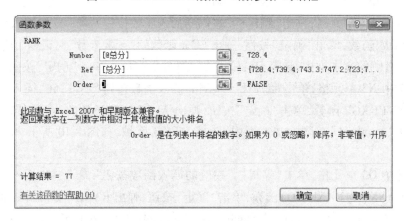

图 8-11 RANK 函数的"函数参数"对话框

（4）选中 D3：L102 区域，单击"开始"选项卡下的"样式"组中的"条件格式"按钮，在下拉列表中选择"突出显示单元格规则"→"小于..."，弹出"小于"对话框；在"为小于以下值的单元格设置格式"文本框中输入"60"，单击"设置为"右侧下拉箭头，选择"自定义格式"，弹出"设置单元格格式"对话框；在"字体"选项卡下，设置颜色为"红色"（标准色），在"填充"选项卡下设置为"黄色"（标准色）；单击"确定"按钮，再单击"小于"对话框的"确定"按钮。

4. 在"2012 级法律"工作表中，根据学生的学号填入班级名称。

选中 A3 单元格，在单元格中输入公式" ="法律" & NUMBERSTRING(MID(B3,3,2)，1) & "班""。

操作小提示

"&"为将两个字符串连接的运算符，其作用是将两个字符串连接。例如，A1、B1 单元格中内容分别为"AB"和"CD"，在 C1 单元格中输入公式" = A1&B1"，则 C1 单元格中显示"ABCD"。

5. 创建透视表并进行相应的设置。

（1）单击"插入"选项卡下的"表格"组中"数据透视表"按钮，弹出"创建数据透视表"对话框，选中"选择一个表或区域"单选按钮，在"表/区域"中输入"表 1"，选中"新工作表"单选按钮，如图 8-12 所示，单击"确定"按钮。

（2）在出现的"数据透视表字段"任务窗格中，将"选择要添加到报表的字段"列表框中的"班级"字段拖动到右下角的"行标签"区域中，将"英语""体育""计算机""近代史""法制史""刑法""民法""法律英语""立法法"等字段依次拖动到"∑值"区域中，得到如图 8-13 所示的数据透视表。

图 8-12　"创建数据透视表"对话框

图 8-13　生成的数据透视表

行标签	求和项:英语	求和项:体育	求和项:计算机	求和项:近代史	求和项:法制史	求和项:刑法	求和项:民法	求和项:法律英语	求和项:立法法
法律二班	2075.2	2214.6	2004.4	2022.1	2197.9	2031.9	2048.5	2186.2	2230.1
法律三班	2028.4	2144.8	2003.9	1947.1	2017.4	2048.6	1970.7	2102	2224
法律四班	2053.4	2101.3	1981.4	1929.6	2045.8	2060	1979.5	2153.9	2219.2
法律一班	2017.5	2146.3	2003.6	1958.4	2204.4	1986.7	2057.6	2152.7	2215.1
总计	8174.5	8607	7993.3	7857.2	8465.5	8127.2	8056.3	8594.8	8888.4

（3）双击 B3 单元格，弹出"值字段设置"对话框，将"值汇总方式"选项卡下的"计算类型"更改为"平均值"，如图 8-14 所示，单击"确定"按钮。用同样的方法设置 C3、D3、E3、F3、G3、H3、I3、J3 单元格。

（4）选中 A3:J8 区域，单击"数据透视表工具—设计"选项卡下的"数据透视表样式"组中的下拉箭头，在下拉列表中选择"表样式中等深浅 15"；设置所有列对齐方式为"居中"；选中 B4:J8 区域，设置其单元格格式"数字"为"数值"型，"小数位数"为 1。

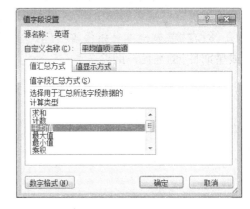

图 8-14　"值字段设置"对话框

（5）双击工作表标签 Sheet1，将其更改为"班级平均分"；右击工作表标签"班级平均分"，在弹出的快捷菜单中选择"工作表标签颜色"，将颜色设置为"红色"。

6. 创建二维簇状柱形图。

选择 A3:J7 单元格区域，单击"插入"选项卡下的"图表"组中的"柱形图"按钮，选择"二维柱形图"→"簇状柱形图"，调整其大小及位置，将其放置在表格下方的 A10:H30 区域中。

7. 保存工作簿文件，关闭 Excel 应用软件。

练习八

本实验素材存放在"练习八"文件夹中,按照下列要求在 EXCEL.xlsx 文档中完成实验。

1. 在"费用报销管理"工作表的"日期"列的所有单元格中,标注每个报销日期属于星期几。例如,日期为"2013 年 1 月 20 日"的单元格应显示为"2013 年 1 月 20 日 星期日",日期为"2013 年 1 月 21 日"的单元格应显示为"2013 年 1 月 21 日 星期一"。

2. 如果"日期"列中的日期为星期六或星期日,则在"是否加班"列的单元格中显示"是",否则显示"否"(必须使用公式)。

3. 使用公式统计每个活动地点所在的省份或直辖市,并将其填写在"地区"列所对应的单元格中,如"北京市""浙江省"。

4. 依据"费用类别编号"列内容,使用 VLOOKUP 函数,生成"费用类别"列内容。对照关系参考"费用类别"工作表。

5. 在"差旅成本分析报告"工作表的 B3 单元格中,统计 2013 年第二季度发生在北京市的差旅费用总金额。

6. 在"差旅成本分析报告"工作表的 B4 单元格中,统计 2013 年员工钱顺卓报销的火车票费用总额。

7. 在"差旅成本分析报告"工作表的 B5 单元格中,统计 2013 年差旅费用中,飞机票费用占所有报销费用的比例,并保留 2 位小数。

8. 在"差旅成本分析报告"工作表的 B6 单元格中,统计 2013 年发生在周末(星期六或星期日)的通信补助总金额。

第九章　演示文稿高级应用

实验十七　演示文稿高级应用一

◆ 一、实验目的

1. 掌握母版的设计方法。
2. 掌握 SmartArt 图形的转换、超链接设置方法。
3. 掌握动画效果的设置方法。
4. 掌握视频、音频效果的设置方法。

◆ 二、实验内容

本实验所需素材存放在 ex17 文件夹中，请按照如下需求完成操作。

1. 在 ex17 文件夹下新建一个空白演示文稿，将其命名为"PPT.pptx"（".pptx"为文件扩展名），之后所有的操作均基于此文件。

2. 将幻灯片大小设置为"全屏显示（16∶9）"，然后按照如下要求修改幻灯片母版。

（1）将幻灯片母版名称修改为"世界动物日"；母版标题应用"填充−白色，轮廓−着色1，阴影"的艺术字样式，文本轮廓颜色为"蓝色，个性色1"，字体为"微软雅黑"，并应用加粗效果；母版各级文本样式设置为"方正姚体"，文字颜色为"蓝色，个性色1"。

（2）使用"图片 1.png"作为标题幻灯片版式的背景。

（3）新建名为"世界动物日 1"的自定义版式，在该版式中插入"图片 2.png"，并对齐幻灯片左侧边缘；调整标题占位符的宽度为 17.6 厘米，将其置于图片右侧；在标题占位符下方插入内容占位符，宽度为 17.6 厘米，高度为 9.5 厘米，并与标题占位符左对齐。

（4）依据"世界动物日 1"版式创建名为"世界动物日 2"的新版式，在"世界动物日 2"版式中将内容占位符的宽度调整为 10 厘米（保持与标题占位符左对齐）；在内容占位符右侧插入宽度为 7.2 厘米、高度为 9.5 厘米的图片占位符，并与左侧的内容占位符顶端对齐，与上方的标题占位符右对齐。

3. 演示文稿中共包含 7 张幻灯片，所涉及的文字内容保存在"文字素材.docx"文档中，具体对应的幻灯片可参见"完成效果.docx"文档所示样例。其中，第 1 张幻灯片的版式为"标题幻灯片"，第 2 张幻灯片、第 4 至第 7 张幻灯片的版式为"世界动物日 1"，第 3

张幻灯片的版式为"世界动物日2";所有幻灯片中的文字字体保持与母版中的设置一致。

4. 将第2张幻灯片中的项目符号列表转换为SmartArt图形,布局为"垂直曲形列表",图形中的字体为"方正姚体";为SmartArt图形中包含文字内容的5个形状分别建立超链接,链接到后面对应内容的幻灯片。

5. 在第3张幻灯片右侧的图片占位符中插入图片"图片3.jpg";对左侧的文字内容和右侧的图片添加"淡出"进入动画效果,并设置在放映时左侧文字内容首先自动出现,在该动画播放完毕且延迟1秒后,右侧图片再自动出现。

6. 将第4张幻灯片中的文字转换为一张8行2列的表格,适当调整表格的行高、列宽及表格样式;设置文字字体为"方正姚体",字体颜色为"白色,背景1";并应用图片"表格背景.jpg"作为表格的背景。

7. 在第7张幻灯片的内容占位符中插入视频"动物相册.wmv",并使用"图片1.png"图片作为视频剪辑的预览图像。

8. 在第1张幻灯片中插入"背景音乐.mid"文件作为第1至第6张幻灯片的背景音乐(即第6张幻灯片放映结束后背景音乐停止),放映时隐藏图标。

9. 为演示文稿中的所有幻灯片应用一种恰当的切换效果,并设置第1至第6张幻灯片的自动换片时间为10秒。第7张幻灯片的自动换片时间为50秒。

10. 为演示文稿插入幻灯片编号,编号从1开始,标题幻灯片中不显示编号。

11. 将演示文稿中的所有文本"圣法兰西斯"替换为"圣方济各",并在第1张幻灯片中添加批注,内容为"圣方济各又称圣法兰西斯"。

12. 删除"标题幻灯片""世界动物日1""世界动物日2"之外的幻灯片版式。

▶ 三、实验步骤

1. 设置文件另存。

启动PowerPoint 2016,单击"空白演示文稿",新建一个演示文稿。单击快速访问工具栏中的"保存"按钮,在打开的"另存为"对话框中,选择ex17文件夹,在"文件名"中输入"PPT.pptx"(.pptx可省略),选择"保存类型"为"PowerPoint演示文稿(＊.pptx)",单击"保存"按钮。

2. 将幻灯片大小设置为"全屏显示(16:9)",并修改幻灯片母版。

(1)单击"设计"选项卡下的"自定义"组中的"幻灯片大小"按钮,在下拉列表中选择"自定义幻灯片大小",打开如图9-1所示的"幻灯片大小"对话框;在"幻灯片大小"项的下拉列表中选择"全屏显示(16:9)",单击"确定"按钮。

(2)设置幻灯片母版。在"视图"选项卡下的"母版视图"组中单击"幻灯片母版"按钮,切换至幻灯片母版视图;单击左侧窗格幻灯片缩略

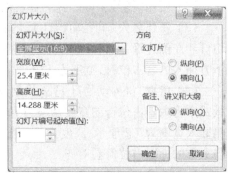

图9-1 "幻灯片大小"对话框

图的第 1 张幻灯片母版,然后单击"幻灯片母版"选项卡下的"编辑母版"组中的"重命名"按钮,打开如图 9-2 所示的"重命名版式"对话框,修改"版式名称"为"世界动物日",单击"重命名"按钮,关闭窗口。

(3)在右侧窗格幻灯片中单击标题占位符边框,然后在"绘图工具—格式"选项卡下的"艺术字样式"组中单击下拉窗格展开按钮，在下拉窗格中选中"填充−白色,轮廓−着色 1,阴影"样式,如图 9-3 所示;单击"文本轮廓"按钮,设置文本轮廓颜色为"蓝色,个性色 1"。单击"开始"选项卡,在"字体"组中设置标题字体为"微软雅黑",并单击"加粗"按钮,应用加粗效果。利用上述办法,选中母版幻灯片中的内容占位符,设置母版各级文本字体为"方正姚体",文字颜色为"蓝色,个性色 1"。

图 9-2　"重命名版式"对话框　　　　图 9-3　设置艺术字样式

(4)在左侧窗格中选择"标题幻灯片版式"缩略图,单击"幻灯片母版"选项卡下的"背景"组右下角的"设置背景格式"任务窗格启动按钮,打开"设置背景格式"任务窗格,设置"填充"方式为"图片或纹理填充",单击"插入图片来自"下的"文件"按钮,插入文件为位于 ex17 文件夹下的"图片 1.png"(图 9-4),然后单击"关闭"按钮。

图 9-4　设置标题幻灯片版式背景

(5)单击"幻灯片母版"选项卡下的"编辑母版"组中的"插入版式"按钮,插入一个自定义版式,然后单击"重命名"按钮,给该版式重命名为"世界动物日 1"。

(6)在"世界动物日 1"版式页面中插入"图片 2.png",选中图片,单击"图片工具—格式"选项卡下的"排列"组中的"对齐"按钮,选择"左对齐",如图 9-5 所示;选中标题占位符边框,在"绘图工具—格式"选项卡下的"大小"组中设置"宽度"为 17.6 厘米,拖动标题占位符边框,将其置于图片右侧;单击"幻灯片母版"选项卡下的"母版版式"组中的"插入占位符"按钮,在展开的下拉列表中选择"内容"项,如图 9-6 所示;然后在幻灯片标题占位符下方按住鼠标左键拖动鼠标创建占位符,用上面设置标题占位符大小的方法设置内容占位符宽度为 17.6 厘米,高度为 9.5 厘米;同时选中标题及内容占位符,用上面设置图片对齐的方式设置二者左对齐。

图 9-5　设置图片对齐方式

图 9-6　插入内容占位符

操作小提示

　　选中单个对象,设置对齐则是对齐幻灯片;选中多个对象,设置对齐则是对齐所选对象,且在对齐方向上,总是向突出的那个对象对齐。

　　(7) 右击左侧窗格中的"世界动物日 1"版式缩略图,在弹出的快捷菜单中选中"复制版式"命令,则在该缩略图下方复制生成一个新版式页面"1_世界动物日 1"版式的缩略图。选中该缩略图,参照步骤(5)中版式重命名的方法将该版式重命名为"世界动物日 2";参照步骤(6)中设置占位符大小及对齐方式的方法,调整"世界动物日 2"版式幻灯片中内容占位符的宽度为 10 厘米,保持与标题占位符左对齐;参照步骤(6)中插入占位符、设置占位符大小及对齐方式的方法,在"世界动物日 2"版式幻灯片内容占位符右侧插入宽度为 7.2 厘米、高度为 9.5 厘米的图片占位符,并与左侧的内容占位符顶端对齐,与上方的标题占位符右对齐。

　　3. 设置幻灯片版式并编辑内容。

　　(1) 单击"幻灯片母版"选项卡下的"关闭"组中的"关闭母版视图"按钮,切换到普通视图。

　　(2) 单击"开始"选项卡下的"幻灯片"组中的"新建幻灯片"按钮的下拉三角箭头,在打开的下拉列表中选择适当的幻灯片版式插入幻灯片,如图 9-7 所示。分别插入 7 张幻灯片,其中第 1 张幻灯片的版式为"标题幻灯片",第 2 张幻灯片、第 4 至第 7 张幻灯片的版式为"世界动物日 1",第 3 张幻灯片的版式为"世界动

图 9-7　插入特定版式幻灯片

物日 2"。

（3）参照 ex17 文件夹中的"完成效果.docx"文件,利用"文字素材.docx"文档中的内容编辑幻灯片。例如,第 1 张幻灯片的制作方法为:双击打开 ex17 文件夹中的"文字素材.docx"文件,先选中"文字素材.docx"文档中的"圣法兰西斯与世界动物日",按【Ctrl】+【C】快捷键复制,再切换到"PPT.pptx"文件的第 1 张幻灯片,单击标题占位符,然后单击"开始"选项卡下的"剪贴板"组中的"粘贴"下拉三角按钮,在下拉列表中选择"只保留文本",如图 9-8 所示。其他幻灯片内容的编辑方法参照第 1 张幻灯片的做法(注

图 9-8　选择性粘贴

意:第 3 张幻灯片只复制标题和内容占位符的文本,其他内容的完善参照下面第 5 题操作步骤,第 4 张幻灯片只复制标题文本,内容占位符的完善参照下面第 6 题操作步骤)。

操作小提示

幻灯片中的文字字体保持与母版中的设置一致,需要在复制、粘贴时注意只保留文本格式。

4. 将第 2 张幻灯片的项目符号列表转换为 SmartArt 图形,并为 SmartArt 图形中包含文字内容的 5 个形状建立超链接。

（1）选中第 2 张幻灯片中的项目符号列表,单击"开始"选项卡下的"段落"组中的"转换为 SmartArt"按钮,在展开的下拉列表中选择"其他 SmartArt 图形"项,打开"选择 SmartArt 图形"对话框,在左侧单击"列表",在右侧选中"垂直曲形列表"样式,如图 9-9 所示,然后单击"确定"按钮,关闭对话框。

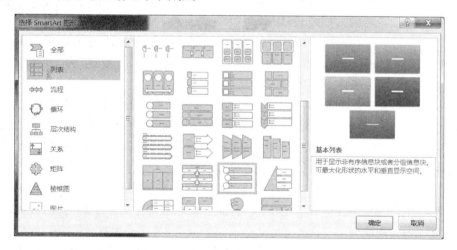

图 9-9　"选择 SmartArt 图形"对话框

（2）同时选中 SmartArt 图形中包含文字内容的五个形状边框,设置形状中的文字字体为"方正姚体"。

（3）选中 SmartArt 图形中包含文字内容"节日起源"的形状边框，单击"插入"选项卡下的"链接"组中的"超链接"按钮，打开"插入超链接"对话框，在窗口中设置链接到"本文档中的位置"，选择文档中的位置为"幻灯片标题"→"3. 节日起源"，单击"确定"按钮，如图 9-10 所示。用同样的方法，为剩下的四个包含文字内容的形状边框建立超链接，链接到标题内容与形状边框内包含文字内容相同的幻灯片。

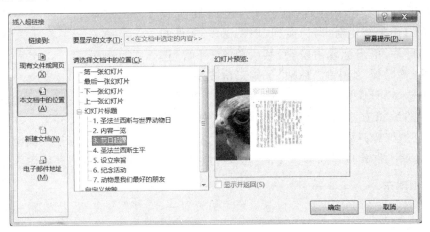

图 9-10 **"插入超链接"对话框**

5. 插入图片，设置动画效果和放映顺序。

（1）单击第 3 张幻灯片的图片占位符中的"图片"按钮，插入 ex17 文件夹中的"图片 3.jpg"，然后在"图片工具—格式"选项卡下的"大小"组中的"裁剪"下拉列表中选择"调整"选项。

（2）选中幻灯片中左侧内容占位符边框，单击"动画"选项卡下的"动画"组中的"淡出"按钮，然后在"计时"组中设置"开始"项为"上一动画之后"，如图 9-11 所示。

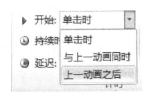

图 9-11 设置动画开始时间

（3）选中幻灯片中的图片，用同样的方法给图片添加"淡出"进入动画效果，在"动画"选项卡下的"计时"组中设置"开始"项为"上一动画之后"，"延迟"为"01.00"。

6. 将文字转换为表格，并编辑表格。

（1）打开"文字素材.docx"文件，选中"中文名……修会的创始人"这几段文本，单击"插入"选项卡下的"表格"组中的"表格"按钮，在展开的列表中选择"文本转换成表格"项。选中表格，按【Ctrl】+【C】快捷键复制表格，然后切换到"PPT.pptx"文件，在第 4 张幻灯片的内容占位符处按【Ctrl】+【V】快捷键粘贴表格。

（2）根据"完成效果.docx"文件中第 4 张幻灯片的完成效果图适当调整表格的行高、列宽及表格样式，如"中度样式 2-强调 1"样式。设置表格中文字字体为"方正姚体"，字体颜色为"白色，背景 1"。

（3）选中表格，在"表格工具—设计"选项卡下的"表格样式"组中单击"底纹"按钮，在展开的窗格中单击"纹理"→"其他纹理"，打开"设置形状格式"任务窗格。设置"填充"方式为"图片或纹理填充"，单击"插入图片来自"下的"文件"按钮，插入 ex17 文件夹中的"表格背景.jpg"文件,选中"将图片平铺为纹理"复选框,如图 9-12 所示;最后单击"关闭"命令按钮,完成第 4 张幻灯片的制作。

7. 插入视频。

单击第 7 张幻灯片内容占位符中的"插入视频文件"按钮,弹出"插入视频"对话框,单击"来自文件"右边的"浏览"按钮,弹出"插入视频文件"对话框;选择 ex17 文件夹中"动物相册.wmv"文件,然后单击"插入"按钮,关闭对话框,插入视频剪辑。单击"视频工具—格式"选项卡下的"调整"组中的"标牌框架"按钮,在展开的列表中选择"文件中的图像",弹出"插入图片"对话框;单击"从文件"右边的"浏览"按钮,弹出"插入图片"对话框;选择 ex17 文件夹中的"图片 1.png"插入,设置好视频剪辑的预览图像。

图 9-12 **"设置形状格式"任务窗格**

8. 插入背景音乐。

在第 1 张幻灯片中单击"插入"选项卡下的"媒体"组中的"音频"按钮,在展开的列表中选择"PC上的音频",弹出"插入音频"对话框,选择 ex17 文件夹中的"背景音乐.mid"插入。单击"音频工具—播放"选项卡,在"音频选项"组中设置"开始"为"自动",选中"放映时隐藏"复选框,如图 9-13 所示。单

图 9-13 **设置音频选项**

击"动画"选项卡下的"动画"组右下角的"播放音频"对话框启动按钮,弹出"播放音频"对话框,单击"效果"选项卡,设置"停止播放"项为"在 6 张幻灯片后",如图 9-14 所示。

图 9-14 **"播放音频"对话框**

9. 设置幻灯片的切换效果。

打开任意一张幻灯片,在"切换"选项卡下的"切换到此幻灯片"组中选择任意一种切换样式(如"擦除"),再在"计时"组中选中"设置自动换片时间"复选框,并设置时间为"00:10.00",然后单击"计时"组中的"全部应用"按钮,设置全部幻灯片的切换方式和自动换片时间。最后选中第7张幻灯片,在"切换"选项卡下的"计时"组中选中"设置自动换片时间"复选框,设置其自动换片时间为"00:50.00"。

操作小提示

在设计幻灯片切换时,若选中"全部应用",则设置所有幻灯片的切换效果;若没有选中,则只是设置当前幻灯片的切换效果。

10. 为幻灯片编号。

单击"插入"选项卡下的"文本"组中的"幻灯片编号"按钮,在弹出的"页眉和页脚"对话框中勾选"幻灯片编号"和"标题幻灯片中不显示"两个复选框,然后单击"全部应用"按钮,关闭对话框。

11. 替换文本并添加批注。

(1) 单击"开始"选项卡下的"编辑"组中的"替换"按钮,弹出"替换"对话框;在"查找内容"下填写"圣法兰西斯",在"替换为"下填写"圣方济各";然后单击"全部替换"按钮,弹出提示窗口;单击"确定"按钮,关闭"替换"对话框。

(2) 切换至第1张幻灯片,单击"审阅"选项卡下的"批注"组中的"新建批注"按钮,打开"批注"窗格,输入批注内容"圣方济各又称圣法兰西斯",然后单击"批注"组中的"显示批注"按钮,在下拉列表中单击"显示标记"。

操作小提示

单击"显示标记"按钮的作用是切换显示和隐藏批注标记两种状态。

12. 删除幻灯片版式。

(1) 在"视图"选项卡下的"母版视图"组中单击"幻灯片母版"按钮,进入母版视图,在左侧缩略图窗格中选中除"标题幻灯片""世界动物日1""世界动物日2"外的其他幻灯片版式,单击键盘上的【Delete】按键,删除所有选中的版式。

(2) 关闭母版视图,单击快速访问工具栏上的"保存"按钮保存文档。

实验十八　演示文稿高级应用二

一、实验目的

1. 掌握字体的替换方法。

2. 掌握高级动画效果的设置方法。

3. 掌握幻灯片的拆分方法。

4. 掌握幻灯片的合成方法。

二、实验内容

本实验所需素材存放在 ex18 文件夹中,请按照如下需求完成操作。

1. 在 ex18 文件夹下,将"PPT 素材.pptx"文件另存为"PPT.pptx"文件("..pptx"为扩展名),后续操作均基于此文件。

2. 依据 ex18 文件夹下文本文件"1—3 张素材.txt"中的大纲,在演示文稿最前面新建三张幻灯片,其中"儿童孤独症的干预与治疗""目录""基本介绍"3 行内容为幻灯片标题,其下方的内容分别为各自幻灯片的文本内容。

3. 为演示文稿应用设计主题"回顾";将幻灯片中所有中文字体设置为"微软雅黑";在幻灯片母版右上角的相同位置插入任一剪贴画,改变该剪贴画的图片样式,为其重新着色,并使其不遮挡其他文本或对象。

4. 将第 1 张幻灯片的版式设为"标题幻灯片",为标题和副标题分别指定动画效果,其顺序为:单击时标题以"飞入"方式进入,3 秒后副标题自动以任意方式进入,5 秒后标题自动以"飞出"方式退出,接着 3 秒后副标题再自动以任意方式退出。

5. 设置第 2 张幻灯片的版式为"图片与标题",将 ex18 文件夹下的图片"pic1.jpg"插入幻灯片图片框中;为该页幻灯片目录内容应用格式为"1.,2.,3.,…"的编号,并分为两栏,适当增大其字号;为目录中的每项内容分别添加可跳转至相应幻灯片的超链接。

6. 将第 3 张幻灯片的版式设为"两栏内容";在右侧的文本框中插入一张表格,将"基本信息(见表)"下方的 5 行 2 列文本移到右侧表格中,并根据内容适当调整表格大小。

7. 将第 6 张幻灯片拆分为四张标题相同、内容分别为 1.~4.的幻灯片。

8. 将第 11 张幻灯片中的文本内容转换为"表层次结构"SmartArt 图形,适当更改其文字方向、颜色和样式;为 SmartArt 图形添加动画效果,令 SmartArt 图形伴随着"风铃"声逐个按分支顺序"弹跳"式进入;将左侧的红色文本作为该幻灯片的备注文字。

9. 除标题幻灯片外,其他幻灯片均包含幻灯片编号和内容为"儿童孤独症的干预与治疗"的页脚。将 ex18 文件夹下"结束片.pptx"中的幻灯片作为 PPT.pptx 的最后一张幻灯片,并保留源格式;为所有幻灯片应用切换效果。

三、实验步骤

1. 设置文件另存。

打开实验素材 ex18 文件夹中的"PPT 素材.pptx"文件,单击"文件"选项卡,单击"另存为"→"浏览",在弹出的"另存为"对话框中输入文件名"PPT",然后单击"保存"按钮。

2. 在演示文稿最前面新建三张幻灯片。

在左侧幻灯片缩略图窗格中,单击第 1 张幻灯片上方的位置,使横向的插入点在第 1 张幻灯片的上方,然后单击"开始"选项卡下的"幻灯片"组中的"新建幻灯片"按钮,从下拉列表中选择一种合适的版式,如"标题幻灯片",则新建了一张这种版式的幻灯片。在新的幻灯片的标题占位符中复制、粘贴文本文件"1—3张素材.txt"中的"儿童孤独症的干预与治疗";在副标题占位符中复制、粘贴文本文件中的"2016年2月"。类似地,插入另两张幻灯片。(第2和第3张幻灯片的设置在后面会介绍。)

3. 为演示文稿设置主题,设置中文字体,并插入剪贴画。

(1) 选中任意一张幻灯片,单击"设计"选项卡下的"主题"组右下角的向下箭头按钮，展开列表,然后单击列表中的"回顾"主题。

(2) 单击"开始"选项卡下的"编辑"组中的"替换"按钮右侧向下箭头,从下拉菜单中选择"替换字体",打开"替换字体"对话框,设置"替换"下拉列表为中文字体"宋体",设置"替换为"下拉列表为"微软雅黑",单击"替换"按钮,单击"关闭"按钮,关闭该对话框。

(3) 单击"视图"选项卡下的"母版视图"组中的"幻灯片母版"按钮,切换到幻灯片母版视图。在幻灯片母版视图中,单击选中左侧幻灯片缩略图的第1张幻灯片母版,然后单击"插入"选项卡下的"图像"组中的"联机图片"按钮,弹出"插入图片"对话框;在"必应图像搜索"右边输入框中输入任意主题文字,如"儿童",单击"搜索"按钮;在搜索到的图片中任意选择一幅,单击"插入"按钮,就可以将它插入幻灯片母版中。拖动插入图片,将它移到幻灯片母版的右上角。

(4) 选中插入的剪贴画图片,在"图片工具—格式"选项卡下的"图片样式"组中,任选一种样式,如"金属框架";单击"调整"组中的"颜色"按钮,从下拉列表中任选一种颜色,如"灰度"。

(5) 右击图片,从快捷菜单中选择"置于底层"中的"置于底层",这样它不会遮挡其他文本或对象。

(6) 选中图片,按【Ctrl】+【C】快捷键复制,然后在左侧缩略图窗格中检查各个版式中的右上角是否已有图片。在没有图片的版式中按【Ctrl】+【V】快捷键粘贴,把图片调整到版式右上角位置并按照上面的方法设置图片不遮挡其他文本或对象。

(7) 单击"幻灯片母版"选项卡下的"关闭"组中的"关闭母版视图"按钮,切换回普通视图。

4. 给标题及副标题添加动画,并设置动画顺序。

(1) 给标题及副标题添加动画。

① 选中标题,单击"动画"选项卡下的"动画"组中的"飞入"。

② 选中副标题,单击"动画"组的任意一种进入动画效果,如"擦除"。

③ 再次选中标题,单击"动画"选项卡下的"高级动画"组中的"添加动画"按钮,从下拉列表中选择"退出"中的"飞出"。

④ 再次选中副标题,单击"动画"选项卡下的"高级动画"组中的"添加动画"按钮,从下拉列表中选择"退出"中的任意一种效果,如"劈裂"。

(2) 给标题及副标题设置动画顺序。

单击"高级动画"组中的"动画窗格"按钮,打开"动画窗格"任务窗格,可见窗格中有四项动画,前两项为进入动画,后两项为退出动画,如图9-15所示。

图9-15 "动画窗格"任务窗格

① 单击选中第 1 项动画,然后在"动画"选项卡下的"计时"组中,设置"开始"为"单击时"。

② 单击选中第 2 项动画,然后按住【Ctrl】键,同时单击第 3、第 4 项动画,使同时选中第 2 至第 4 项动画,在"动画"选项卡下的"计时"组中设置"开始"为"上一动画之后"。

③ 单击选中第 2 项动画,在"计时"组中的"延迟"中设置为"03.00"。

④ 单击选中第 3 项动画,在"计时"组中的"延迟"中设置为"05.00"。

⑤ 单击选中第 4 项动画,在"计时"组中的"延迟"中设置为"03.00"。

5. 编辑第 2 张幻灯片。

(1) 选中第 2 张幻灯片,单击"开始"选项卡下的"幻灯片"组中的"版式"按钮,从下拉列表中选择"图片与标题",然后在幻灯片的标题中粘贴文本文件"1—3 张素材.txt"中的文本"目录"。

(2) 单击幻灯片图片占位符中的"插入来自文件的图片"图标,插入 ex18 文件夹中的"pic1.jpg"图片。

(3) 在幻灯片的"单击此处添加文本"的内容占位符中粘贴文本文件"1—3 张素材.txt"中的"基本介绍……疾病预防"7 段文字,并删除每段文字前面多余的空格(可按住【Ctrl】键的同时向上滚动鼠标滚轮,适当放大视图以便操作)。

⊙ 作小提示

在按住【Ctrl】键的同时向上滚动鼠标滚轮,可放大视图;在按住【Ctrl】键的同时向下滚动鼠标滚轮,可适当缩小视图。

(4) 选中这 7 段文字,在"开始"选项卡下的"段落"组中单击"编号"按钮右侧向下箭头,从展开的下拉列表中选择"1.,2.,3.,…"的编号。

(5) 右击内容占位符边框,在弹出的快捷菜单中选择"设置形状格式"命令。打开"设置形状格式"任务窗格,单击"文本选项"→"文本框",然后单击最下面的"分栏"按钮。在弹出的"分栏"对话框中,设置"数量"为"2",单击"确定"按钮。选中占位符中的文字,在"开始"选项卡下的"字体"组中适当增大字号,如设置"字号"为"10"磅。

(6) 在设置超链接之前,需要先设置第 3 张幻灯片。先跳转执行第 6 题步骤(1),然后切换到第 2 张幻灯片,选中文字"基本介绍",单击"插入"选项卡下的"链接"组中的"超链接"按钮,在弹出的"插入超链接"对话框中,左侧选择"本文档中的位置",右侧选择"3.基本介绍",单击"确定"按钮。采用同样的方法,依次选中"患病概率"等文字,插入超链接,将它们分别链接到相应标题的幻灯片。

6. 编辑第 3 张幻灯片。

(1) 选中第 3 张幻灯片,参照第 5 题步骤(1)中的方法将第 3 张幻灯片的版式设置为"两栏内容",在这张幻灯片的标题中粘贴文本文件"1—3 张素材.txt"中的"基本介绍"。在幻灯片的左侧内容占位符中复制、粘贴文本文件"1—3 张素材.txt"中的"基本介绍"下面的"儿童孤独症……较好的能力。"这段文字。

(2) 在幻灯片右侧的内容文本框中,单击"插入表格"按钮,弹出"插入表格"对话框,将行数修改为"5",将列数修改为"2",单击"确定"按钮。

（3）将"基本信息（见表）"下方的5行2列文本复制、粘贴到右侧的表格中，根据表格中的内容，适当调整表格的大小。

7. 拆分第6张幻灯片。

（1）选中第6张幻灯片，单击"视图"选项卡下的"演示文稿视图"组中的"大纲视图"按钮，切换至大纲视图。将光标定位到大纲视图中"……他们对语言的感受和表达运用能力均存在某种程度的障碍。"段落后面，如图9-16中的方框标注的光标位置所示；按回车键，产生一个空行，单击两次"开始"选项卡下的"段落"组中的"降低列表级别"按钮，完成一次拆分幻灯片操作。

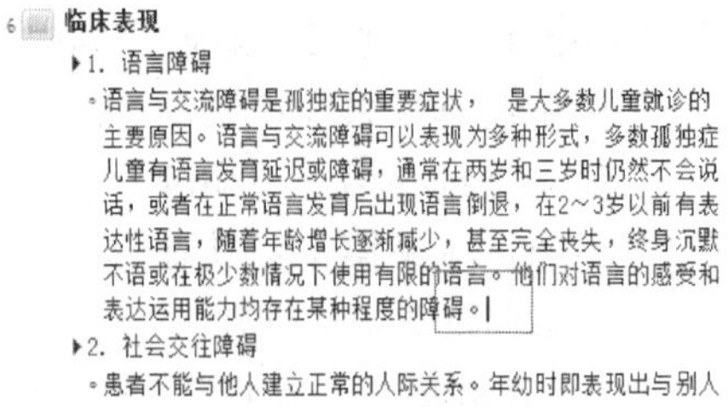

图 9-16　大纲视图

（2）按照同样的方法，将光标放置于第2处分页位置"……没有去观看的兴趣或去参与的愿望。"段落之后，进行上述拆分操作。

（3）按照同样的方法，将光标放置于第3处分页位置"……患者可有重复刻板动作，如反复拍手、转圈、用舌舔墙壁、跺脚等。"段落之后，进行上述拆分操作。

（4）单击"视图"选项卡下的"演示文稿视图"组中的"普通"按钮，返回普通视图；选中第6张幻灯片，将幻灯片中的"标题"文本内容复制、粘贴到后面三张幻灯片的标题文本框中。

8. 编辑第11张幻灯片。

（1）切换到第11张幻灯片，选中内容占位符中的所有内容。单击"开始"选项卡下的"段落"组中的"转换为SmartArt"按钮，从下拉列表中选择"其他SmartArt图形"，弹出"选择SmartArt图形"对话框，如图9-17所示；选择"层次结构"中的"表层次结构"，单击"确定"按钮，则这5段标题文字被转换为了SmartArt图形。

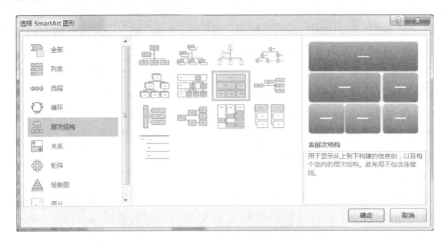

图 9-17　"选择 SmartArt 图形"对话框

（2）单击"SmartArt工具—设计"选项卡下的"SmartArt样式"组中的"更改颜色"按钮，从下拉列表中选择非默认颜色的任意一种颜色，如"彩色-个性色"。再从该组的"快速样式"列表中选择非"简单填充"的任意一种样式,如"细微效果"。选中 SmartArt 图形中的一些元素,如最下一排元素,在"开始"选项卡下的"段落"组中单击"文字方向"按钮,从下拉列表中选择合适的文字方向,如"竖排"。

(3)单击 SmartArt 图形的外围框线,选中整个 SmartArt 图形。单击"动画"选项卡下的"动画"组中的"动画"窗格右下角的下箭头按钮,展开所有动画样式,从中选择"弹跳"。再单击该组的"效果选项"按钮,从下拉菜单中选择"逐个"。再单击该组右下角的对话框启动按钮,在弹出的对话框中,切换到"效果"选项卡,设置"声音"为"风铃",单击"确定"按钮。

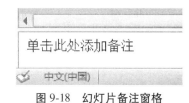

图 9-18　幻灯片备注窗格

(4)选中左侧的所有红色文字,按【Ctrl】+【X】快捷键剪切;然后在本幻灯片的备注窗格中,如图 9-18 所示,按【Ctrl】+【V】快捷键粘贴。单击左侧原备注内容的文本框边框选中它,按【Delete】键,删除该文本框。

9.为除标题幻灯片之外的所有幻灯片插入编号和页脚,设置最后一张幻灯片,设置所有幻灯片的切换效果。

(1)单击"插入"选项卡下的"文本"组中的"页眉和页脚"按钮,在弹出对话框中勾选"幻灯片编号""页脚""标题幻灯片中不显示"复选框,并在"页脚"下面的文本框中输入"儿童孤独症的干预与治疗",单击"全部应用"按钮。

(2)双击 ex18 文件夹下的文件"结束片.pptx",打开该文件,右击左侧缩略图窗格中的幻灯片,从弹出的快捷菜单中选择"复制"命令。切换回"PPT.pptx"演示文稿窗口,在左侧幻灯片缩略图窗格中的第 12 张幻灯片的最后单击鼠标,插入横向插入点,按【Ctrl】+【V】快捷键粘贴,然后单击粘贴幻灯片后旁边出现的"Ctrl"图标,从下拉菜单中选择"保留源格式"图标,如图 9-19 所示。

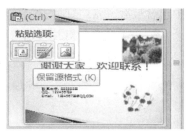

图 9-19　选择"保留源格式"图标

(3)在幻灯片缩略图窗格中按【Ctrl】+【A】快捷键选中所有幻灯片,在"切换"选项卡下的"切换到此幻灯片"组中任选一种切换效果,如"随机线条"。

(4)最后单击快速访问工具栏上的"保存"按钮,保存文档。

练 习 九

本练习所需素材均存放在"练习九"文件夹中,请按照如下需求完成操作。

1.在"练习九"文件夹下,将"PPT 素材.pptx"文件另存为"PPT.pptx"文件(".pptx"为扩展名),后续操作均基于此文件。

2.由于文字内容较多,将第 7 张幻灯片中的内容区域文字自动拆分为 2 张幻灯片进行展示。

3.为了布局美观,将第 6 张幻灯片中的内容区域文字转换为"水平项目符号列表"

SmartArt 布局,并设置该 SmartArt 样式为"中等效果"。

4. 在第 5 张幻灯片中插入一个标准折线图,并按照数据信息(表 9-1)调整 PowerPoint 中的图表内容。

表 9-1　2010—2014 年移动设备使用趋势

年　份	笔记本电脑	平板电脑	智能手机
2010 年	7.6	1.4	1.0
2011 年	6.1	1.7	2.2
2012 年	5.3	2.1	2.6
2013 年	4.5	2.5	3
2014 年	2.9	3.2	3.9

5. 为该折线图设置"擦除"进入动画效果,效果选项为"自左侧",按照"系列"逐次单击显示"笔记本电脑""平板电脑""智能手机"的使用趋势。最终,仅在该幻灯片中保留这三个系列的动画效果。

6. 为演示文档中的所有幻灯片设置不同的切换效果。

7. 为演示文档创建三个节,其中"议程"节中包含第 1 张和第 2 张幻灯片,"结束"节中包含最后一张幻灯片,其余幻灯片包含在"内容"节中。

8. 为了实现幻灯片可以自动放映,设置每张幻灯片的自动放映时间不少于 2 秒。

9. 删除演示文档中每张幻灯片的备注文字信息。

第十章　综合练习二

实验十九　综合练习（3）

一、文字处理题

（一）题目要求

参考图 10-1 所示的样张，利用 ex19 文件夹下提供的相关素材，按下列要求完成文档的编排。

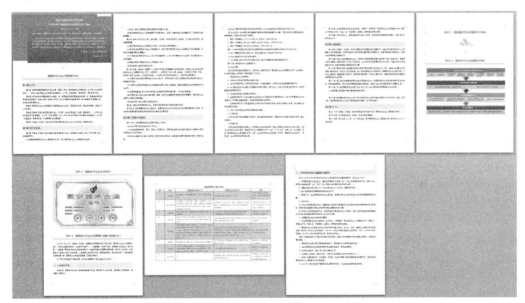

图 10-1　实验十九样张 1

1. 打开文档"Word 素材.docx"，将其另存为"Word.docx"文档（".docx"为扩展名），后续操作均基于此文件。

2. 首先将文档"附件4 新旧政策对比.docx"中的"标题 1""标题 2""标题 3""附件正文"四个样式的格式应用到 Word.docx 文档中的同名样式；然后将文档"附件4 新旧政策对比.docx"中的全部内容插入 Word.docx 文档的最下面，后续操作均应在 Word.docx 中进行。

3. 删除文档 Word.docx 中所有空行和全角(中文)空格;将"第一章""第二章""第三章"……所在段落应用"标题 2"样式;将所有应用"正文 1"样式的文本段落以"第一条""第二条""第三条"……的格式连续编号并替换原文中的纯文本编号,字号设为五号,首行缩进 2 字符。

4. 在文档的开始处插入"瓷砖型提要栏"文本框,将标题"高新技术企业认定管理办法"之前的文本移到该文本框中,要求文本框内部边距左右均为 1 厘米、上为 0.5 厘米、下为 0.2 厘米,为其中的文本进行适当的格式设置以使文本框高度不超过 12 厘米,结果可参考"示例 1.jpg"。

5. 在标题段落"附件 3:高新技术企业证书样式"的下方插入图片"附件 3 证书.jpg",为其应用恰当的图片样式、艺术效果,并改变其颜色。

6. 将标题段落"附件 2:高新技术企业申请基本流程"下的绿色文本参照其上方的样例转换成布局为"分段流程"的 SmartArt 图形,适当改变其颜色和样式,加大图形的高度和宽度,将第 2 级文本的字号统一设置为 6.5 磅,将图形中所有文本的字体设为"微软雅黑"。最后将多余的文本及样例删除。

7. 在标题段落"附件 1:国家重点支持的高新技术领域"的下方插入以图标方式显示的文档"附件 1 高新技术领域.docx",将图标名称改为"国家重点支持的高新技术领域",双击该图标,应能打开相应的文档进行阅读。

8. 将标题段落"附件 4:高新技术企业认定管理办法新旧政策对比"下的以连续符号"###"分隔的蓝色文本转换为一个表格,套用恰当的表格样式,在"序号"列插入自动编号"1,2,3,…",将表格中所有内容的字号设为小五号、在垂直方向上居中。令表格与其上方的标题"新旧政策的认定条件对比表"占用单独的横向页面,且表格与页面同宽,并适当调整表格各列列宽,结果可参考"示例 2.jpg"。

9. 文档的四个附件内容排列位置不正确,将其按 1、2、3、4 的正确顺序进行排列,但不能修改标题中的序号。

(二)操作步骤

1. 设置文件另存。

打开文档"Word 素材.docx",选择"文件"选项卡下的"另存为"菜单项,在弹出的对话框中,选择"这台电脑"的"当前文件夹"选项,设置文件名为"Word",保存类型为"Word 文档(＊.docx)",其余信息不变,单击"保存"按钮。

2. 设置字体样式。

(1)单击"开始"选项卡下的"样式"组中右下角的"样式"对话框启动器按钮,打开"样式"对话框,如图10-2 所示;单击该对话框底排最右侧的"管理样式"按钮,打开"管理样式"对话框,如图10-3 所示。

(2)在"管理样式"对话框中,单击"导入/导出…"按钮,打开"管理器"对话框,如图10-4 所示。

图 10-2 "样式"对话框

图 10-3 "管理样式"对话框

图 10-4 "管理器"对话框(一)

（3）在"管理器"对话框中，单击右侧的"关闭文件"按钮，再单击"打开文件…"按钮（图 10-5），弹出"打开"对话框；文件类型选择为"Word 文档（ ∗ .docx）"，文件名为"附件 4 新旧政策对比.docx"（图 10-6），单击"打开"按钮，回到"管理器"对话框，如图 10-7 所示。

（4）在"管理器"对话框右侧"在附件 4 新旧政策对比.docx 中"的选项中，选择"标题 1"，单击"<-复制"按钮，在打开的对话框中选择"是"；用同样的方法，依次将样式"标题 2""标题 3""附件正文"的格式应用到 Word.docx 文档中的同名样式。

图 10-5　"管理器"对话框(二)

图 10-6　"打开"对话框

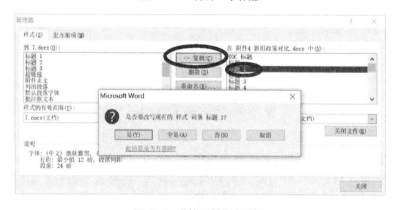

图 10-7　"管理器"对话框

　　(5)设置完成后,单击"管理器"对话框中的"关闭"按钮,回到文档界面,此时文档的"标题 1""标题 2""标题 3""附件正文"样式已修改完毕,如图 10-8 所示。

图 10-8　修改后的"样式"

（6）复制文档"附件 4 新旧政策对比.docx"中全部内容,保留源格式,插入 Word.docx 文档的最下面,单击"保存"按钮。

3. 删除空行、空格、应用样式,并给段落编号。

（1）将光标停留在文档的起始位置,在"开始"选项卡下的"编辑"组中单击"替换"按钮,打开"查找和替换"对话框。

（2）选择"替换"选项卡,光标停留在"查找内容"后的文本框中,单击"更多"按钮,在打开的下半部对话框中,单击"特殊格式"按钮,选择"段落标记"选项,如图 10-9 所示。此时在文本框中会出现"^P"标记;重复动作,使文本框出现"^P^P";采用同样方法,设置"替换为"后的文本框显示"^P",单击"全部替换"按钮,完成"去除空行"操作,如图 10-10 所示。可重复上述操作,去除连续空行的情况。

图 10-9　设置"段落标记"

图 10-10　"去除空行"操作

（3）在"查找和替换"对话框中,先去除原文本框中的内容,设置输入法为"全角"模式,如图 10-11 所示,在"查找内容"后的文本框中输入空格;保持"替换为"后的文本框内容为空,单击"全部替换"按钮,完成"去除全角(中文)空格"操作,如图 10-12 所示。

图 10-11　设置"全角"模式

（4）选中段落"第一章　总则",单击"开始"选项卡下的"样式"组中的"标题 2"样式,将该样式应用于段落。用同样的方法设置其余段落样式。

（5）选中"第一条　为扶持和鼓励……办法。"整个段落,选择"开始"选项卡下的"段落"组中的"编号"下拉列表,如图 10-13 所示,单击"定义新编号格式",打开"定义新编号格式"对话框。

（6）在"定义新编号格式"对话框中,选择"编号样式"为"一,二,三(简)…",在"编号格式"文本框中文字"一"的左右分别输入"第"和"条"字(这里文字"一"是自动生成

的,不可自行输入,若不小心删除,则重新选择"编号样式"),单击"确定"按钮,如图 10-14
所示。

图 10-12 "去除全角(中文)空格"操作

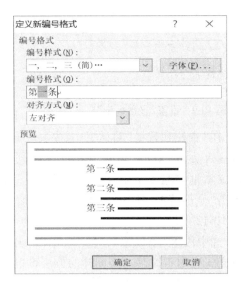

图 10-13 "编号"下拉列表　　图 10-14 "定义新编号格式"对话框

(7) 选中"第一条　为扶持和鼓励……办法。"整个段落,设置字号为"五号"、段落格式为"首行缩进 2 个字符"。用格式刷复制该格式至其他段落。

(8) 分别删除文档中原有的纯文字编号文字(不带阴影的"第二条""第三条"……

"第二十三条"文字）。

4. 设置文本框。

（1）将光标停留在文档开始处，单击"插入"选项卡下的"文本"组的"文本框"按钮，在打开的下拉列表中选择"内置"选项内的"瓷砖型提要栏"，如图 10-15 所示，该文本框即出现在文档开始处。

（2）将标题"高新技术企业认定管理办法"之前的文本剪切到该文本框中。

（3）选中文本框，单击鼠标右键，打开快捷菜单，选择"设置形状格式"命令，在打开的"设置形状格式"任务窗格中选择"形状选项"下的"布局属性"，设置文本框内部边距左右均为"1 厘米"、上为"0.5 厘米"、下为"0.2 厘米"，如图 10-16 所示。

图 10-15　插入"文本框"　　　图 10-16　"设置形状格式"任务窗格

（4）调整文本格式，使文本框高度不超过 12 厘米，选中文本框，单击右键鼠标，打开快捷菜单，选择"其他布局选项"命令，打开"布局"对话框，如图 10-17 所示，查看文本框高度数据。文本框布局与文字布局结果可参考图 10-18 所示。

5. 插入图片，设置图片格式。

（1）将光标停留在"附件 3：高新技术企业证书样式"段落末尾，按回车键，增加一空行，单击"插入"选项卡下的"插图"组中的"图片"按钮，在打开的对话框中，选择图片"附件 3 证书.jpg"，单击"插入"按钮。

（2）选中图片，在"图片工具—格式"选项卡下的"图片样式"组中选择"剪去对角，白色"模式，如图 10-19 所示；单击"调整"组中的"颜色"按钮，在下拉列表中的"色调"栏选择第一项"色温 4700K"，如图 10-20 所示；单击"调整"组中的"艺术效果"按钮，在下拉列表中选择第 4 行第 5 列"塑封"效果,如图 10-21 所示。

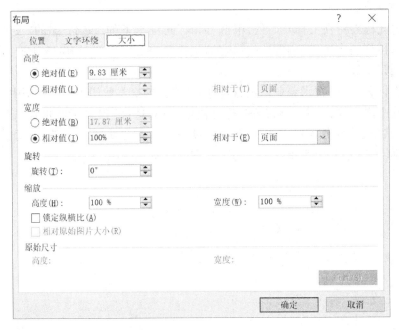

图 10-17 "布局"对话框

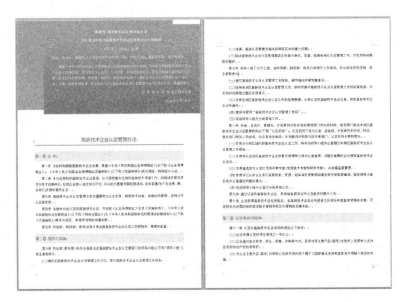

图 10-18 "文本框"格式参考

图 10-19 设置"图片样式"

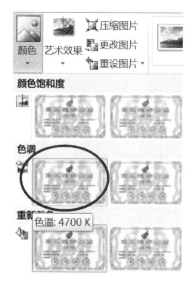

图 10-20　设置"色调"

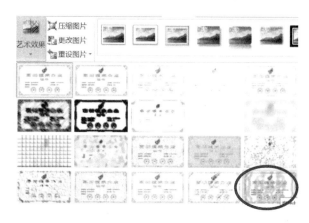

图 10-21　设置"艺术效果"

6. 将文字转换为 SmartArt 图形。

（1）将光标停留在"附件 2：高新技术企业申请基本流程"的图片下方，选择"插入"选项卡下的"插图"组中的"SmartArt"按钮，打开"选择 SmartArt 图形"对话框，如图 10-22 所示；选择"流程"类别的"分段流程"，单击"确定"按钮，即可在原图下方生成一个新的 SmartArt 图形。

（2）选中 SmartArt 图形，在"SmartArt 工具—设计"选项卡下的"SmartArt 样式"组中打开"更改颜色"下拉列表，选择第 2 行第 1 列的"彩色-个性色"项，如图 10-23 所示。

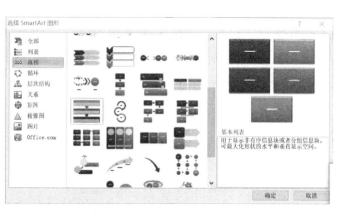

图 10-22　"选择 SmartArt 图形"对话框

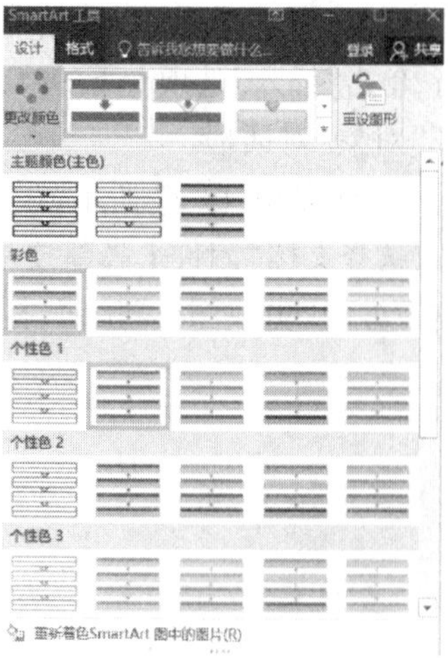

图 10-23　设置"颜色"

（3）选中 SmartArt 图形，在"SmartArt 工具—设计"选项卡下的"创建图形"组中单击"添加形状"按钮，可增加一个一级文本框；再单击"添加形状"按钮边的下拉列表，选择"在下方添加形状"，可在一级文本框下再增加二级文本框，如图 10-24 所示。

（4）选中 SmartArt 图形，在"SmartArt 工具—设计"选项卡下的"创建图形"组中单击"文本窗格"按钮，弹出"在此处键入文字"对话框，如图 10-25 所示；将图下方的绿色文字按层次依次复制至文本窗格，如子项数量不够，可直接按回车键，增加新的子项。

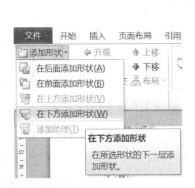

图 10-24　添加形状　　　　　图 10-25　"在此处键入文字"对话框

（5）设置第 2 级文本的字号统一为 6.5 磅，将图形中所有文本的字体设为"微软雅黑"，适当调整图形的高度和宽度，最后将多余的文本及样例删除。

7. 插入文件超链接。

（1）将光标停留在段落"附件 1：国家重点支持的高新技术领域"末尾，按回车键增加一行，单击"插入"选项卡下的"文本"组中的"对象"下拉列表，单击"对象"选项（图 10-26），打开"对象"对话框。

（2）如图 10-27 所示，在"对象"对话框中，选择"由文件创建"选项卡，单击"浏览"按钮，选择文档"附件 1 高新技术领域.docx"，选中"显示为图标""链接到文件"复选框，单击右下方的"更改图标"按钮，打开"更改图标"对话框。

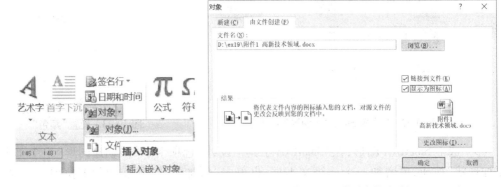

图 10-26　插入对象　　　　　图 10-27　"对象"对话框

（3）在"更改图标"对话框中,设置"题注"为"国家重点支持的高新技术领域"。

8.插入并编辑表格。

（1）将段落"附件4:高新技术企业认定管理办法新旧政策对比"下蓝色文字中的"###"替换为"#"。

（2）选中该蓝色字段,单击"插入"选项卡下的"表格"组中的"表格"按钮,在下拉列表中选择"文本转换成表格",弹出"将文字转换成表格"对话框,如图10-28所示。在"文字分隔位置"处选中"其他字符",输入"#",单击"确定"按钮,完成表格转换。

（3）选中表格,在"表格工具—设计"选项卡下的"表格样式"组中的"网格表"中,选择第3行第12列样式"网格表6彩色-着色4"。

（4）选中表格与其上方的标题"新旧政策的认定条件对比表",单击"布局"选项卡下的"页面设置"组右下角的"页面设置"对话框启动器按钮,打开"页面设置"对话框,如图10-29所示。选择"页边距"选项卡,在"纸张方向"下选择"横向",设置"预览"下的"应用于"为"所选文字",即完成表格所在页面的横向设置。

图10-28　"将文字转换成表格"对话框　　　图10-29　"页面设置"对话框

（5）选中表格第1列（字段名不选）,选择"开始"选项卡下的"段落"组中的"编号"下拉列表,单击"定义新编号格式"命令,在打开的对话框中选择"编号样式"为"1,2,3,…",在"编号格式"文本框中去除数字后的小点,单击"确定"按钮;选中表格中的所有文字,设置字体大小为小五号,单击"表格工具—布局"选项卡,在"对齐方式"组中选择"水平居中"。

（6）调整表格与页面同宽,并适当调整表格的各列列宽,结果可参考图10-30。

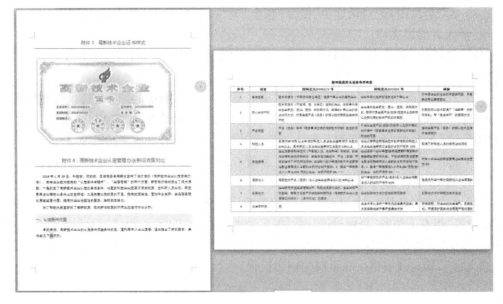

图 10-30 "表格"格式参考

9. 调整附件顺序。

用"剪切"的方式,调整四个附件内容的排列顺序,将其按 1、2、3、4 进行排列。

二、电子表格处理题

(一) 题目要求

按照下列要求完成对第五次、第六次人口普查数据的统计分析,参考样张如图 10-31 所示。

1. 新建一个空白 Excel 文档,将工作表 Sheet1 更名为"第五次普查数据",将 Sheet2 更名为"第六次普查数据",将该文档以"Excel.xlsx"为文件名("·xlsx"为扩展名)保存在 ex19 文件夹下,后续操作均基于此文件。

2. 浏览网页"第五次全国人口普查公报.htm",将其中的"2000 年第五次全国人口普查主要数据"表格导入"第五次普查数据"工作表中;浏览网页"第六次全国人口普查公报.htm",将其中的"2010 年第六次全国人口普查主要数据"表格导入"第六次普查数据"工作表中(要求均从 A1 单元格开始导入,不得对两个工作表中的数据进行排序)。

3. 对两个工作表中的数据区域套用合适的表格样式,要求至少四周有边框、且偶数行有底纹,并将所有人口数列的数字格式设为带千分位分隔符的整数。

4. 将两个工作表内容合并。合并后的工作表放置在"比较数据"新工作表中(自 A1 单元格开始),且保持最左列仍为地区名称、A1 单元格中的列标题为"地区",对合并后的工作表适当地调整行高、列宽、字体、字号、边框、底纹等,使其便于阅读。以"地区"为关键字对"比较数据"工作表按升序排序。

地区	2000年人口数（万人）	2000年比重
安徽省	5,996	4.73%
北京市	1,382	1.09%
福建省	3,471	2.74%
甘肃省	2,562	2.02%
广东省	8,642	6.83%
广西壮族	4,489	3.55%
贵州省	3,525	2.78%
海南省	787	0.62%
河北省	6,744	5.33%
河南省	9,256	7.31%
黑龙江省	3,689	2.91%
湖北省	6,028	4.76%
湖南省	6,440	5.09%
吉林省	2,728	2.16%
江苏省	7,438	5.88%
江西省	4,140	3.27%
辽宁省	4,238	3.3%
难以确定	105	0.08%
内蒙古自治	2,376	1.88%
宁夏回族	562	0.44%
青海省	518	0.41%
山东省	9,079	7.17%
山西省	3,297	2.60%
陕西省	3,605	2.85%
上海市	1,674	1.32%
四川省	8,329	6.58%
天津市	1,001	0.79%
西藏自治区	262	0.21%
新疆维吾	1,925	1.52%
云南省	4,288	3.39%
浙江省	4,677	3.69%
中国人民	250	0.20%
重庆市	3,090	2.44%

地区	2010年人口数（万人）	2010年比重
北京市	1,961	1.46%
天津市	1,294	0.97%
河北省	7,185	5.36%
山西省	3,571	2.67%
内蒙古自	2,471	1.84%
辽宁省	4,375	3.27%
吉林省	2,746	2.05%
黑龙江省	3,831	2.86%
上海市	2,302	1.72%
江苏省	7,866	5.87%
浙江省	5,443	4.06%
安徽省	5,950	4.44%
福建省	3,689	2.75%
江西省	4,457	3.33%
山东省	9,579	7.15%
河南省	9,402	7.02%
湖北省	5,724	4.27%
湖南省	6,568	4.90%
广东省	10,430	7.79%
广西壮族	4,603	3.44%
海南省	867	0.65%
重庆市	2,885	2.15%
四川省	8,042	6.00%
贵州省	3,475	2.59%
云南省	4,597	3.43%
西藏自治区	300	0.22%
陕西省	3,733	2.79%
甘肃省	2,558	1.91%
青海省	563	0.42%
宁夏回族	630	0.47%
新疆维吾	2,181	1.63%
中国人民	230	0.17%
难以确定	465	0.35%

统计项目	2000年	2010年
总人数(万人)	126,583	133,973
总增长数(万人)	–	7,390
人口最多的地区	河南省	广东省
人口最少的地区	西藏自治区	西藏自治区
人口增长最多的地区	–	广东省
人口增长最少的地区	–	湖北省
人口为负增长的地区数	–	7

行标签	求和项:2010年人口数（万人）	求和项:2010年比重	求和项:人口增长数
广东省	10,430	7.79%	1,788
山东省	9,579	7.15%	500
河南省	9,402	7.02%	146
四川省	8,042	6.00%	-287
江苏省	7,866	5.87%	428
河北省	7,185	5.36%	441
湖南省	6,568	4.90%	128
安徽省	5,950	4.44%	-36
湖北省	5,724	4.27%	-304
浙江省	5,443	4.06%	766
总计	76,189	56.86%	3,570

图 10-31　实验十九样张 2

5. 在合并后的"比较数据"工作表中的数据区域最右边依次增加"人口增长数""比重变化"两列，计算这两列的值，并设置合适的格式。其中：

人口增长数＝2010 年人口数－2000 年人口数

比重变化＝2010 年比重－2000 年比重

6. 打开"统计指标.xlsx"工作簿，将"统计数据"工作表插入正在编辑的"Excel.xlsx"文档中的"比较数据"工作表的右侧。

7. 在"Excel.xlsx"工作簿的"数据统计"工作表中的相应单元格中填入统计结果。

8. 基于"比较数据"工作表创建一个数据透视表，将其单独存放在一个名为"透视分析"的工作表中。透视表中要求筛选出 2010 年人口数超过 5 000 万的地区及其人口数、2010 年所占比重、人口增长数，并按人口数从多到少排序。最后适当调整透视表中的数字格式。（提示：行标签为"地区"，数值项依次为"2010 年人口数""2010 年比重""人口增长数"）。

（二）操作步骤

1. 新建 Excel 文档。

（1）在 ex19 文件夹下新建一个 Excel 文件，并命名为"Excel.xlsx"。

（2）打开该文件,右击 Sheet1,在弹出的快捷菜单中选择"重命名"命令,输入"第五次普查数据";右击 Sheet2,在弹出的快捷菜单中选择"重命名"命令,输入"第六次普查数据"。

2. 导入网页数据。

（1）在 ex19 文件夹下双击,打开网页"第五次全国人口普查公报.htm"（建议用 IE 打开）,复制网页地址。

（2）选中在"第五次普查数据"工作表中的 A1 单元格,单击"数据"选项卡下的"获取外部数据"组中的"自网站"按钮,弹出"新建 Web 查询"对话框,在"地址"文本框中粘贴输入网页"第五次全国人口普查公报.htm"的地址（也可以直接手动输入地址）,单击右侧的"转到"按钮,可打开网页,如图 10-32 所示。

图 10-32 "新建 Web 查询"对话框

（3）单击要选择的表旁边的带方框的黑色箭头,使黑色箭头变成对号,然后单击"导入"按钮,导入的表格数据如图 10-33 所示。

2010年第六次全国人口普查主要数据（大陆）		
地区	2010年人口数（万人）	2010年比重
北京市	1961	1.46%
天津市	1294	0.97%
河北省	7185	5.36%
山西省	3571	2.67%
内蒙古自治区	2471	1.84%
辽宁省	4375	3.27%
吉林省	2746	2.05%
黑龙江省	3831	2.86%
上海市	2302	1.72%
江苏省	7866	5.87%
浙江省	5443	4.06%
安徽省	6950	4.44%
福建省	3689	2.75%

图 10-33 导入表格数据

（4）在弹出的"导入数据"对话框中,选择"数据的放置位置"为"现有工作表",在文本框中输入"= $A $1"（图 10-34）,单击"确定"按钮,导入后的数据如图 10-35 所示。

（5）用同样的方法将网页"第六次全国人口普查公报.htm"中的"2010 年第六次全国人口普查主要数据"表格导入"第六次普查数据"工作表中。

图 10-34 "导入数据"对话框　　　**图 10-35 导入后的数据图**

3. 设置数据样式。

（1）在"第五次普查数据"工作表中选中数据区域 A1:C34,单击"开始"选项卡下的"样式"组中的"套用表格格式",打开下拉列表,选择一种样式。按照题目要求选择一种至少四周有边框且偶数行有底纹的表格样式。

（2）选中第 2 列的数据区域 B2:B34,单击"开始"选项卡下的"数字"组右下角的"数字格式"对话框启动器按钮,打开"设置单元格格式"对话框;在"数字"选项卡的"分类"区中选择"数值",在"小数位数"微调框中输入"0",选中"使用千位分隔符"复选框,然后单击"确定"按钮,如图 10-36 所示。

图 10-36 "设置单元格格式"对话框

（3）用同样的方法设置"第六次普查数据"工作表。

4. 合并工作表数据。

（1）双击工作表 Sheet3 的表名，在编辑状态下输入"比较数据"。

（2）在该工作表的 A1 单元格中输入"地区"，单击"数据"选项卡下的"数据工具"组中的"合并计算"按钮，弹出"合并计算"对话框，设置"函数"为"求和"，单击"引用位置"文本框后的按钮，选择数据为"第五次普查数据！$A$1：$C$34"，单击"添加"按钮，可在"所有引用位置："中看到"第五次普查数据！$A$1：$C$34"；再次单击"引用位置"文本框后的按钮，选择数据为"第六次普查数据！$A$1：$C$34"，单击"添加"按钮，可在"所有引用位置："中看到增加一行数据为"第六次普查数据！$A$1：$C$34"；在"标签位置"下选中"首行"复选框和"最左列"复选框，然后单击"确定"按钮，如图 10-37 所示。

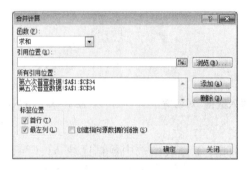

图 10-37　"合并计算"对话框

（3）合并后，将数据区 B、C 列的数据与 D、E 列数据做交换，交换后工作表数据如图 10-38 所示。

（4）选中整个工作表，单击"开始"选项卡下的"单元格"组中的"格式"下拉按钮，从弹出的下拉列表中选择"行高"和"列宽"，适当调整数据。

（5）选中数据区域，在"开始"选项卡下的"字体"组中设置合适的字体大小。

（6）选中数据区域，单击"开始"选项卡下的"样式"组中的"套用表格格式"按钮，在打开的下拉列表中选择一种样式，为数据添加边框与底纹。

（7）选中数据区域，单击"数据"选项卡下的"排序和筛选"组中的"排序"按钮，打开"排序"对话框；设置"主要关键字"为"地区"，"次序"为"升序"（图 10-39），单击"确定"按钮。

地区	2000年人口	2000年比重	2010年人口	2010年比重
北京市	1,382	1.09%	1,961	1.46%
天津市	1,001	0.79%	1,294	0.97%
河北省	6,744	5.33%	7,185	5.36%
山西省	3,297	2.60%	3,571	2.67%
内蒙古自治	2,376	1.88%	2,471	1.84%
辽宁省	4,238	3.35%	4,375	3.27%
吉林省	2,728	2.16%	2,746	2.05%
黑龙江省	3,689	2.91%	3,831	2.86%
上海市	1,674	1.32%	2,302	1.72%
江苏省	7,438	5.88%	7,866	5.87%
浙江省	4,677	3.69%	5,443	4.06%
安徽省	5,986	4.73%	5,950	4.44%
福建省	3,471	2.74%	3,689	2.75%
江西省	4,140	3.27%	4,457	3.33%
山东省	9,079	7.17%	9,579	7.15%
河南省	9,256	7.31%	9,402	7.02%
湖北省	6,028	4.76%	5,724	4.27%
湖南省	6,440	5.09%	6,568	4.90%
广东省	8,642	6.83%	10,430	7.79%
广西壮族自	4,489	3.55%	4,603	3.44%
海南省	787	0.62%	867	0.65%
重庆市	3,090	2.44%	2,885	2.15%
四川省	8,329	6.58%	8,042	6.00%
贵州省	3,525	2.78%	3,475	2.59%
云南省	4,288	3.39%	4,597	3.43%
西藏自治区	262	0.21%	300	0.22%
陕西省	3,605	2.85%	3,733	2.79%
甘肃省	2,562	2.02%	2,558	1.91%
青海省	518	0.41%	563	0.42%
宁夏回族自	562	0.44%	630	0.47%
新疆维吾尔	1,925	1.52%	2,181	1.63%
中国人民解	250	0.20%	230	0.17%
难以确定常	105	0.08%	465	0.35%

图 10-38　合并并交换后的数据

图 10-39　"排序"对话框

5. 计算数据。

（1）在"比较数据"工作表的 F1 和 G1 单元格中依次输入"人口增长数"和"比重变化"。

（2）在 F2 单元格中输入"=D2-B2"，按【Enter】键，利用填充柄计算 F3：F34 单元格的数值。

（3）在 G2 单元格中输入"=E2-C2"，按【Enter】键，利用填充柄计算 G3：G34 单元格的数值。

（4）选中 F 列和 G 列中的数据区域，单击"开始"选项卡下的"数字"组右下角的"数字格式"对话框启动器按钮，打开"设置单元格格式"对话框，为 F 列和 G 列设置合适的格式。

6. 插入工作表。

（1）打开"统计指标.xlsx"工作簿，在"统计数据"工作表的标签上单击鼠标右键，在弹出的快捷菜单中选择"移动或复制"命令，打开"移动或复制工作表"对话框。

（2）在"工作簿"下拉列表框中选择"Excel.xlsx"，在"下列选定工作表之前"中选择"（移至最后）"，选中"建立副本"复选框，单击"确定"按钮（图 10-40），即可在工作簿 Excel.xlsx 中看到新插入的"统计数据"工作表置于"比较数据"的右侧。

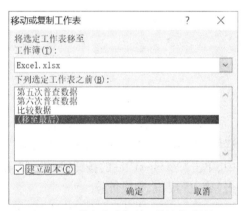

图 10-40　"移动或复制工作表"对话框

备注

此时"Excel.xlsx"文件应为打开状态，否则对话框中的"工作簿"下拉框中不会出现该文件选项。

7. 函数运算。

（1）选中"统计数据"工作表的 C3 单元格，单击上方的"*fx*"按钮，打开"插入函数"对话框；在"选择函数"列表中选择"SUM"，单击"确定"按钮，如图 10-41 所示。在打开的

"函数参数"对话框中,单击"Number1"后的按钮,切换到"第五次普查数据"工作表,选择
B2:B34 单元格(图 10-42),单击"确定"按钮,完成计算。

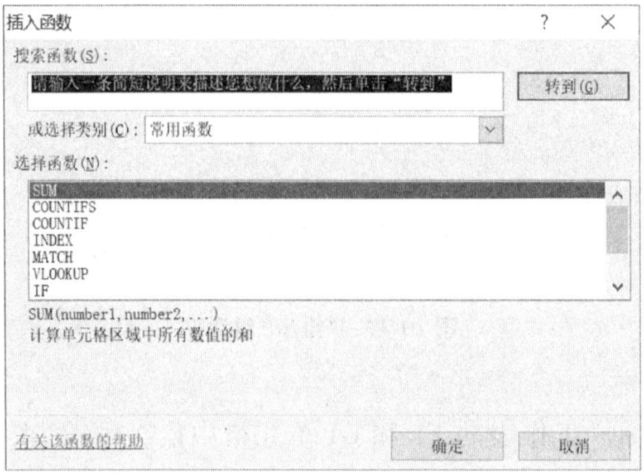

图 10-41 "插入函数"对话框

图 10-42 "函数参数"对话框

(2)选中"统计数据"工作表的 D3 单元格,单击上方" f_x "按钮,打开"插入函数"对
话框,在"选择函数"列表中选择"SUM",单击"确定"按钮。在打开的"函数参数"对话框
中,单击"Number1"后的按钮,切换到"第六次普查数据"工作表,选择 B2:B34 单元格,单
击"确定"按钮,完成计算。

(3)选中"统计数据"工作表的 D4 单元格,在" f_x "的编辑框中直接输入公式:

=D3−C3,

按回车键,计算"总增长数"。

(4)选中"统计数据"工作表的 C5 单元格,在" f_x "的编辑框中直接输入公式:

=INDEX(比较数据!A2:A34,MATCH(MAX(比较数据!B2:B18,比较数据!B20:B32,
比较数据!B34),比较数据!B2:B34,0))

按回车键,计算"2000 年人口最多地区"。

(5)选中"统计数据"工作表的 D5 单元格,在" f_x "的编辑框中直接输入公式:

=INDEX(比较数据!A2:A34,MATCH(MAX(比较数据!D2:D18,比较数据!D20:

D32,比较数据!D34),比较数据!D2:D34,0))

按回车键,计算"2010 年人口最多地区"。

（6）选中"统计数据"工作表的 C6 单元格,在" f_x "的编辑框中直接输入公式:

=INDEX(比较数据!A2:A34,MATCH(MIN(比较数据!B2:B18,比较数据!B20:B32,
比较数据!B34),比较数据!B2:B34,0))

按回车键,计算"2000 年人口最少地区"。

（7）选中"统计数据"工作表的 D6 单元格,在" f_x "的编辑框中直接输入公式:

=INDEX(比较数据!A2:A34,MATCH(MIN(比较数据!D2:D18,比较数据!D20:D32,
比较数据!D34),比较数据!D2:D34,0))

按回车键,计算"2010 年人口最少地区"。

（8）选中"统计数据"工作表的 D7 单元格,在" f_x "的编辑框中直接输入公式:

=INDEX(比较数据!A2:A34,MATCH(MAX(比较数据!F2:F18,比较数据!F20:F32,
比较数据!F34),比较数据!F2:F34,0))

按回车键,计算"人口增长最多地区"。

（9）选中"统计数据"工作表的 D8 单元格,在" f_x "的编辑框中直接输入公式:

=INDEX(比较数据!A2:A34,MATCH(MIN(比较数据!F2:F18,比较数据!F20:F32,
比较数据!F34),比较数据!F2:F34,0))

按回车键,计算"人口增长最少地区"。

（10）选中"统计数据"工作表的 D9 单元格,在" f_x "的编辑框中直接输入公式:

=COUNTIFS(比较数据!A2:A34,"<>比较数据!A19",比较数据!A2:A34,"<>比较数
据!A33",比较数据!F2:F34,"<0")

按回车键,计算"人口为负增长的地区数"。

计算结果如图 10-31 所示。

备 注

（1）INDEX(array,row_num,column_num):返回由行和列编号索引选定的表或
数组中的元素值。

● array:一个单元格区域或数组常量。

● row_num:用于选择要从中返回值的数组中的行。如果省略 row_num,则需要
使用 column_num。

● column_num:用于选择要从中返回值的数组中的列。如果省略 column_num,
则需要使用 row_num。

（2）MATCH(lookup_value,lookup_array,match_type):返回指定数值在指定数
组区域中的位置。

● lookup_value:需要在数据表(lookup_array)中查找的值。

● lookup_array:可能包含所要查找数值的连续的单元格区域,区域必须是某一
行或某一列。

● match_type：表示查询的指定方式，用数字 -1、0 或者 1 表示，match_type 省略相当于 match_type 为 1 的情况。

（3）COUNTIFS（criteria_range1，criteria1，criteria_range2，criteria2，…）：函数是一个统计函数，用来计算多个区域中满足给定条件的单元格的个数，可以同时设定多个条件。

● criteria_range1：第一个需要计算其中满足某个条件的单元格数目的区域。

● criteria1：第一个区域中将被计算在内的条件（简称条件），其形式可以为数字、表达式或文本。

同理，criteria_range2 为第二个条件区域，criteria2 为第二个条件，依次类推。最终结果为多个区域中满足所有条件的单元格个数。

8. 创建透视表。

（1）选中"比较数据"工作表的数据区域，选择"插入"选项卡下的"表格"组中的"数据透视表"，在打开的下拉列表中选择"数据透视表"；打开"数据透视表"对话框，在"选择放置数据透视表的位置"处选中"新工作表"，单击"确定"按钮。

（2）将新工作表名字更改为"透视分析"。

（3）在工作表右侧的"数据透视表字段"任务窗格中，在"选择要添加到报表的字段"选项中，右击"地区"，选择"添加到行标签"，如图 10-43 所示；采用同样的方法，分别右击"2010 年人口数""2010 年比重""人口增长数"，选择"添加到值"。

（4）单击透视表中"行标签"右侧的按钮，选择"值筛选"中的"大于"，如图 10-44 所示；打开相应的对话框，设置条件为"2010年人口数大于 5000"。

（5）单击透视表中"行标签"右侧的按钮，选择"其他排序选项"，打开"排序"对话框，在"降序排序（Z 到 A）依据"框中选择"求和项：2010 年人口数（万人）"，单击"确定"按钮，如图 10-45 所示。

图 10-43 "数据透视表字段"任务窗格

图 10-44 设置筛选条件

图 10-45 "排序"对话框

（6）分别设置 B 列和 D 列的格式为使用千位分隔符的整数；设置 C 列的格式为百分比 2 位小数。

三、演示文稿处理题

（一）题目要求

按下列要求完成课件的整合制作，参考样张如图 10-46 所示。

图 10-46　实验十九样张 3

1. 分别为演示文稿"第 1—2 节.pptx"和"第 3—5 节.pptx"设置不同的设计主题。

2. 按照顺序，将演示文稿"第 1—2 节.pptx"和"第 3—5 节.pptx"中的所有幻灯片合并到"PPT.pptx"文件中（".pptx"为扩展名），要求所有幻灯片保留源格式。之后所有操作均保存在 ex19 文件夹下的"PPT.pptx"文件中。

3. 在第 3 张幻灯片之后插入一张版式为"仅标题"的幻灯片，输入标题文字"物质的状态"，在标题下方插入一个射线列表式关系图，所需图片在 ex19 文件夹中，关系图中的文字请参考"关系图素材及样例.docx"样例文件。为该关系图添加适当的动画效果，要求同一级别的内容同时出现、不同级别的内容先后出现。

4. 在第 6 张幻灯片后插入一张版式为"标题和内容"的幻灯片，输入标题文字"蒸发和沸腾的异同点"，在该张幻灯片中插入与"蒸发和沸腾的异同点.docx"样例文件中所示相同的表格，并为该表格添加适当的动画效果。

5. 将第 4 张、第 7 张幻灯片分别链接到第 3 张、第 6 张幻灯片的相关文字上。

6. 除标题幻灯片外，为幻灯片添加编号及页脚，页脚内容为"第一章　物态及其变化"。

7. 为幻灯片设置适当的切换方式，以丰富放映效果。

（二）操作步骤

1. 设置主题。

（1）在 ex19 文件夹下打开演示文稿"第 1—2 节.pptx"，在"设计"选项卡下的"主题"组中选择一款主题，单击"保存"按钮。

（2）用同样的方法为演示文稿"第 3—5 节.pptx"设置主题。

2. 合并幻灯片。

（1）新建一个演示文稿，并命名为"PPT.pptx"。

（2）单击"开始"选项卡下的"幻灯片"组中的"新建幻灯片"下拉按钮，在下拉列表中选择"重用幻灯片"（图 10-47），打开"重用幻灯片"任务窗格，如图 10-48 所示。单击"浏览"按钮，选择"浏览文件"，打开"浏览"对话框，从 ex19 文件夹下选择"第 1—2 节.pptx"，单击"打开"按钮，选中"重用幻灯片"任务窗格中的"保留源格式"复选框，分别单击这四张幻灯片，将四张幻灯片依次加入"PPT.pptx"文件。

图 10-47　选择"重用幻灯片"

图 10-48　"重用幻灯片"任务窗格

（3）单击"浏览"按钮，选择"第 3—5 节.pptx"文件，用同样的方法将"第 3—5 节.pptx"文件中的幻灯片添入"PPT.pptx"文件；关闭"重用幻灯片"任务窗格。

3. 新建幻灯片，插入 SmartArt 图形。

（1）在普通视图下选中第 3 张幻灯片，选择"开始"选项卡下的"幻灯片"组中的"新建幻灯片"，打开下拉按钮，选择"仅标题"，输入标题文字"物质的状态"。

（2）选择"插入"选项卡下的"插图"组中的"SmartArt"按钮，打开"选择 SmartArt 图形"对话框，选择"关系"中的"射线列表"，单击"确定"按钮，如图 10-49 所示。

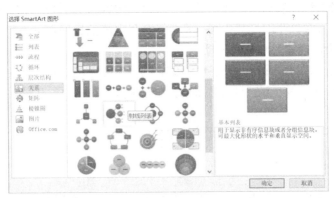

图 10-49　"选择 SmartArt 图形"对话框

（3）双击 SmartArt 图形中左侧的图标按钮，选择"物态图片.png"图片，参考"关系图素材及样例.docx"，在对应的位置输入文本，设置后的效果如图 10-50 所示。

（4）选中 SmartArt 图形，选择"动画"选项卡下的"动画"组中的"形状"，单击"效果选项"按钮,从下拉列表中选择"一次级别",如图 10-51 所示。

图 10-50　设置后的效果图

图 10-51　设置动画

4. 插入幻灯片,添加表格。

(1) 在普通视图下选中第 6 张幻灯片,选择"开始"选项卡下的"幻灯片"组中的"新建幻灯片",单击下拉按钮,选择"标题和内容",输入标题文字"蒸发和沸腾的异同点"。

(2) 在"内容"区域,单击"插入表格"按钮,打开"插入表格"对话框,设置列数为"4",行数为"6",单击"确定"按钮,如图 10-52 所示。

图 10-52　"插入表格"对话框

(3) 选中表格,选择"表格工具—设计"选项卡下的"表格样式"组中的"浅色样式 1–强调 4",如图 10-53 所示。

(4) 参考素材"蒸发和沸腾的异同点.docx",修改表格样式,并在相应的单元格中输入文本,设置后的效果如图 10-54 所示。

(5) 选中表格,在"动画"选项卡下的"动画"组中单击"形状"按钮,然后单击"效果选项"按钮,弹出下拉列表,设置形状"方向"为"切入","形状"为"菱形"。

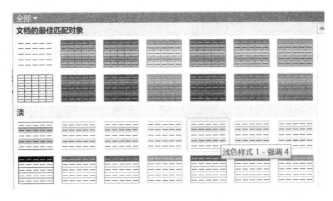

图 10-53 设置表格样式

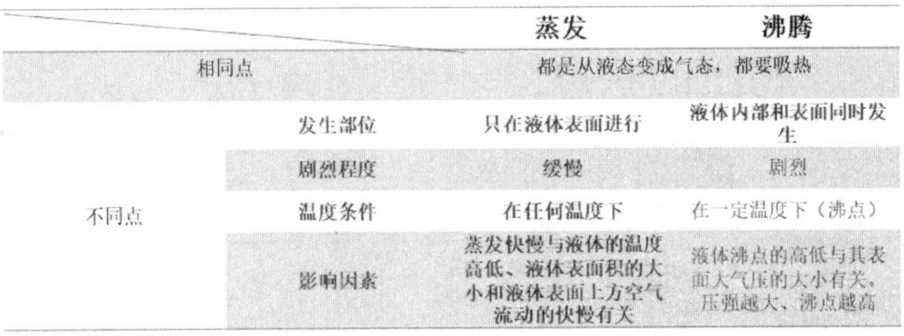

		蒸发	沸腾
相同点		都是从液态变成气态，都要吸热	
不同点	发生部位	只在液体表面进行	液体内部和表面同时发生
	剧烈程度	缓慢	剧烈
	温度条件	在任何温度下	在一定温度下（沸点）
	影响因素	蒸发快慢与液体的温度高低、液体表面积的大小和液体表面上方空气流动的快慢有关	液体沸点的高低与其表面大气压的大小有关，压强越大、沸点越高

图 10-54 设置后的效果图

5. 设置超链接。

（1）选中第 3 张幻灯片中的文字"物质的状态"，选择"插入"选项卡下的"链接"组中的"超链接"按钮，打开"插入超链接"对话框；在"链接到"中单击"本文档中的位置"，在"请选择文档中的位置"中选择"4.物质的状态"（图 10-55）；然后单击"确定"按钮。

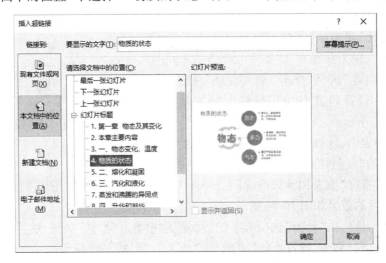

图 10-55 "插入超链接"对话框

（2）按照同样的方法将第 7 张幻灯片链接到第 6 张幻灯片的相关文字上。

6. 设置页眉、页脚。

选择"插入"选项卡下的"文本"组中的"页眉和页脚"按钮,打开"页眉和页脚"对话框,选中"幻灯片编号""页脚""标题幻灯片中不显示"复选框,在"页脚"下的文本框中输入"第一章　物态及其变化",单击"全部应用"按钮,如图 10-56 所示。

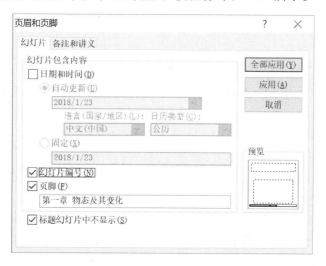

图 10-56　"页眉和页脚"对话框

7. 设置切换方式。

(1) 在"切换"选项卡下的"切换到此幻灯片"组中选择一种切换方式,如"百叶窗",单击"效果选项"下拉按钮,从弹出的下拉列表中选择"水平"(图 10-57),单击"计时"组中的"全部应用"按钮。

(2) 保存演示文稿。

图 10-57　设置"切换方式"

实验二十　综合练习(4)

▶ 一、文字处理题

(一)题目要求

参考图 10-58 所示的样张,利用 ex20 文件夹下的文档"Word 素材.docx"和相关素材,按下列要求完成文档的编排。

图 10-58　实验二十样张 1

1. 在 ex20 文件夹下，将"Word 素材.docx"文件另存为"Word.docx"文件（".docx"为扩展名），后续操作均基于此文件。

2. 设置页面的纸张大小为 16 开，上、下页边距均为 2.8 厘米，左、右页边距均为 3 厘米，并指定文档每页为 36 行。

3. 会议秩序册由封面、目录、正文三大块内容组成。其中，正文又分为四个部分，每部分的标题均已经以中文大写数字一、二、三、四进行编排。要求将封面、目录及正文中包含的四个部分分别独立设置为 Word 文档的一节。页码编排要求为：封面无页码；目录采用罗马数字编排；正文从第一部分内容开始连续编码，起始页码为 1（如采用格式-1-），页码设置在页脚右侧位置。

4. 按照素材中"封面.jpg"所示的样例，将封面上的文字"北京计算机大学《学生成绩管理系统》需求评审会"设置为华文中宋、小二号；将文字"会议秩序册"放置在一个文本框中，设置为竖排文字、华文中宋、小一；将其余文字设置为仿宋、四号，并调整到页面合适的位置。

5. 将正文中的标题"一、报到、会务组"设置为一级标题，单倍行距、悬挂缩进 2 字符、段前段后为自动，并以自动编号格式"一、""二、""三、"……替代原来的手动编号。其他三个标题"二、会议须知""三、会议安排""四、专家及会议代表名单"的格式均参照第一个标题设置。

6. 将第一部分（"一、报到、会务组"）和第二部分（"二、会议须知"）中的正文内容设置为宋体、五号字，行距为固定值、16 磅，左、右各缩进 2 字符，首行缩进 2 字符，对齐方式设置为左对齐。

7. 参照素材图片"表 1.jpg"中的样例完成会议安排表的制作，并插入第三部分相应位置中，格式要求：合并单元格、序号自动排序并居中、表格标题行采用黑体。表格中的内容可从素材文档"秩序册文本素材.docx"中获取。

8. 参照素材图片"表 2.jpg"中的样例完成专家及会议代表名单的制作，并插入第四部分相应位置中。格式要求：合并单元格、序号自动排序并居中、适当调整行高（其中样例中彩色填充的行要求大于 1 厘米）、为单元格填充颜色、所有列内容水平居中、表格标题行采用黑体。表格中的内容可从素材文档"秩序册文本素材.docx"中获取。

9. 根据素材中的要求自动生成文档的目录，插入目录页中的相应位置，并将目录内容设置为四号字。

（二）操作步骤

1. 将文件另存为"Word.docx"文件。

打开文件"Word 素材.docx"，选择"文件"选项卡中的"另存为"命令，在打开的对话框中，保存地址为"ex20"，文件名为"Word.docx"，类型为"Word 文档（＊.docx）"，单击"保存"按钮。

2. 设置页面布局。

（1）单击"布局"选项卡下的"页面设置"组右下角的"页面设置"对话框启动器按钮，打开"页面设置"对话框；切换至"纸张"选项卡，在"纸张大小"下拉列表中选择"16 开"。

（2）切换至"页边距"选项卡，将页边距"上""下""左""右"微调框分别设置为"2.8 厘米""2.8 厘米""3 厘米""3 厘米"。

（3）切换至"文档网格"选项卡，选择"网格"组中的"只指定行网格"单选按钮，将"行数"组下的"每页"微调框设置为"36"，单击"确定"按钮。

3. 文档分页、设置页码。

（1）将光标置于文字"目录"的前面，单击"布局"选项卡下的"页面设置"组中的"分隔符"下拉按钮，在弹出的下拉列表中选择"分节符"中的"下一页"选项，如图 10-59 所示。

（2）将光标置于正文部分的"一、报到、会务组"文字之前（标黄部分中的"四、专家及会议代表名单 6"之后），单击"布局"选项卡下的"页面设置"组中的"分隔符"下拉按钮，在弹出的下拉列表中选择"分节符"中的"下一页"选项。使用同样的方法，将正文的四个部分进行分节。

（3）双击第 1 页的页脚位置，删除页码。

（4）将光标置于第 2 页的页脚位置（即"目录"页），单击"页眉和页脚工具—设计"选项卡下的"导航"组中的"链接到前一条页眉"按钮，使其呈灰色，为未选中状态，如图 10-60 所示。

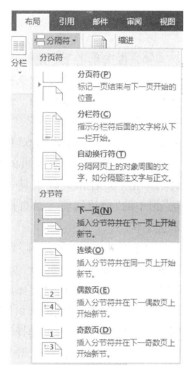

图 10-59　插入"下一页"

图 10-60　页眉页脚工具

（5）单击"页眉和页脚"组中的"页码"下拉按钮，在弹出的下拉列表中选择"页面底端"级联菜单中的"普通数字 3"选项，这时会在该页添加页码，如图 10-61 所示。

图 10-61　插入"页码"

（6）再次单击"页眉和页脚"组中的"页码"下拉按钮，在弹出的下拉列表中选择"设置页码格式"选项，打开"页码格式"对话框，在"编号格式"下拉列表中选择罗马数字"Ⅰ，Ⅱ，Ⅲ，…"，"起始页码"设置为"Ⅰ"，单击"确定"按钮，如图 10-62 所示。

（7）将光标置于第 3 页的页脚位置（即正文第一页），单击"页眉和页脚工具—设计"选项卡下的"导航"组中的"链接到前一条页眉"按钮，使其呈灰色，为未选中状态。

图 10-62　"页码格式"对话框

（8）单击"页眉和页脚"组中的"页码"下拉按钮，在弹出的下拉列表中选择"页面底端"级联菜单中的"普通数字 3"选项，这时会在该页添加页码。

（9）再次单击"页眉和页脚"组中的"页码"下拉按钮，在弹出的下拉列表中选择"设置页码格式"选项，打开"页码格式"对话框，在"编号格式"下拉列表中选择数字"1，2，3，…"，"起始页码"设置为"1"，单击"确定"按钮，如图 10-63 所示。

4．封面布局。

（1）打开 ex20 文件夹下的"封面.jpg"图片，根据

图 10-63　设置"页码格式"

图片设置文档的封面。选择文档第一页第一行文字，在"开始"选项卡下的"段落"组中单击"居中"按钮。

（2）将光标置于"北京计算机大学《学生成绩管理系统》"右侧，按回车键，换行。选中文字"北京计算机大学《学生成绩管理系统》需求评审会"，在"开始"选项卡下的"字体"组中设置"字体"为"华文中宋"，设置"字号"为"小二号"。

（3）选中文字"会议秩序册"，单击"插入"选项卡下的"文本"组中的"文本框"下拉按钮，在弹出的下拉列表中选择"绘制竖排文本框"命令；选中文本框，单击鼠标右键，打

开快捷菜单,单击"设置形状格式"命令,打开"设置形状格式"窗格,选择"形状选项"下的"线条"中的"无线条"选项,关闭窗口,如图 10-64 所示。

（4）选中文本框内的文字,在"开始"选项卡下的"字体"组中设置"字体"为"华文中宋",设置"字号"为"小一"。

（5）适当调整文本框的位置。选择封面中剩余的文字,在"开始"选项卡下的"字体"组中设置"字体"为"仿宋",设置"字号"为"四号",并调整到页面合适的位置。

图 10-64　"设置形状格式"任务窗格

5. 设置标题格式。

（1）选中文字"一、报到、会务组",在"开始"选项卡下的"样式"组中选择"标题1"选项。

（2）选中文字"一、报到、会务组",单击"开始"选项卡下的"段落"组右下角的"段落"对话框启动器按钮,打开"段落"对话框;设置"特殊格式"为"悬挂缩进","磅值"为"2字符";设置"行距"为"单倍行距";"段前""段后"均设置为"自动",单击"确定"按钮,如图 10-65 所示。

（3）选中文字"一、报到、会务组",选择"开始"选项卡下的"段落"组中的"编号"右侧的下拉列表,选择题目要求的编号,如图 10-66 所示。

图 10-65　"段落"对话框

图 10-66　设置"编号"

（4）将其他三个标题的编号删除,选中段落"一、报到、会务组",双击"开始"选项卡下的"剪贴板"组中的"格式刷",将格式分别用于余下的三个标题;最后再单击"格式刷",光标恢复正常。

6. 设置正文格式。

（1）选中第一部分（"一、报到、会务组"）的正文内容,在"开始"选项卡下的"字体"组中设置"字体"为"宋体",设置"字号"为"五号"。

（2）确定第一部分的正文内容处于选中状态,选择"开始"选项卡下的"段落"组右下角"段落"对话框启动器按钮,打开"段落"对话框;设置"对齐方式"为"左对齐";设置"特殊格式"为"首行缩进","磅值"为"2 字符";设置"缩进"选项组下的"左侧""右侧"均为"2 字符";设置"行距"为"固定值","设置值"为"16 磅",单击"确定"按钮,如图 10-67 所示。

（3）用同样的方法设置第二部分（"二、会议须知"）中的正文内容格式。

7. 设置会议安排表。

（1）删除第三部分标黄的文字。单击"插入"选项卡下的"表格"组中的"表格"下拉按钮,在弹出的下拉列表中选择"插入表格"选项,打开"插入表格"对话框。

（2）在对话框中将"行数""列数"分别设置为"9""4",其他保持默认设置,单击"确定"按钮。

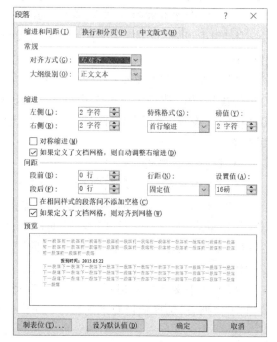

图 10-67　"段落"对话框

（3）插入表格后,单击表格左上角图标,选中整张表格,在"表格工具—布局"选项卡下的"单元格大小"组中适当调整表格的行高和列宽。在表格的第一行参照图片"表 1.jpg"输入文字。选中标题行,在"开始"选项卡下的"字体"组中设置"字体"为"黑体"。在"表格工具—布局"选项卡下的"对齐方式"组中单击"水平居中"按钮,如图 10-68 所示。

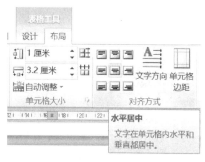

图 10-68　设置"对齐方式"

（4）选中表格第 1 列单元格中的第 2~9 行单元格,单击"开始"选项卡下的"段落"组中的"编号"右侧的下三角按钮,在弹出的下拉列表中选择"定义新编号格式"选项,打开"定义新编号格式"对话框;设置"编号样式"为"1,2,3,…","编号格式"为"1","对齐方式"为"居中",单击"确定"按钮,如图 10-69 所示。

（5）选中第 2 列单元格中的第 2、3 行单元格,单击鼠标右键,打开快捷菜单,选择"合并单元格"命令。用同样的方法,参考素材文件合并其他单元格。

（6）打开 ex20 文件夹下的"秩序册文本素材.docx"文件,将其中的相应内容复制到表格中。

（7）选择第 1 行中的所有单元格,单击"表格工具—设计"选项卡下的"表格样式"组中的"底纹"下拉按钮,在打开的下拉列表中选择"主题颜色"中的"白色,背景 1,深色 25%",如图 10-70 所示。

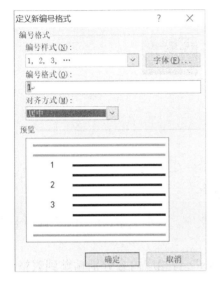

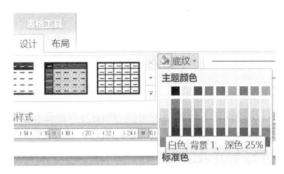

图 10-69　"定义新编号格式"对话框　　　　图 10-70　设置"底纹"

8. 完成专家及会议代表名单的制作。

（1）删除第四部分中标黄的文字。单击"插入"选项卡下的"表格"组中的"表格"按钮,在下拉列表中选择"插入表格"选项。打开"插入表格"对话框,将"列数""行数"分别设置为"5""20",单击"确定"按钮。

（2）选择第 1 行所有单元格,在"表格工具—布局"选项卡下的"单元格大小"组中设置"高度"为"1 厘米",如图 10-71 所示。采用同样的方法,分别设置第 2 行和第 11 行的高度为"1.2 厘米",其余各行高度为"0.8 厘米"（高度的数字可调整）。

（3）选中第 2 行所有的单元格,单击右键,选择"合并单元格"命令,采用同样的方法合并第 11 行所有单元格。

图 10-71　设置"单元格高度"

（4）选中第 1 列单元格中第 3～10 行单元格,单击"开始"选项卡下的"段落"组中的"编号"右侧的下三角按钮,在弹出的下拉列表中选择"定义新编号格式"命令;打开"定义新编号格式"对话框,设置"编号样式"为"1,2,3,…","编号格式"为"1","对齐方式"为"居中",单击"确定"按钮。采用同样的方法,为第 1 列中第 12～20 行单元格添加编号。

（5）选中第 2 行所有单元格,单击鼠标右键,打开快捷菜单,选择"表格属性"命令,打开"表格属性"对话框;单击"表格"选项卡下的"边框和底纹"按钮,打开"边框和底纹"对话框;选择"底纹"选项卡,单击"填充"组中的下拉按钮,选择"主题颜色"为"标准色"中的"深红",选择"应用于"为"单元格"（图 10-72）。用同样方法,设置第 11 行单元格的底纹颜色为"橙色,个性色 6,深色 25%"。设置第 2 行和第 11 行单元格的字体颜色为"白色"。

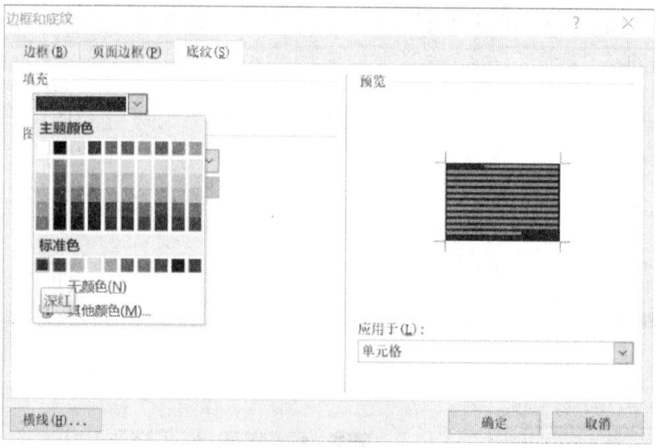

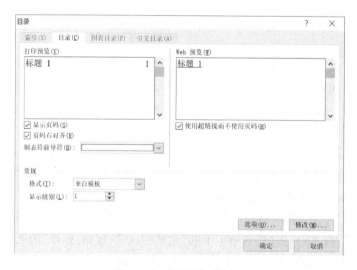

图 10-72　设置"底纹"

（6）在第 1 行单元格内参照图片"表 2.jpg"输入文字。选中文字，在"开始"选项卡下的"字体"组中设置"字体"为"黑体"。

（7）打开 ex20 文件夹下的"秩序册文本素材.docx"，将相应内容分别粘贴到表格内，并做适当调整。

（8）选中整张表格，在"表格工具—布局"选项卡下的"对齐方式"组中单击"水平居中"按钮。

9. 创建目录。

（1）将光标置于文字"目录"之后，按回车键换行。单击"引用"选项卡下的"目录"组中的"目录"下拉按钮，选择"自定义目录"选项。

（2）弹出"目录"对话框，设置"制表符前导符"为"无"，设置"显示级别"为"1"，单击"确定"按钮，如图 10-73 所示。

图 10-73　"目录"对话框

（3）选中目录文字，设置"字号"为"四号"。

（4）将目录页中原黄色部分删除。

二、电子表格处理题

（一）题目要求
按照下列要求完成图书销售分析表,参考样张如图 10-74 所示。

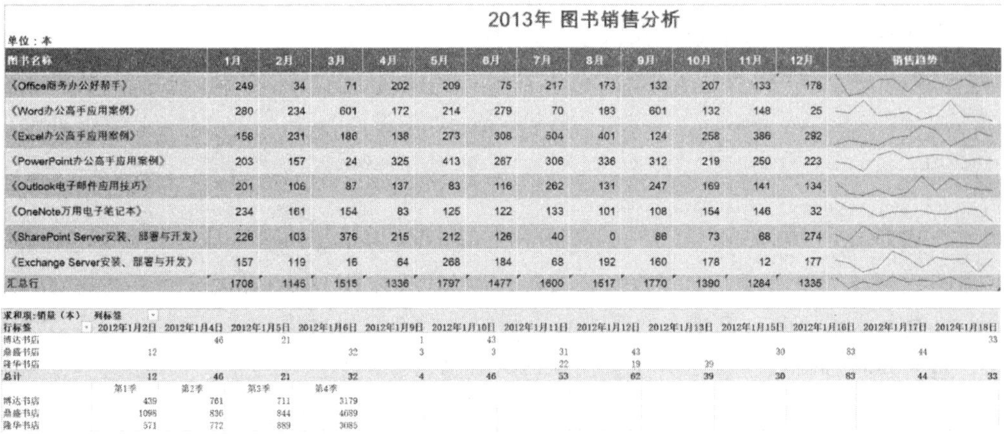

2013年 图书销售分析

单位：本

图书名称	1月	2月	3月	4月	5月	6月	7月	8月	9月	10月	11月	12月	销售趋势
《Office商务办公好帮手》	249	34	71	202	209	75	217	173	132	207	133	178	
《Word办公高手应用案例》	280	234	601	172	214	279	70	183	601	132	148	25	
《Excel办公高手应用案例》	158	231	186	138	273	306	504	401	124	258	386	282	
《PowerPoint办公高手应用案例》	203	157	24	325	413	287	308	336	312	219	250	223	
《Outlook电子邮件应用技巧》	201	106	87	137	83	116	262	131	247	169	141	134	
《OneNote万用电子笔记本》	234	161	154	83	125	122	133	101	108	154	146	32	
《SharePoint Server安装、部署与开发》	226	103	376	215	212	126	40	0	86	73	68	274	
《Exchange Server安装、部署与开发》	157	119	16	64	268	184	68	192	160	178	12	177	
汇总行	1708	1146	1515	1336	1797	1477	1600	1517	1770	1390	1284	1335	

求和项:销量（本）	列标签												
行标签	2012年1月2日	2012年1月4日	2012年1月5日	2012年1月6日	2012年1月9日	2012年1月10日	2012年1月11日	2012年1月12日	2012年1月13日	2012年1月15日	2012年1月16日	2012年1月17日	2012年1月18日
博达书店		46	21			43				30	83	44	33
鼎盛书店	12			32	3		31	43					
隆华书店							22	19	39				
总计	12	46	21	32	3	43	53	62	39	30	83	44	33

	第1季	第2季	第3季	第4季
博达书店	439	761	711	3179
鼎盛书店	1095	836	844	4689
隆华书店	571	772	889	3085

图 10-74 实验二十样张 2

1. 在 ex20 文件夹下,将“Excel 素材.xlsx”文件另存为“Excel.xlsx”文件（“.xlsx”为扩展名）,后续操作均基于此文件。

2. 在“销售订单”工作表的“图书编号”列中,使用 VLOOKUP 函数填充所对应“图书名称”的“图书编号”,“图书名称”“图书编号”的对照关系请参考“图书编目表”工作表。

3. 将“销售订单”工作表的“订单编号”列按照数值升序方式排序,并将所有重复的订单编号数值标记为紫色（标准色）字体,然后将其排列在销售订单列表区域的顶端。

4. 在“2013 年图书销售分析”工作表中,统计 2013 年各类图书每月的销售量,并将统计结果填充在所对应的单元格中。为该表添加汇总行,在汇总行单元格中分别计算每月图书的总销售量。

5. 在“2013 年图书销售分析”工作表中的 N4：N11 单元格中,插入用于统计销售趋势的迷你折线图,各单元格中迷你图的数据范围为所对应图书的 1—12 月销售数据,并为各迷你折线图标记销量的最高点和最低点。

6. 根据“销售订单”工作表的销售列表创建数据透视表,并将创建完成的数据透视表放置在新工作表中,以 A1 单元格为数据透视表的起点位置。将工作表重命名为“2012 年书店销量”。

7. 在“2012 年书店销量”工作表的数据透视表中,设置“日期”字段为列标签,“书店名称”字段为行标签,“销量（本）”字段为求和汇总项,并在数据透视表中显示 2012 年期间各书店每季度的销量情况。提示:为了统计方便,请勿对完成的数据透视表进行额外的排序操作。

（二）操作步骤

1. 将文件另存为"Excel.xlsx"文件。

在 ex20 文件夹下，打开"Excel 素材.xlsx"文件，选择"文件"选项卡下的"另存为"选项，打开"另存为"对话框，将文件名改为"Excel.xlsx"，单击"保存"按钮。

2. 使用 VLOOKUP 函数填充。

选中"销售订单"工作表的 E3 单元格，在"f_x"的编辑框直接输入公式：

=VLOOKUP（D3，图书编目表! \$A \$2：\$B \$9，2，FALSE）

按回车键，计算"图书编号"。

备 注

VLOOKUP（lookup_value，table_array，col_index_num，range_lookup）：按列查找，最终返回该列所需查询列序所对应的值；与之对应的 HLOOKUP 是按行查找的。

● lookup_value：需要在数据表第 1 列中进行查找的数值。

● table_array：需要在其中查找数据的数据表。

● col_index_num：table_array 中查找数据的数据列序号。

● range_lookup：一逻辑值，指明函数 VLOOKUP 查找时是精确匹配，还是近似匹配。若为 FALSE 或 0，则返回精确匹配；若为 TRUE 或 1，将查找近似匹配值。

3. 数据排序。

（1）选中 A2:G678 区域，单击"数据"选项卡下的"排序和筛选"组中的"排序"按钮，打开"排序"对话框；将"列"的"主要关键字"设置为"订单编号"，"排序依据"设置为"数值"，"次序"设置为"升序"，单击"确定"按钮，如图 10-75 所示。

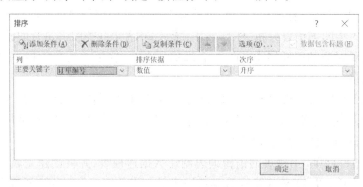

图 10-75 "排序"对话框

（2）选中数据列 A3:A678，单击"开始"选项卡下的"样式"组中的"条件格式"下拉按钮，选择"突出显示单元格规则"→"重复值"命令（图 10-76），弹出"重复值"对话框。单击"设置为"右侧的按钮，选择下拉列表中的"自定义格式"选项，打开"设置单元格格式"对话框；单击"颜色"下的按钮，选择标准色中的"紫色"，单击"确定"按钮，如图 10-77 所示。返回"重复值"对话框,再次单击"确定"按钮。

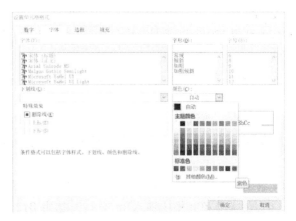

图 10-76　设置"条件格式"　　　　　**图 10-77　"设置单元格格式"对话框**

（3）选中 A2:G678 区域,选择"数据"选项卡下的"排序和筛选"组中的"排序"按钮,打开"排序"对话框,将"列"的"主要关键字"设置为"订单编号","排序依据"设置为"字体颜色","次序"设置为"紫色",右侧设置为"在顶端",单击"确定"按钮,如图 10-78 所示。

图 10-78　"排序"对话框

4. 数据统计。

（1）打开"销售订单"工作表,选中"书店名称"单元格,单击鼠标右键,打开快捷菜单,选择"插入"→"在左侧插入表列"命令,插入一列单元格。

（2）选中 C3 单元格,在" f_x "的编辑框中直接输入公式:

　=month(B3)

按回车键确定。

（3）选中 C3:C678 单元格,单击"开始"选项卡下的"数字"右下角的"数字格式"对话框启动器按钮,打开"设置单元格格式"对话框,选择"数值"分类,设置"小数位数"为"0",单击"确定"按钮。

（4）切换至"2013 年图书销售分析"工作表,选择 B4 单元格,在" f_x "的编辑框中直接输入公式:

　=SUMIFS(销售订单! $H$3:$H$678,销售订单! $E$3:$E$678,A4,销售订单

　! $C\$3:\$C\$678,1)

按回车键确定。

(5) 选择"2013 年图书销售分析"工作表中的 C4 单元格,在"f_x"的编辑框中直接输入公式:

　　=SUMIFS(销售订单! $H\$3:\$H\$678,销售订单! $E\$3:\$E\$678,A4,销售订单! $C\$3:\$C\$678,2)

按回车键确定。选中 D4 单元格,在"f_x"的编辑框中直接输入公式:

　　=SUMIFS(销售订单! $H\$3:\$H\$678,销售订单! $E\$3:\$E\$678,A4,销售订单! $C\$3:\$C\$678,3)

按回车键确定。使用同样的方法在其他单元格中得出结果。

(6) 在 A12 单元格中输入"汇总行",选中 B12 单元格,在"f_x"的编辑框中直接输入公式:

　　=SUM(B4:B11)

按回车键确定。

(7) 将鼠标指针移动至 B12 单元格的右下角,按住鼠标左键并拖动拖至 M12 单元格中,松开鼠标完成填充运算。

备注

　　SUMIFS(sum_range,criteria_range1,criteria1,[criteria_range2,criteria2],…):可快速对多条件单元格求和。仅在 sum_range 参数中的单元格满足所有相应的指定条件时,才对该单元格求和。

● sum_range:需要求和的实际单元格。

● criteria_range1:计算关联条件的第 1 个区域。

● criteria1:条件 1,条件的形式为数字、表达式、单元格引用或者文本,可用来定义将对 criteria_range1 参数中的哪些单元格求和。

● criteria_range2:计算关联条件的第 2 个区域。

● criteria2:条件 2,和 criteria_range2 均成对出现,最多允许 127 个区域、条件对,即参数总数不超 255 个。

---

5. 绘制迷你折线图。

(1) 选中"2013 年图书销售分析"工作表中的 N4:N11 单元格,单击"插入"选项卡下的"迷你图"组中的"折现图"选项,打开"创建迷你图"对话框,设置"数据范围"为"B4:M11",设置"位置范围"为"$N\$4:\$N\$11",单击"确定"按钮,如图 10-79 所示。

(2) 选中迷你图,选中"迷你图工具—设计"选项卡下的"显示"组中的"高点""低点"复选框,如图 10-80 所示。

图 10-79　"创建迷你图"对话框　　　　图 10-80　显示"高点""低点"

6. 插入透视表。

（1）在"销售订单"工作表中选中 A2：H678 数据区域，单击"插入"选项卡下的"表格"组中的"数据透视表"按钮，打开"创建数据透视表"对话框，不做任何修改，单击"确定"按钮，如图 10-81 所示。

（2）在新的工作表中，单击"数据透视表工具—分析"选项卡下的"操作"组中的"移动数据透视表"按钮，打开"移动数据透视表"对话框，选中"现有工作表"，将"位置"设置为"Sheet1！$A $1"，单击"确定"按钮，如图 10-82 所示。

（3）在工作表名称上单击鼠标右键，打开快捷菜单，选择"重命名"命令，将工作表重命名为"2012 年书店销量"。

图 10-81　"创建数据透视表"对话框　　　图 10-82　"移动数据透视表"对话框

7. 设计数据透视表。

（1）在"2012 年书店销量"工作表中，在右侧"数据透视表字段"任务窗格中，将"日期"字段拖动至"列标签"，将"书店名称"拖动至"行标签"，将"销量（本）"拖动至"∑值"中，如图 10-83 所示。设置后部分效果如图 10-84 所示。

图 10-83　"数据透视表
字段"任务窗格

（2）在 A8：A10 单元格中分别输入各书店的名称，在 B7：E7 单元格中分别输入"第 1 季度"至"第 4 季度"，选中 B8 单元格，在 " *fx* " 的编辑框中直接输入公式：

=SUM（B3：BK3）

按回车键确定。将鼠标指针移动至 B8 单元格的右下角，按住鼠标并拖至 B10 单元格中，松开鼠标即完成填充运算。

（3）使用同样的方法在 C8、D8、E8 单元格中分别输入以下公式：

= SUM（BL3:DY3）

= SUM（DZ3:GL3）

= SUM（GM3:SL3）

按回车键确定。效果如图 10-85 所示。

求和项:销量（本）	列标签											
行标签	2012年1月2日	2012年1月4日	2012年1月5日	2012年1月6日	2012年1月9日	2012年1月10日	2012年1月11日	2012年1月12日	2012年1月13日	2012年1月15日	2012年1月16日	2012年1月17日	2012年1月18日
博达书店		46	21		1	43							33
鼎盛书店	12			32			31	43		30	83	44	
隆华书店							22	19	39				
总计	12	46	21	32	4	46	53	62	39	30	83	44	33

图 10-84　"数据透视表"效果图

求和项:销量（本）	列标签			
行标签	2012年1月2日	2012年1月4日	2012年1月5日	2012年1月6日
博达书店		46	21	
鼎盛书店	12			32
隆华书店				
总计	12	46	21	32
	第1季	第2季	第3季	第4季
博达书店	439	761	711	3179
鼎盛书店	1098	836	844	4689
隆华书店	571	772	889	3085

图 10-85　"按季度汇总"效果图

三、演示文稿处理题

（一）题目要求

根据以下要求，并参考"参考图片.docx"文件中的样例效果，完成演示文稿的制作。样张如图 10-86 所示。

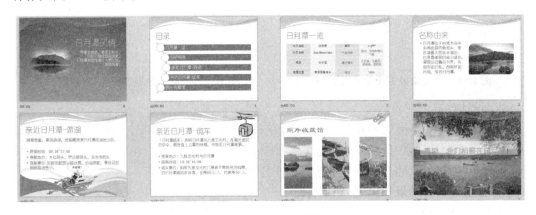

图 10-86　实验二十样张 3

1. 新建一个空白演示文稿，命名为"PPT.pptx"（".pptx"为扩展名），并保存在 ex20 文件夹中，此后的操作均基于此文件。

2. 演示文稿包含 8 张幻灯片，第 1 张幻灯片版式为"标题幻灯片"，第 2、第 3、第 5 和第 6 张幻灯片版式为"标题和内容"，第 4 张幻灯片版式为"两栏内容"，第 7 张幻灯片版式为"仅标题"，第 8 张幻灯片版式为"空白"；每张幻灯片中的文字内容可以从 ex20 文件夹下的"PPT_素材.docx"文件中找到,参考样例效果将其置于适当的位置;对所有幻灯片应用一个合适的主题;将所有文字的字体统一设置为"幼圆"。

3. 在第 1 张幻灯片中,参考样例,将 ex20 文件夹下的"图片 1.png"插入适当的位置,并应用恰当的图片效果。

4. 将第 2 张幻灯片中标题下的文字转换为 SmartArt 图形,布局为"垂直曲形列表",并应用"白色轮廓"的样式,字体为幼圆。

5. 将第 3 张幻灯片中标题下的文字转换为表格,表格的内容参考样例文件,取消表格的标题行和镶边行样式,并应用镶边列样式;表格单元格中的文本水平和垂直方向都居中对齐,中文字体设为"幼圆",西文字体设为"Arial"。

6. 在第 4 张幻灯片的右侧,插入 ex20 文件夹下名为"图片 2.png"的图片,并应用"圆形对角,白色"的图片样式。

7. 参考样例效果,调整第 5 张和第 6 张幻灯片标题下文本的段落间距,并添加或取消相应的项目符号。

8. 在第 5 张幻灯片中,插入 ex20 文件夹下的"图片 3.png"和"图片 4.png",参考样例效果,将它们置于幻灯片中适合的位置;将"图片 4.png"置于底层,并对"图片 3.png"(游艇)应用"飞入"的进入动画效果,以便在播放到此幻灯片时,游艇能够自动从左下方进入幻灯片页面;在游艇图片上方插入"椭圆形标注",使用短划线轮廓,并在其中输入文本"开船啰!",然后为其应用一种适合的进入动画效果,并使其在游艇飞入页面后能自动出现。

9. 在第 6 张幻灯片的右上角插入 ex20 文件夹下的"图片 5.gif",并将其到幻灯片上侧边缘的距离设为 0 厘米。

10. 在第 7 张幻灯片中,插入 ex20 文件夹下的"图片 6.png""图片 7.png""图片 8.png",参考样例文件,为其添加适当的图片效果并进行排列,将它们顶端对齐,图片之间的水平间距相等,左右两张图片到幻灯片两侧边缘的距离相等;在幻灯片右上角插入 ex20 文件夹下的"图片 9.gif",并将其顺时针旋转 300°。

11. 在第 8 张幻灯片中,将 ex20 文件夹下的"图片 10.png"设为幻灯片背景,并将幻灯片中的文本应用一种艺术字样式,文本居中对齐,字体为"幼圆";为文本框添加白色填充色和透明效果。

12. 为演示文稿第 2~8 张幻灯片添加"涟漪"的切换效果,首张幻灯片无切换效果;为所有幻灯片设置自动换片,换片时间为 5 秒;为除首张幻灯片之外的所有幻灯片添加编号,编号从"1"开始。

(二)操作步骤

1. 新建文件。

(1)在 ex20 文件夹下单击鼠标右键,打开快捷菜单,选择"新建"命令,在右侧出现的级联菜单中选择"Microsoft PowerPoint 演示文稿"。

(2)将文件名重命名为"PPT.pptx"。

2. 新建幻灯片。

(1)打开"PPT.pptx"文件。

(2)选择"开始"选项卡下的"幻灯片"组中的"新建幻灯片"按钮,在下拉列表框中选择"标题幻灯片"。根据题目的要求,建立剩下的 7 张幻灯片。

（3）打开"PPT 素材.docx"文件,按照素材中的顺序,依次将各张幻灯片的内容复制到 PPT.pptx 对应的幻灯片中去。

（4）选中第 1 张幻灯片,选择"设计"选项卡下的"主题"组,打开列表框中的内置主题,选择一个样式。

（5）选择"视图"选项卡下的"演示文稿视图"组中的"大纲视图",如图 10-87 所示。使用【Ctrl】+【A】快捷键全选所有内容,在"开始"选项卡下的"字体"组中设置"字体"为"幼圆",设置完成后切换回"普通"视图。

图 10-87 "大纲"模式

3. 设计第 1 张幻灯片。

（1）选中第 1 张幻灯片,单击"插入"选项卡下的"图像"组中的"图片"按钮,打开"插入图片"对话框,浏览 ex20 文件夹,选择"图片 1.png"文件,单击"插入"按钮。

（2）选中图片文件,根据"参考图片.docx"文件的样式,适当调整图片文件的大小和位置。

（3）选中图片,单击"图片工具—格式"选项卡下的"图片样式"组,在样式下拉列表中选择"柔化边缘矩形",如图 10-88 所示。单击"图片样式"组右下角的"设置图片格式"任务窗格启动器按钮,打开"设置图片格式"任务窗格。

（4）在"设置图片格式"任务窗格中,设置"柔化边缘"大小为"25 磅",如图 10-89 所示。

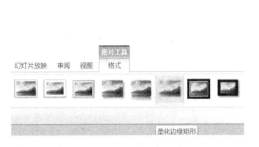

图 10-88 设置"图片效果"

图 10-89 "设置图片格式"任务窗格

4. 设计第 2 张幻灯片。

（1）选中第 2 张幻灯片中的文字,单击鼠标右键,打开快捷菜单,选择"转换为 Smart-Art"中的"其他 SmartArt 图形"命令（图 10-90）,打开"选择 SmartArt 图形"对话框;左侧选择"列表",右侧选择"垂直曲形列表"样式,单击"确定"按钮,如图 10-91 所示。

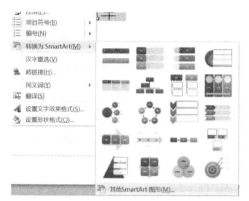

图 10-90 "其他 SmartArt 图形"命令

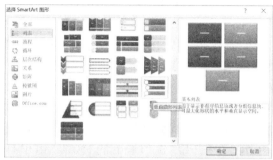

图 10-91 "选择 SmartArt 图形"对话框

（2）选择"SmartArt 工具—设计"选项卡下的"SmartArt 样式"组中的"白色轮廓"样式。

（3）按住【Ctrl】键,依次选择 5 个列表标题文本,设置"字体"为"幼圆"。

5. 设计第 3 张幻灯片。

（1）选中第 3 张幻灯片,单击"插入"选项卡下的"表格"组中的"表格"按钮,在下拉列表框中使用鼠标选择 4 行 4 列的表格。

（2）选中表格,在"表格工具—设计"选项卡下的"表格样式选项"组中,取消勾选"标题行""镶边行"复选框,勾选"镶边列"复选框,如图 10-92 所示。

图 10-92 设置"表格样式"

（3）参考"参考图片.docx"文件的样式,将文本框中的文字复制、粘贴到表格对应的单元格中。

（4）选中表格中的所有文字,在"表格工具—布局"选项卡下的"对齐方式"组中分别单击"居中"和"垂直居中"按钮,如图 10-93 所示。

（5）选中表格中的所有文字,单击"开始"选项卡下的"字体"组右下角的"字体"对话框启动器按钮,打开"字体"对话框,设置"西文字体"为"Arial",设置"中文字体"为"幼圆",单击"确定"按钮,如图 10-94 所示。

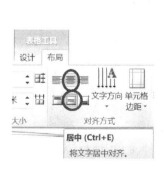

图 10-93 设置"居中"

图 10-94 "字体"对话框

6. 设计第 4 张幻灯片。

（1）选中第 4 张幻灯片，单击右侧的"图片"按钮，打开"插入图片"对话框，在 ex20 文件夹下选择文件"图片 2.png"，单击"插入"按钮。

（2）选中图片，单击"图片工具—格式"选项卡下的"图片样式"组中的样式下拉列表，选择"圆形对角，白色"样式，如图 10-95 所示。

7. 调整文件效果。

（1）选中第 5 张幻灯片，将光标置于标题下第一段中，在"开始"选项卡下的"段落"组中打开中"项目符号"下拉按钮，选择"无"。

（2）将光标置于第二段，单击"开始"选项卡下的"段落"组右下角的"段落"对话框启动器按钮，打

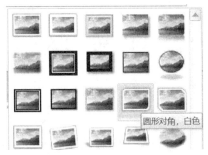

图 10-95　设置"图片样式"

开"段落"对话框；在"缩进和间距"选项卡中将"段前"设置为"20 磅"，单击"确定"按钮，如图 10-96 所示。

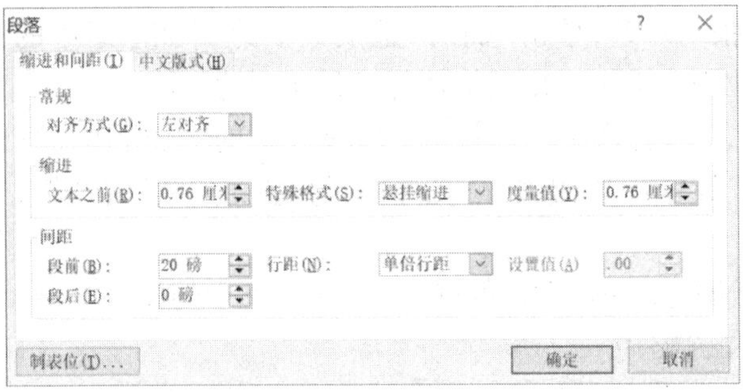

图 10-96　"段落"对话框

（3）按照上述同样的方法调整第 6 张幻灯片。

8. 编辑第 5 张幻灯片。

（1）选中第 5 张幻灯片，单击"插入"选项卡下的"图像"组中的"图片"按钮，插入图片"图片 3.png"。采用同样的方法，插入"图片 4.jpg"文件。

（2）选中"图片 4.png"文件，单击鼠标右键，在弹出的快捷菜单中选择"置于底层"→"置于底层"命令。

（3）参考样例文件，调整两张图片的位置。

（4）选中"图片 3.png"文件，在"动画"选项卡下的"动画"组中选择"飞入"，打开"效果选项"下拉列表，选择"自左下部"。

（5）在"插入"选项卡下的"插图"组中单击"形状"下拉列表，选择"标注"组中的"椭圆形标注"，在图片合适的位置上，按住鼠标左键不放，绘制图形。

（6）选中"椭圆形标注"图形，单击鼠标右键，打开快捷菜单，选择"编辑文字"命令，输入"开船啰！"，并设置字体颜色为"自动"，即"黑色"。

（7）选中"椭圆形标注"图形，单击鼠标右键，打开快捷菜单，选择"设置形状格式"命

令,打开"设置形状格式"任务窗格,设置"填充"为"无填充",设置"线条"的"短划线类型"为"短划线",如图 10-97 所示。

（8）选中"椭圆形标注"图形,在"动画"选项卡下的"动画"组中选择"弹跳"效果;在"计时"组中将"开始"设置为"上一动画之后"。

9. 编辑第 6 张幻灯片。

（1）选中第 6 张幻灯片,单击"插入"选项卡下的"图像"组中的"图片"按钮,插入图片"图片 5.gif",将其调整到右上角位置。

（2）选中图片,单击鼠标右键,打开快捷菜单,选择"设置图片格式"命令,打开"设置图片格式"任务窗格,选择"大小与属性",设置"垂直位置"为"0 厘米",单击"关闭"按钮,如图 10-98 所示。

10. 设计第 7 张幻灯片。

（1）选中第 7 张幻灯片,单击"插入"选项卡下的"图像"组中的"图片"按钮,插入图片"图片 6.png",将其调整到合适位置。按照同样的方法,插入图片"图片 7.png""图片 8.png"。

图 10-97 "设置形状格式"任务窗格

（2）按住【Ctrl】键不放,依次单击选中三张图片,在"图片工具—格式"选项卡下的"图片样式"组中单击"图片效果"下拉按钮,选择"映像"→"紧密映像,4pt 偏移量",如图 10-99 所示。

（3）在"视图"选项卡下的"显示"组中勾选"网格线"选项,根据出现的网格线来调整左右两张图片,使它们到幻灯片两侧边缘的距离相等,再次单击"网格线",可取消网格线的显示,如图 10-100 所示。

图 10-98 "设置图片格式"任务窗格

图 10-99 设置"图片效果"

图 10-100 打开"网格线"

（4）按住【Ctrl】键不放,依次单击选中三张图片,在"图片工具—格式"选项卡下的"排列"组中单击"对齐"下拉按钮,选择"顶端对齐"和"横向分布"。

（5）单击"插入"选项卡下的"图像"组中的"图片"按钮,插入图片"图片9.gif",将其调整到合适位置;选中图片,单击鼠标右键,打开快捷菜单,单击"大小和位置"命令,打开"设置图片格式"任务窗格,在"大小"类别下设置"旋转"为"300°",如图10-101所示。

图 10-101　"设置图片格式"任务窗格

11. 编辑第8张幻灯片。

（1）选中第8张幻灯片,选择"设计"选项卡下的"自定义"组中的"设置背景格式",打开"设置背景格式"任务窗格,选择"图片或纹理填充",单击下面的"文件"按钮,弹出"插入图片"对话框,选择"图片10.png",单击"关闭"按钮。

（2）选中幻灯片中的文本框,选择"绘图工具—格式"选项卡下的"艺术字样式"组,在艺术字样式列表框中选择"填充-白色,轮廓-着色1,发光-着色1"样式;切换到"开始"选项卡下的"字体"组,设置字体为"幼圆",字号为"48"。

（3）选中幻灯片中的文本框,在"开始"选项卡下的"段落"组中单击"居中"按钮。

（4）选中幻灯片中的文本框,单击鼠标右键,打开快捷菜单,选择"设置形状格式"命令,打开"设置形状格式"任务窗格,在"填充"下选择"纯色填充",设置"填充颜色"组中"颜色"为"白色,背景1","透明度"为"50%",如图10-102所示。

图 10-102　"设置形状格式"任务窗格

12. 设置幻灯片的切换效果、换片方式。

（1）单击选中第2张幻灯片,按住【Shift】键,再选中第8张幻灯片。在"切换"选项卡下的"切换到此幻灯片"组中选择"涟漪"。

（2）选中第1张幻灯片,在"切换"选项卡下的"计时"组中的"换片方式"中选中"设置自动换片时间",在右侧设置换片时间为"00:05.00",单击"计时"组中的"全部应用"按钮,如图10-103所示。

图 10-103　设置"计时"

（3）选中第1张幻灯片,在"设计"选项卡下的"自定义"组中,单击"幻灯片大小",选择"自定义幻灯片大小",打开"幻灯片大小"对话框,将"幻灯片编号起始值"设置为"0",单击"确定"按钮,如图10-104所示。

（4）在"插入"选项卡下的"文本"组中单击"页眉和页脚"按钮,打开"页眉和页脚"对话框,勾选"幻灯片编号""标题幻灯片中不显示"复选框,单击"全部应用"按钮,如

图 10-105 所示。

图 10-104　"页面设置"对话框　　　图 10-105　"页眉和页脚"对话框

练 习 十

一、文字处理题

按照如下要求完成操作(图 10-106)。

1. 在"练习十"文件夹下,将"Word 素材.docx"文件另存为"Word.docx"文件("".docx"为扩展名),后续操作均基于此文件。

2. 修改文档的页边距,上、下页边距均为 2.5 厘米,左、右页边距均为 3 厘米。

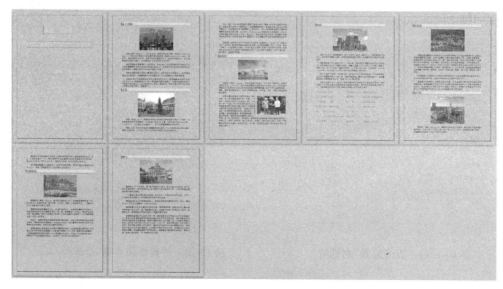

图 10-106　练习十样张 1

3. 将文档标题"德国主要城市"设置为如下格式（表 10-1）。

表 10-1　标题格式要求

字　　体	微软雅黑,加粗
字　　号	小初
对齐方式	居中
文本效果	填充－橄榄色,着色 3,锋利棱台
字符间距	加宽,6 磅
段落间距	段前间距 1 行;段后间距 1.5 行

4. 将文档第 1 页中的绿色文字内容转换为一张 2 列 4 行的表格,并进行如下设置(效果可参考"练习十"文件夹下的"表格效果.png"示例)。

（1）设置表格居中对齐,表格宽度为页面的 80%,并取消所有的框线。

（2）使用"练习十"文件夹中的图片"项目符号.png"作为表格中文字的项目符号,并设置项目符号的字号为小一号。

（3）设置表格中的文字颜色为黑色,字体为方正姚体,字号为二号,其在单元格内中部两端对齐,并左缩进 2.5 字符。

（4）修改表格中内容的中文版式,将文本对齐方式调整为居中对齐。

（5）在表格的上、下方插入恰当的横线作为修饰。

（6）在表格后插入分页符,使得正文内容从新的页面开始。

5. 为文档中所有红色文字内容应用新建的样式,具体要求见表 10-2(效果可参考"练习十"文件夹中的"城市名称.png"示例)。

表 10-2 文本样式要求

样式名称	城市名称
字　体	微软雅黑,加粗
字　号	三号
字体颜色	深蓝,文字 2
段落格式	段前、段后间距为 0.5 行,行距为固定值 18 磅,并取消相对于文档网格的对齐;设置与下段同页,大纲级别为 1 级
边　框	边框类型为方框,颜色为"深蓝,文字 2",左框线宽度为 4.5 磅,下框线为 1 磅,框线紧贴文字(到文字间距磅值为 0),取消上方和右侧框线
底　纹	填充颜色为"蓝色,个性 1,淡色 80%",图案样式为"5%",颜色为自动

6. 为文档正文中除了蓝色的所有文本应用新建立的样式,具体要求见表 10-3。

表 10-3 文本样式要求

样式名称	城市介绍
字　号	小四号
段落格式	两端对齐,首行缩进 2 字符,段前、段后间距为 0.5 行,并取消相对于文档网格的对齐

7. 取消标题"柏林"下方蓝色文本段落中的所有超链接,并按要求(表 10-4)设置格式(效果可参考"练习十"文件夹中的"柏林一览.png"示例)。

表 10-4 格式要求

设置并应用段落制表位	8 字符,左对齐,第 5 个前导符样式 18 字符,左对齐,无前导符 28 字符,左对齐,第 5 个前导符样式
设置文字宽度	将第 1 列文字宽度设置为 5 字符 将第 3 列文字宽度设置为 4 字符

8. 将标题"慕尼黑"下方的文本"Muenchen"修改为"München"。

9. 在标题"波茨坦"下方,显示名为"会议图片"的隐藏图片。

10. 为文档设置"阴影"型页面边框及恰当的页面颜色,并设置打印时可以显示;保存"Word.docx"文件。

11. 将"Word.docx"文件另存为"笔画顺序.docx"到"练习十"文件夹下;在"笔画顺序.docx"文件中,将所有的城市名称标题(包含下方的文字介绍)按照笔画顺序升序排列,并删除该文档第一页中的表格对象。

二、电子表格处理题

请根据"练习十"文件夹下"Excel 素材.xlsx"中的内容,按照如下要求,帮助小李完成工资表的整理和分析工作(图 10-107)。(提示:本题中若出现排序问题,则采用升序方式)

	D	E	F	G	H	I	J	K	L	M
1	东方公司2014年3月员工工资表									
2	部门	基础工资	奖金	补贴	扣除病事假	应付工资合计	扣除社保	应纳税所得额	应交个人所得税	实发工资
3	管理	40,600.00	500.00	260.00	230.00	41,130.00	460.00	37,170.00	8396	32,274.00
4	管理	3,500.00		260.00	352.00	3,408.00	309.00	-	0	3,099.00
5	行政	12,450.00	500.00	260.00		13,210.00	289.00	9,421.00	1350.25	11,570.75
6	人事	6,050.00		260.00	130.00	6,180.00	360.00	2,320.00	127	5,693.00
7	研发	6,150.00		260.00		6,410.00	289.00	2,621.00	157.1	5,963.90
8	管理	6,350.00	500.00	260.00		7,110.00	289.00	3,321.00	227.1	6,593.90
9	管理	10,550.00		260.00		10,810.00	206.00	7,104.00	865.8	9,738.20
10	研发	15,550.00	500.00	260.00	155.00	16,155.00	308.00	12,347.00	2081.75	13,765.25
11	销售	4,100.00		260.00		4,360.00	289.00	571.00	17.13	4,053.87
12	研发	5,800.00		260.00	25.00	6,035.00	289.00	2,246.00	119.6	5,626.40
13	销售	5,050.00		260.00		5,310.00	289.00	1,521.00	47.1	4,973.90
14	研发	3,000.00		260.00		3,260.00	289.00	-	0	2,971.00
15	管理	12,450.00	500.00	260.00		13,210.00	289.00	9,421.00	1350.25	11,570.75
16	行政	4,850.00		260.00		5,110.00	289.00	1,321.00	39.63	4,781.37
17	管理	9,800.00		260.00		10,060.00	309.00	6,251.00	695.2	9,055.80
18										

	A	B	C	D	E	F	G	H	I	J	K	L	M
1	东方公司2014年3月员工工资表												
2	序号	员工工	姓名	部门	基础工资	奖金	补贴	扣除病事假	应付工资合计	扣除社保	应纳税所得额	应交个人所得税	实发工资
3	1	DF001	包宏伟	管理	40,600.00	500.00	260.00	230.00	41,130.00	460.00	37,170.00	8396	32,274.00
4	2	DF002	陈万地	管理	3,500.00		260.00	352.00	3,408.00	309.00	-	0	3,099.00
5	3	DF003	张惠	管理	6,350.00	500.00	260.00		7,110.00	289.00	3,321.00	227.1	6,593.90
6	4	DF004	闫朝霞	管理	10,550.00		260.00		10,810.00	206.00	7,104.00	865.8	9,738.20
7	5	DF005	吉祥	管理	12,450.00	500.00	260.00		13,210.00	289.00	9,421.00	1350.25	11,570.75
8	6	DF006	李燕	管理	9,800.00		260.00		10,060.00	309.00	6,251.00	695.2	9,055.80
9				**管理 汇总**					85,728.00				72,331.65
10	7	DF007	李娜娜	行政	12,450.00	500.00	260.00		13,210.00	289.00	9,421.00	1350.25	11,570.75
11	8	DF008	刘康锋	行政	4,850.00		260.00		5,110.00	289.00	1,321.00	39.63	4,781.37
12				**行政 汇总**					18,320.00				16,352.12
13	9	DF009	刘鹏举	人事	6,050.00		260.00	130.00	6,180.00	360.00	2,320.00	127	5,693.00
14				**人事 汇总**					6,180.00				5,693.00
15	10	DF010	倪冬声	销售	4,100.00		260.00		4,360.00	289.00	571.00	17.13	4,053.87
16	11	DF011	齐飞扬	销售	5,050.00		260.00		5,310.00	289.00	1,521.00	47.1	4,973.90
17				**销售 汇总**					9,670.00				9,027.77
18	12	DF012	苏解放	研发	6,150.00		260.00		6,410.00	289.00	2,621.00	157.1	5,963.90
19	13	DF013	孙玉敏	研发	15,550.00	500.00	260.00	155.00	16,155.00	308.00	12,347.00	2081.75	13,765.25
20	14	DF014	王清华	研发	5,800.00		260.00	25.00	6,035.00	289.00	2,246.00	119.6	5,626.40
21	15	DF015	谢如康	研发	3,000.00		260.00		3,260.00	289.00	-	0	2,971.00
22				**研发 汇总**					31,860.00				28,326.55
23				**总计**					151,758.00				131,731.09
24													

图 10-107　练习十样张 2

1. 在"练习十"文件夹下，将"Excel 素材.xlsx"文件另存为"Excel.xlsx"（".xlsx"为扩展名），后续操作均基于此文件。

2. 通过合并单元格，将表名"东方公司 2014 年 3 月员工工资表"放于整个表的上端、居中，并调整字体、字号。

3. 在"序号"列中分别填入 1~15，将其数据格式设置为数值、保留 0 位小数、居中。

4. 将"基础工资"右侧各列数据（含"基础工资"列）设置为会计专用格式、保留 2 位小数、无货币符号。

5. 调整表格各列宽度、对齐方式，使得显示更加美观；并设置纸张大小为 A4、横向，整个工作表需调整在 1 个打印页内。

6. 参考"练习十"文件夹下的"工资薪金所得税率.xlsx"文件内容，利用 IF 函数计算"应交个人所得税"列。

（提示：应交个人所得税 = 应纳税所得额×对应税率－对应速算扣除数）

7. 利用公式计算"实发工资"列，公式为：实发工资 = 应付工资合计－扣除社保－应交个人所得税。

8. 复制工作表"2014 年 3 月"，将副本放置到原表的右侧，并将新工作表命名为"分类汇总"。

9. 在"分类汇总"工作表中通过分类汇总功能求出各部门"应付工资合计""实发工

资"的和,每组汇总数据不分页。

➤ 三、演示文稿处理题

根据图书策划方案(参考"图书策划方案.docx"文件,图 10-108)中的内容,按照如下要求完成演示文稿的制作。

图 10-108　练习十样张 3

1. 创建一个新演示文稿,内容包含"图书策划方案.docx"文件中所有讲解的要点。具体要求如下:

（1）演示文稿中的内容编排,需要严格遵循 Word 文档中的内容顺序,并仅需要包含 Word 文档中应用了"标题 1""标题 2""标题 3"样式的文字内容。

（2）Word 文档中应用了"标题 1"样式的文字,需要成为演示文稿中每页幻灯片的标题文字。

（3）Word 文档中应用了"标题 2"样式的文字,需要成为演示文稿中每页幻灯片的第一级文本内容。

（4）Word 文档中应用了"标题 3"样式的文字,需要成为演示文稿中每页幻灯片的第二级文本内容。

2. 将演示文稿中的第 1 页幻灯片调整为"标题幻灯片"版式。

3. 为演示文稿应用一个美观的主题样式。

4. 在标题为"2012 年同类图书销售统计"的幻灯片中,插入一张 6 行 5 列的表格,列标题分别为"图书名称""出版社""作者""定价""销量"。

5. 在标题为"新版图书创作流程示意"的幻灯片页中,将文本框中包含的流程文字利用 SmartArt 图形展现。

6. 在该演示文稿中创建一个演示方案,该演示方案包含第 1、2、4、7 页幻灯片,并将该演示方案命名为"放映方案 1"。

7. 在该演示文稿中创建一个演示方案,该演示方案包含第 1、2、3、5、6 页幻灯片,并将该演示方案命名为"放映方案 2"。

8. 将制作完成的演示文稿以"PPT.pptx"为文件名保存在"练习十"文件夹下（".pptx"为扩展名）。

附录1　全国计算机等级考试 一级基础知识习题

第一章　计算机硬件基础知识

一、判断题

1. 开发新一代智能型计算机的目标是完全替代人类的智力劳动。

2. 计算机具有"记忆"和"逻辑"判断的能力。

3. 不同厂家生产的 PC 与 PC 之间一定互不兼容。

4. 微处理器通常以单片集成电路制成,具有运算和控制功能,但不具备数据存储功能。

5. 从逻辑上讲,计算机硬件包括 CPU、内存储器、外存储器、输入设备和输出设备等,它们通过系统总线互相连接。

6. 计算机硬件指的是计算机系统中所有实际物理装置和文档资料。

7. 微型计算机属于第 4 代计算机。

8. 随着计算机的不断发展,市场上的 CPU 类型也在不断变化,但它们必须采用相同的芯片组。

9. 联想、Dell 等品牌机的内存容量是不可以扩充的。

10. 计算机启动时有两个重要的部件在发挥作用,即 BIOS 芯片和 CMOS 芯片,实际上它们是同一芯片,只是说法不同而已。

11. 高速缓存 Cache 的存取速度比主存快得多。为了加快程序的运行速度,在软件开发时,应尽可能多地使用 Cache 存储器。

12. 计算机运行程序时,CPU 所执行的指令和处理的数据都是直接从磁盘或光盘中取出,处理结果也直接存入磁盘。

13. 计算机的性能与 CPU 的工作频率密切相关,因此在其他配置相同的情况下,主频为 3 GHz 的 PC 比主频为 1.5 GHz 的 PC 运算速度快 1 倍。

14. PC 主板上的芯片组(Chipset)是各组成部分的枢纽,Core i5 CPU 所使用的芯片组包括 BIOS 及 CMOS 两个集成电路。

15. RAM 代表随机存取存储器,ROM 代表只读存储器,关机后前者所存储的信息会丢失,后者则不会。

16. 内存储器和外存储器不是统一编址的,内存储器的编址单位是字节,外存储器的编址单位不是字节。

17. PC 在 CMOS 中存放了计算机的一些配置参数,其内容包括系统的日期和时间、软盘和硬盘驱动器的数目、类型及参数等。

18. 包含了多个处理器的计算机系统是"多处理器系统"。

19. 为了提高 CPU 访问硬盘的工作效率,硬盘通过将数据存储在一个比其速度快得多的缓冲区来提高与 CPU 交换数据的速度,这个缓冲区就是硬盘的高速缓冲区,它是由 DRAM 芯片构成的。

20. I/O 操作的任务是将外部设备输入的信息送入主存储器的指定区域,或将主存储器指定区域的内容送到外部设备。

21. 为了使存储器的性价比得到优化,计算机中各种存储器组成一个层次结构,如 PC 中通常有寄存器、Cache、主存储器、硬盘等多种存储器。

22. 为了方便地更换和扩充 I/O 设备,计算机系统中的 I/O 设备一般都是通过 I/O 接口(I/O 控制器)与主机连接的。

23. 键盘与主机的接口有多种形式,如 AT 接口或 PS/2 接口,现在一般采用 USB 接口。

24. 在以 Pentium 4 为 CPU 的 PC 中,CPU 访问主存储器是通过 PCI 总线进行的。

25. PC 的主板又称为母板,上面可安装 CPU、内存条、总线、I/O 控制器等部件,它们是组成 PC 的核心部件。

26. 光电鼠标具有速度快、准确性和灵敏度高、不需要专用衬垫、在普通平面上皆可操作等优点,是目前最为常见的一种鼠标器。

27. MOS 型半导体存储器芯片可以分为 DRAM 和 SRAM 两种,其中 SRAM 芯片的电路简单,集成度高,成本较低,一般用于构成主存储器。

28. PC 的常用外围设备,如显示器、硬盘等,都通过 PCI 总线插槽连接到主板上。

29. 每种 I/O 设备都有各自专用的控制器,它们接受 CPU 启动 I/O 操作的命令后,负责控制 I/O 操作的全过程。

30. 不同的 I/O 设备的 I/O 操作往往是并行进行的。

31. USB 接口是一种高速的并行接口。

32. 计算机常用的输入设备为键盘、鼠标器。笔记本电脑常使用轨迹球、指点杆和触摸板等替代鼠标器。

33. 大部分数码相机采用 CCD 成像芯片,CCD 芯片中有大量的 CCD 像素,像素越多,得到的影像分辨率(清晰度)越高,生成的数字图像越小。

34. 由于硬盘的外部传输速率要小于内部传输速率,所以外部传输速率的高低是评价一个硬盘整体性能的决定性因素。

35. 硬盘的盘片有金属外壳保护,因此不怕震动。

36. PC 的主板上有电池,它的作用是在计算机断电后,给 CMOS 芯片供电,保持该芯片中的信息不丢失。

37. 现代计算机的存储体系结构由内存和外存构成,内存包括寄存器、Cache、主存储器和硬盘,它们读写速度快,生产成本高。

38. 由于计算机通常采用"向下兼容方式"来开发新的处理器,所以 Core 系列的 CPU 都使用相同的芯片组。

39. CPU 不能直接读取存储在硬盘中的数据,也不能直接执行硬盘中的程序。

40. 鼠标器的主要技术指标是分辨率,分辨率越高,定位越准确。

41. 为了提高系统的效率,I/O 操作与 CPU 的数据处理操作是并行进行的。

42. 计算机主存含有大量的存储单元,每个存储单元都可以存放 8 个字节。

43. 计算机有很多 I/O 接口,用来连接不同类型的 I/O 设备,但同一种 I/O 接口只能连接同一种设备。

44. PC 与 Macintosh 分别采用 Core 和 Power PC 微处理器,这两类微处理器结构不同,指令系统也有很大差别,所以这两款机器互相不兼容。

45. 指令是控制计算机工作的二进位码,计算机的功能通过一连串指令的执行来实现。

46. 常用的外围设备与 PC 相连都通过各自的扩充卡与主板相连,这些扩充卡只能插在主板上的 PCI 总线插槽中。

47. USB 接口可以为使用 USB 接口的 I/O 设备提供 +5 V 的电源。

48. USB 接口是一种通用的串行接口,通常连接的设备有移动硬盘、优盘、鼠标器、扫描仪等。

49. 存储器有"记忆"功能,因此任何存储器中的信息断电后都不会丢失。

50. 高速缓存(Cache)可以看作主存的延伸,与主存统一编址,接受 CPU 的访问,但其速度比主存高得多。

51. 显示器、音箱、绘图仪、扫描仪等均属于输出设备。

52. 计算机一旦安装操作系统后,操作系统即驻留在内存中,启动计算机时,CPU 首先执行 OS 中的 BIOS 程序。

53. 计算机常用的输入设备有键盘、鼠标,常用的输出设备有显示器、打印机等。

54. 输入/输出设备,即 I/O 设备,是计算机与外界联系和沟通的桥梁。

55. PC 中使用的 1394(i,Link/FireWire)接口,比 USB 2.0 接口的传输速度更快。

56. 随着集成电路的发展和计算机设计技术的进步,有些主板已经集成了许多扩充卡(如声卡、以太网卡、显示卡)的功能,因此一般情况下就不需要再插接相应的适配卡。

57. 要想从计算机打印出一幅彩色图片,选用彩色喷墨打印机最经济。

58. 若某台 PC 主板上的 CMOS 信息丢失,则该机器将不能正常运行,此时只要将其他计算机中的 CMOS 信息写入后,该机器便能正常运行。

59. 数字图像获取设备有扫描仪和数码相机等。

60. 计算机中所存储和处理的都是二进制位信息。

61. 集成电路(IC)是 20 世纪 40 年代出现的产品。

62. 现代计算机可以不使用 I/O 设备就能与其他计算机进行信息交换。

63. 通常情况下,计算机加电启动时自动执行 BIOS 中的程序,将所需的操作系统装载到内存中,这个过程称为"自举"或"引导"。

64. 存取周期为 10 ns 的主存储器,其读出数据的时间是 10 ns,但写入数据的时间远远大于 10 ns。

65. 硬盘上各磁道的半径有所不同,但不同半径磁道的所有扇区存储的数据量是相同的。

66. 因为硬盘的内部传输速率小于外部传输速率,所以内部传输速率的高低是评价一个硬盘整体性能的决定性因素。

67. 在 Core 处理器中,整数 ALU 和浮点运算器可以分别对整数和实数同时进行运算处理。

68. 主存储器在物理结构上由若干插在主板上的内存条组成。内存条上的芯片一般选用 DRAM 而不采用 SRAM。

69. 带宽是衡量总线性能的重要指标之一,它指的是总线中数据线的宽度,用二进制位数目来表示(如 16 位、32 位总线)。

70. 存储容量是数码相机的一项重要指标,无论设定的拍摄分辨率是多少,对于特定存储容量的数码相机,可拍摄的相片数量总是相同的。

71. CD-R 光盘是一种能够多次读出和反复修改已写入数据的光盘。

72. 数码相机的工作原理与扫描仪基本类似。

73. 如果两台计算机采用相同型号的 Core i5 微处理器作为 CPU,那么这两台计算机完成同一任务的时间一定相同。

74. USB 接口支持即插即用,不需要关机或重新启动计算机,就可以带电插拔设备。

75. 键盘中的【F1】~【F12】控制键的功能是固定不变的。

76. PC 中的 CPU、芯片组、图形处理芯片等都是集成度超过百万晶体管的极大规模集成电路。

77. 为了提高计算机的处理速度,计算机中可以包含多个 CPU,以实现多个操作的并行处理。

78. 针式打印机和喷墨打印机属于击打式打印机,激光打印机属于非击打式打印机。

79. 微处理器的字长指的是 I/O 总线的位数。

80. 集成电路按用途可分为通用和专用两类,PC 中的存储器芯片属于专用集成电路。

81. 在使用配置了触摸屏的多媒体计算机时,可不必使用鼠标器。

82. 在计算机的各种输入设备中,只有键盘能输入汉字。

83. 针式打印机是一种击打式打印机,而喷墨式打印机是一种非击打式打印机。

84. 在 PC 中,处理器、微处理器和中央处理器是完全等同的概念。

85. 随着大规模集成电路技术的发展,PC 的声卡已与主板集成在一起,不再做成独立的插卡。

86. PC 中所有部件和设备都以主板为基础进行安装和互相连接,主板的稳定性影响着整个计算机系统的稳定性。

87. PC 中 I/O 总线与主板上扩充插槽中的扩充卡直接相连,I/O 总线也称为主板总线。

88. 运算器用来对数据进行各种算术和逻辑运算,也称为执行单元,它是 CPU 的控制中心。

89. CPU 中的控制器用于对数据进行各种算术运算和逻辑运算。

90. CPU 与内存的工作速度几乎差不多,增加 Cache 只是为了扩大内存的容量。

91. 摩尔(Moore)定律:单块集成电路的集成度平均每 18~24 个月翻一番。40 多年来,集成电路技术的发展大体遵循着这个规律。

92. 主板上所能安装的内存最大容量、工作速度及可使用的内存条类型通常由芯片组决定。

93. PC 中,在 I/O 控制器接受 CPU 的命令后,由其负责对 I/O 设备进行全程控制,不再需要 CPU 过问和干预。

94. 为了提高 CPU 的运行速度,在计算机中增加了高速缓冲存储器,它是主存中划分出来的一块区域。

95. 我们通常所说的计算机主频 2.8 GHz 是指 CPU 与芯片组交换数据的工作频率。

96. 集成电路是 20 世纪的重大发明之一,在此基础上出现了世界上第一台计算机 ENIAC。

97. 当前正被 CPU 执行的程序必须全部保存在高速缓冲存储器(Cache)中。

98. PCI 总线常用于连接高速外部设备的 I/O 控制器,它包含有 128 位的数据线。

99. 在 PC 中,硬盘与主存之间的数据传输必须通过 CPU 才能进行。

100. PC 主板上的芯片组的主要作用是实现各个部件的相互通信和各种控制功能。

101. 早期的电子技术以真空电子管作为其基础元件。

102. 手机、数码相机、MP3 等产品中一般都含有嵌入式计算机。

103. 计算机存储器中将 8 个相邻的二进制位作为一个存储单位,称为字节。

104. 计算机中二进制位信息的最小计量单位是"比特",用字母"b"表示。

105. 比特的取值只有"0"和"1"两种,"1"永远大于"0"。

106. 任何一个十进制数都可以用其二进制表示形式精确表示。

107. 所有非十进制整数均可精确地转换为十进制数。

108. 采用补码形式,减法可以化为加法进行。

109. 因为真值为正时,其原码、反码和补码相同,所以可以这样说:无论真值为正还是负,其机器数在机内均以补码形式表示。

110. 计算机中的整数分为不带符号的整数和带符号的整数两类,前者表示的一定是正整数。

二、单选题

1. 计算机的功能不断增强,应用不断扩展,计算机系统也变得越来越复杂。完整的计算机系统由_____组成。
   A. 硬件系统和操作系统　　　　　　　B. 硬件系统和软件系统
   C. 中央处理器和系统软件　　　　　　D. 主机和外部设备

2. 从逻辑功能上讲,计算机硬件系统中最核心的部件是_____。
   A. 内存储器　　　　B. 中央处理器　　　　C. 外存储器　　　　D.I/O 设备

3. 运算速度达到万亿次/秒以上的计算机通常被称为_____。
   A. 巨型机　　　　B. 大型机　　　　C. 小型机　　　　D. 个人计算机

4. 安装了高性能 Core i5 处理器的个人计算机属于_____计算机。
   A. 第五代　　　　B. 第四代　　　　C. 第三代　　　　D. 第二代

5. 下列关于个人计算机的叙述错误的是_____。

   A. 个人计算机中的微处理器就是 CPU

   B. 个人计算机的性能在很大程度上取决于 CPU 的性能

   C. 一台个人计算机中包含多个微处理器

   D. 个人计算机通常不能多人同时使用

6. 计算机的分类方法有多种,按照计算机的性能、用途和价格分,台式机和便携机属于_____。

   A. 巨型机   B. 大型机   C. 小型机   D. 个人计算机

7. 关于计算机信息处理能力,下面的叙述正确的是_____。

   ① 它不但能处理数据,而且能处理图像和声音;② 它不仅能进行计算,而且能进行分析推理;③ 信息存储容量大、存取速度快;④ 它能方便而迅速地与其他计算机交换信息。

   A. ①②④   B. ①③④   C. ①②③④   D. ②③④

8. 计算机分类方法很多,下面按其内部逻辑结构进行分类的是_____。

   A. 服务器/工作站   B. 16 位、32 位/64 位计算机

   C. 小型机/大型机/巨型机   D. 客户机/服务器

9. 银行使用计算机实现通存通兑,属于计算机在_____方面的应用。

   A. 辅助设计   B. 数值计算   C. 数据处理   D. 自动控制

10. 下列关于个人计算机(PC)的说法错误的是_____。

   A. 个人计算机属于个人使用,一般不能多人同时使用

   B. 个人计算机价格较低、性能不高,一般不应用于工作(商用)领域

   C. PC 中广泛使用的一种微处理器是 Core 2

   D. Intel 公司是国际上研制和生产微处理器最有名的公司

11. 下列选项中不属于个人计算机的是_____。

   A. 台式机   B. 便携机   C. 工作站   D. 服务器

12. 下列关于 CPU 的叙述错误的是_____。

   ① CPU 中包含几十个甚至上百个寄存器,用来临时存放待处理的数据;② CPU 是 PC 中不可缺少的组成部分,它担负着运行系统软件和应用软件的任务;③ CPU 的速度比主存储器低得多,使用高速缓存(Cache)可以显著提高系统的速度;④ PC 中只有一个微处理器,它就是 CPU。

   A. ①③   B. ②③   C. ②④   D. ③④

13. 下列关于主存的几种说法正确的是_____。

   ① 主存储器的存储单元的长度为 32 位;② 主存储器由动态随机存取存储器芯片(DRAM)组成;③ PC 主存容量大多数在 8~16 GB 之间;④ PC 主存容量一般是不能扩大的。

   A. ①③   B. ②③   C. ①④   D. ②③④

14. 下列关于 DRAM 和 SRAM 芯片的说法正确的是_____。

   ① SRAM 比 DRAM 存储电路简单;② SRAM 比 DRAM 成本高;③ SRAM 比 DRAM 速

度快；④ SRAM 需要刷新，DRAM 不需要刷新。

  A. ①②   B. ②③   C. ③④   D. ①④

15. 根据存储器芯片的功能及物理特性，通常用作高速缓冲存储器（Cache）的是_____。

  A. SRAM   B. DRAM   C. SDRAM   D. Flash ROM

16. 根据存储器芯片的功能及物理特性，用作优盘存储器芯片的是_____。

  A. SRAM   B. SDRAM   C. EPROM   D. Flash ROM

17. 下列关于 CPU 的叙述错误的是_____。

  A. Pentium 4 和其他 Pentium 的指令系统不完全相同

  B. CPU 的运算速度与主频、Cache 容量、指令系统、运算器的结构等都有关系

  C. 不同公司生产的 CPU 其指令系统互不兼容

  D. Pentium 4 与 80386 的指令系统保持向下兼容

18. 关于内存储器，下列说法正确的是_____。

  A. 内存储器与外存储器相比，存取速度慢、价格便宜

  B. 内存储器和外存储器是统一编址的，字是存储器的基本编址单位

  C. 内存储器与外存储器相比，存取速度快、价格贵

  D. RAM 和 ROM 在断电后信息将全部丢失

19. PC 中 CPU 读写 RAM 的最小数据单位是_____。

  A. 1 个二进制位 B. 1 个字节   C. 1 个字   D. 1 个扇区

20. 启动 Word，打开文件 D:\A. docx 的操作，是将_____。

  A. 软盘文件读至 RAM，并输出到显示器

  B. 软盘文件读至主存，并输出到显示器

  C. 硬盘文件读至内存，并输出到显示器

  D. 硬盘文件读至显示器

21. 下列四种存储器中，CPU 不能直接读取和执行_____中的指令。

  A. Cache   B. RAM   C. ROM   D. 硬盘

22. 采用 Pentium 作 CPU 的主板，存放 BIOS 的 ROM 大都采用_____。

  A. DRAM   B. 闪存（Flash ROM）

  C. 超级 I/O 芯片   D. 双倍数据速率（DDR）SDRAM

23. CPU 和存储器芯片分别通过 CPU 插座和存储器插座安装在主板上，一般插在 PC 主板的总线插槽中的小电路板被称为_____。

  A. 网卡   B. 内存条

  C. 主板   D. 扩展板卡或扩充卡

24. 计算机存储器采用多层次塔状结构，这是为了_____。

  A. 方便保存大量数据

  B. 减少主机箱的体积

  C. 解决存储器在容量、价格和速度三者之间的矛盾

  D. 操作方便

25. 计算机的层次式存储器系统是指_____。

    A. ROM 和 RAM

    B. 软盘、硬盘和磁带

    C. 软盘、硬盘和光盘

    D. Cache、主存储器、外存储器和后备存储器

26. 计算机硬件系统中地址总线的宽度(位数)对_____影响最大。

    A. 存储器的访问速度　　　　　　　　B. CPU 直接访问的存储器空间大小

    C. 存储器的字长　　　　　　　　　　D. 存储器的稳定性

27. 计算机控制器的基本功能是_____。

    A. 存储各种数据和信息　　　　　　　B. 进行算术运算和逻辑运算

    C. 保持各种控制状态　　　　　　　　D. 控制机器各个部件协调一致地工作

28. 下列部件中不一定在 PC 主板上的是_____。

    A. CPU 插座　　　　　　　　　　　　B. 存储器插座

    C. 以太网(Ethernet)插口　　　　　　D. PCI 总线槽

29. 关于 PCI 总线,下列叙述错误的是_____。

    A. PCI 总线的时钟与 CPU 时钟无关

    B. PCI 总线的宽度为 32 位,不能扩充到 64 位

    C. PCI 总线可同时支持多组外围设备,与 CPU 的型号无关

    D. PCI 总线能与其他 I/O 总线共存 PC 系统中

30. 下列关于存储器的叙述正确的是_____。

    A. 衡量主存储器的主要技术指标是字长

    B. 外存储器能与内存储器成批传输数据

    C. 内存储器不能直接与 CPU 交换数据

    D. 外存储器能与 CPU 直接交换数据

31. 下列有关 CPU(中央处理器)与 Core 微处理器的叙述错误的是_____。

    A. CPU 除包含运算器和控制器以外,一般还包含若干个寄存器

    B. CPU 所能执行的全部指令的集合,称为该 CPU 的指令系统

    C. Core 系列微处理器在其发展过程中,其指令系统越来越丰富

    D. Core 处理器与 Power PC 处理器虽然产自不同的厂商,但其指令系统相互兼容

32. 下列关于指令和指令系统的叙述错误的是_____。

    A. 指令是构成程序的基本单元,它用来规定计算机执行什么操作

    B. 指令由操作码和操作数组成,操作数的个数由操作码决定

    C. Intel 公司 Core 系列的各种微处理器,其指令完全不同

    D. Core 处理器的指令系统包含数以百计的不同指令

33. 下列关于指令系统的叙述正确的是_____。

    A. 用于解决某一问题的一个指令序列称为指令系统

    B. 指令系统中的每条指令都是 CPU 可执行的

    C. 不同类型的 CPU,其指令系统是完全一样的

D. 不同类型的 CPU,其指令系统完全不一样

34. 下列关于芯片组的叙述错误的是_____。

　　A. 芯片组提供了各种 I/O 接口的控制电路

　　B. 芯片组由超大规模集成电路组成

　　C. 如今的芯片组已标准化,同一芯片组可用于不同类型的 CPU

　　D. 主板上所能安装的内存类型也由芯片组决定

35. 计算机中采用多个 CPU 的技术被称为"并行处理",其目的是_____。

　　A. 降低每个 CPU 性能　　　　　　B. 提高处理速度

　　C. 降低每个 CPU 成本　　　　　　D. 扩大存储容量

36. 下列有关 CPU 的叙述错误的是_____。

　　A. CPU 的主要组成部分有运算器、控制器和寄存器组

　　B. CPU 的主要功能是执行指令,不同类型 CPU 的指令系统通常有所不同

　　C. 为了加快运算速度,CPU 中可包含多个算术逻辑部件(ALU)

　　D. PC 所用的 CPU 芯片均为 Intel 公司的产品

37. 下列有关 PC 中 CPU 的叙述错误的是_____。

　　A. CPU 芯片主要是由 Intel 公司和 AMD 公司提供的

　　B. "双核"是指 PC 主板上含有两个独立的 CPU 芯片

　　C. Core i5 微处理器的指令系统由数百条指令组成

　　D. Core i5 微处理器中包含一定容量的 Cache 存储器

38. 主存容量是影响 PC 性能的要素之一,通常容量越大越好。但其容量受到下面多种因素的制约,其中不影响内存容量的因素是_____。

　　A. CPU 数据线的宽度　　　　　　B. 主板芯片组的型号

　　C. 主板存储器插座类型与数目　　　D. CPU 地址线的宽度

39. 相对于外存来说,内存具有_____的特点。

　　A. 容量大、存取速度慢　　　　　　B. 容量小、存取速度快

　　C. 容量大、存取速度快　　　　　　D. 容量小、存取速度慢

40. 相对内存来说,外存的主要特点是_____。

　　A. 速度快　　　　　　　　　　　　B. 掉电后信息会丢失

　　C. 容量大　　　　　　　　　　　　D. 成本高

41. 在使用 Core i5 作为 CPU 的 PC 中,CPU 访问主存储器是通过_____进行的。

　　A. ISA 总结(AT 总线)　　　　　　B. PCI 总线

　　C. VESA 总线　　　　　　　　　　D. 前端总线(处理器总线)

42. CPU 是构成微型计算机的最重要部件,下列关于 Core i5 的叙述错误的是_____。

　　A. Core i5 除运算器、控制器和寄存器之外,还包括 Cache 存储器

　　B. Core i5 运算器中有多个运算部件

　　C. 计算机能够执行的指令集完全由该机所安装的 CPU 决定

　　D. Core i5 的主频速度提高 1 倍,PC 执行程序的速度也相应提高 1 倍

43. Core i5-760/2.8 G 中的 2.8 G 表示_____。

    A. CPU 的运算速度为 2.8 GMIPS

    B. 计算机的主存为 2.8 G

    C. CPU 的时钟主频为 2.8 GHz

    D. CPU 与内存间的数据交换速率是 2.8 GB/s

44. CPU 的运算速度与许多因素有关,下面_____是提高 CPU 速度的有效措施。

    ① 增加 CPU 中寄存器的数目;② 提高 CPU 的主频;③ 增加 CPU 中高速缓存(Cache)的容量;④ 优化 BIOS 的设计。

    A. ①③④   B. ①②③   C. ①④   D. ②③④

45. 配有 Pentium 4 CPU 的 PC 中,显示卡与主板之间使用最普遍的接口是_____。

    A. AGP   B. VGA   C. PCI   D. ISA

46. 下列不属于 CPU 组成部分的是_____。

    A. 控制器   B. 主存储器   C. 运算器   D. 寄存器

47. 计算机上的高速缓冲存储器 Cache 是指_____。

    A. 软盘和主存之间的缓存   B. 硬盘和主存之间的缓存

    C. CPU 和视频设备之间的缓存   D. CPU 和主存储器之间的缓存

48. 下列关于 Cache 与主存的关系的描述不正确的是_____。

    A. Cache 的速度几乎与 CPU 一致

    B. CPU 首先访问 Cache,若缺少所需数据或指令才访问主存

    C. Cache 中的数据是主存中部分数据的副本

    D. 程序员可以根据需要调整 Cache 容量的大小

49. PC 中的 CPU 执行指令时,需要从存储器读取数据,搜索数据的顺序是_____。

    A. L1Cache、L2Cache、DRAM、外存   B. L2Cache、L1Cache、DRAM、外存

    C. 外存、DRAM、L2Cache、L1Cache   D. 外存、DRAM、L1Cache、L2Cache

50. 单列直插式(SIMM)内存条的含义是_____。

    A. 内存条只有一面有引脚

    B. 内存条两面均有引脚,但各不相关

    C. 内存条两面均有引脚,但实际上是一排引脚

    D. 内存条上下两端均有引脚

51. 双列直插式(DIMM)内存条的含义是_____。

    A. 内存条只有一面有引脚

    B. 内存条两面均有引脚,且各有不同的作用

    C. 内存条两面均有引脚,但实际上是一排引脚的作用

    D. 内存条上下两端均有引脚

52. 在一台 PC 的主板中配备有 DIMM 插槽,它是用来插入_____的。

    A. 单列直插式内存条   B. 双列直插式内存条

    C. CMOS 芯片   D. SRAM 芯片

53. 关于存储器,下列说法正确的是_____。

　　A. ROM 是只读存储器,其内容只能读一次

　　B. 硬盘通常安装在主机箱内,因此硬盘属于内存

　　C. CPU 间接地从外存储器读取数据

　　D. 任何存储器都有记忆能力,且断电后信息不会丢失

54. 随着 CPU 速度的不断提高,当前 PC 广泛使用的 I/O 总线是_____。

　　A. ISA 总线(AT 总线)　　　　　　　　B. SCSI 总线

　　C. EISA 总线　　　　　　　　　　　　D. PCI-E 总线

55. 在给 PC 扩充内存时,装上内存条后不能正常工作,产生这种现象的原因多半在于_____。

　　A. CPU 可支持的存储空间已不能再扩大

　　B. 所扩内存条与主板不匹配

　　C. 操作系统不支持所扩的内存条

　　D. 不是同一公司生产的内存条

56. 在计算机存储器组成的层次式结构体系中,存取周期一般为毫秒级的是_____。

　　A. Cache 存储器　　B. 主存储器　　　　C. 硬盘　　　　　　D. 磁带(库)

57. CPU 的处理速度与_____无关。

　　A. ALU 的数目　　B. CPU 主频　　　C. Cache 容量　　　D. CMOS 的容量

58. 下列关于指令、指令系统和程序的叙述错误的是_____。

　　A. 指令是可被 CPU 直接执行的操作命令

　　B. 指令系统是 CPU 能直接执行的所有指令的集合

　　C. 可执行程序是为解决某个问题而编制的一个指令序列

　　D. 可执行程序与指令系统没有关系

59. 高速缓存 Cache 是基于_____进行工作的。

　　A. 存储程序控制原理　　　　　　　　B. 存储器访问局部性原理

　　C. CPU 高速计算能力　　　　　　　　D. Cache 速度非常快

60. 高速缓存 Cache 处在主存和 CPU 之间,它的速度比主存_____,容量比主存小,它最大的作用在于弥补 CPU 与主存在_____上的差异。

　　A. 慢、速度　　　　B. 慢、容量　　　　C. 快、速度　　　　D. 快、容量

61. 从存储器的存取速度上看,由快到慢依次排列的存储器是_____。

　　A. Cache、主存、硬盘和光盘　　　　　B. 主存、Cache、硬盘和光盘

　　C. Cache、主存、光盘和硬盘　　　　　D. 主存、Cache、光盘和硬盘

62. 计算机系统中总线最重要的性能是它的带宽,若总线的数据线宽度为 16 位,总线的工作频率为 133 MHz,每个总线周期传输一次数据,则其带宽为_____。

　　A. 266 MB/s　　　　B. 2 128 MB/s　　　C. 133 MB/s　　　D. 16 MB/s

63. 在下列存储器中,用于存储显示屏上像素颜色信息的是_____。

　　A. ROM　　　　　　B. Cache　　　　　C. 外存　　　　　　D. 显示存储器

64. 下列关于微处理器发展的叙述不准确的是_____。

    A. 微处理器中包含的晶体管越来越多,功能越来越强大

    B. 微处理器的主频越来越高,处理速度越来越快

    C. 微处理器的操作使用越来越简单方便

    D. 微处理器的性能价格比越来越高

65. 下列有关计算机性能的叙述正确的是_____。

    A. 计算机中 Cache 存储器的有无和容量的大小对计算机的性能影响不大

    B. CPU 中寄存器数目的多少不影响计算机性能的发挥

    C. 计算机指令系统的功能不影响计算机的性能

    D. 提高主频有助于提高 CPU 的性能

66. 由_____提供 CPU 的系统时钟及各种与其同步的时钟。

    A. 电池芯片   B. CPU 芯片   C. 主板电源   D. 芯片组

67. _____决定了 PC 主板上所能安装主存储器的最大容量、速度及可使用存储器的类型。

    A. 串行口   B. 芯片组   C. 并行口   D. CPU 的系统时钟

68. 下列关于芯片组的叙述错误的是_____。

    A. 提供了以太网(Ethernet)接口   B. 集成了 BIOS

    C. 提供了 USB 接口   D. 提供了连接显示卡的高速接口

69. Cache 是用 SRAM 组成的一种高速缓冲存储器,其作用是_____。

    A. 发挥 CPU 的高速性能   B. 扩大主存储器的容量

    C. 提高数据存取的安全性   D. 提高与外部设备交换数据的速度

70. 下列关于 PC 的主存储器的叙述正确的是_____。

    A. 主存储器是一种动态随机存取存储器(RAM)

    B. 主存储器的基本编址单位是字(即 32 个二进制位)

    C. 市场上销售的 PC,其内存容量可达数十吉字节

    D. 所有 PC 的内存条都是通用的,可以互换

71. 下列关于计算机组成及工作原理的叙述正确的是_____。

    A. 一台计算机内只有一个微处理器

    B. 外存储器中的数据是直接传送给 CPU 处理的

    C. 多数输出设备能将计算机中用"0"和"1"表示的信息转换成人可识别和感知的形式,如文字、图形、声音等

    D. I/O 控制器都做成扩充卡的形式插在 PCI 扩充槽内

72. PC 中负责各类 I/O 设备控制器与 CPU、存储器之间相互交换信息、传输数据的一组公用信号线称为_____。

    A. I/O 总线   B. CPU 总线   C. 存储器总线   D. 前端总线

73. 关于 PC 的主板,下列说法错误的是_____。

    A. CPU 和 RAM 存储器均通过相应的插座安装在主板上

    B. 芯片组是主板的重要组成部分,所有控制功能几乎都集成在芯片组内

C. 为便于安装,主板的物理尺寸已标准化

D. 硬盘驱动器也安装在主板上

74. 下列关于 CMOS 芯片的说法正确的是_____。

A. 加电后用于对计算机自检

B. 它是只读存储器

C. 用于存储基本输入/输出系统程序

D. 需电池供电,否则主机断电后其中数据会丢失

75. 一般来说,_____不需要启动"CMOS 设置程序"对 CMOS 内容进行设置。

A. 重装操作系统时　　　　　　　B. PC 组装好之后第一次加电时

C. 更换 CMOS 电池时　　　　　　D. CMOS 内容丢失或被错误修改时

76. 计算机加电启动时所执行的一组指令被永久存放在_____中。

A. CPU　　　　　B. 硬盘　　　　　C. ROM　　　　　D. RAM

77. 计算机启动时,引导程序在对计算机系统进行初始化后,把_____程序装入主存储器。

A. 系统功能调用　　　　　　　　B. 编译系统

C. 操作系统核心部分　　　　　　D. 服务性程序

78. 下列关于 BIOS 及 CMOS 存储器的叙述错误的是_____。

A. BIOS 是 PC 软件最基础的部分,包含 POST 程序、CMOS 设置程序、系统自举程序等

B. BIOS 存放在 ROM 存储器中,通常称为 BIOS 芯片,该存储器是非易失性的

C. CMOS 中存放着基本输入/输出设备的驱动程序和一些硬件参数,如硬盘的数目、类型等

D. CMOS 存储器是易失性的,在关机时由主板上的电池供电

79. PC 在加电启动过程中会运行 POST 程序、引导程序、系统自举程序等。若在启动过程中,用户按某一热键(通常是【Delete】键)则可以启动 CMOS 设置程序。这些程序运行的顺序是_____。

A. POST 程序→CMOS 设置程序→系统自举程序→引导程序

B. POST 程序→引导程序→系统自举程序→CMOS 设置程序

C. CMOS 设置程序→系统自举程序→引导程序→POST 程序

D. POST 程序→CMOS 设置程序→引导程序→系统自举程序

80. PC 开机后,系统首先执行 BIOS 中的 POST 程序,其目的是_____。

A. 读出引导程序,装入操作系统

B. 测试 PC 各部件的工作状态是否正常

C. 从 BIOS 中装入基本外围设备的驱动程序

D. 启动 CMOS 设置程序,对系统的硬件配置信息进行修改

81. BIOS 的中文名叫作基本输入/输出系统。下列说法错误的是_____。

A. BIOS 是固化在主板上的 ROM 中的程序

B. BIOS 中包含系统自举(装入)程序

C. BIOS 中包含加电自检程序

D. BIOS 中的程序是汇编语言程序

82. 下列有关 PC 组成的叙述错误的是_____。

    A. PC 主板上的芯片一般由多块 VLSI 组成,不同类型的 CPU 通常要用不同的芯片组

    B. CMOS 由电池供电,当电池无电时 CMOS 中设置的信息丢失

    C. Cache 是由 SRAM 组成的高速缓冲

    D. BIOS 的中文名称是基本输入/输出系统,它仅包含基本外围设备的驱动程序,存放在 ROM 中

83. 下列有关 PC 主板及其组件的叙述正确的是_____。

    A. 主板的物理尺寸没有标准,通常不同品牌的主板采用不同的尺寸

    B. 主板上的 BIOS 芯片是一种 RAM 芯片,因而其存储的信息是可以随时刷新的

    C. 主板上的存储器控制和 I/O 控制功能大多集成在芯片组内

    D. 主板上的 CMOS 芯片是一种非易失性存储器,其存储的信息永远不会丢失

84. 下列有关当前 PC 主板和内存的叙述正确的是_____。

    A. 主板上的 BIOS 芯片是一种只读存储器,其内容不可在线改写

    B. 绝大多数主板上仅有一个内存插座,因此 PC 只能安装一根内存条

    C. 内存条上的存储器芯片属于 SRAM(静态随机存取存储器)

    D. 内存的存取时间大多在几个到十几个纳秒之间

85. 在下列 PC 的 I/O 接口中,数据传输速率最快的是_____。

    A. USB 2.0   B. IEEE－1394   C. IrDA(红外)   D. SATA

86. 下列有关 I/O 操作的说法正确的是_____。

    A. 为了提高系统的效率,I/O 操作与 CPU 的数据处理操作通常是并行进行的

    B. CPU 执行 I/O 指令后,直接向 I/O 设备发出控制命令,I/O 设备便可进行操作

    C. 某一时刻只能有一个 I/O 设备在工作

    D. 各类 I/O 设备与计算机主机的连接方法基本相同

87. 下列关于 I/O 控制器的叙述正确的是_____。

    A. I/O 设备通过 I/O 控制器接收 CPU 的输入/输出操作命令

    B. 所有 I/O 设备都使用统一的 I/O 控制器

    C. I/O 设备的驱动程序都存放在 I/O 控制器上的 ROM 中

    D. 随着芯片组电路集成度的提高,越来越多的 I/O 控制器都从主板的芯片组中独立出来,制作成专用的扩充卡

88. 下列对串行接口的叙述正确的是_____。

    A. 慢速设备连接的 I/O 接口就是串行接口

    B. 串行接口一次只传输 1 位二进制数据

    C. 一个串行接口只能连接一个外设

    D. 串行接口的数据传输速率一定低于并行接口

89. USB 接口是由 Compaq、IBM、Intel、Microsoft 和 NEC 等公司共同开发的一种 I/O 接口。下列有关 USB 接口的叙述错误的是_____。

    A. USB 接口是一种串行接口,USB 对应的中文为"通用串行总线"

B. USB 2.0 的数据传输速度比 USB 1.1 快得多

C. 利用"USB 集线器",一个 USB 接口最多只能连接 63 个设备

D. USB 既可以连接硬盘、闪存等快速设备,也可以连接鼠标、打印机等慢速设备

90. USB 是一个_____接口。

　　A. 1 线　　　　　　B. 2 线　　　　　　C. 3 线　　　　　　D. 4 线

91. 下列关于 USB 接口的叙述错误的是_____。

　　A. USB 接口有多种规格,3.0 版的数据传输速度要比 2.0 版快得多

　　B. 利用"USB 集线器",一个 USB 接口能连接多个设备

　　C. USB 属于一种串行接口

　　D. 主机不能通过 USB 连接器引脚向外设供电

92. 下列有关 I/O 总线与 I/O 接口的叙述错误的是_____。

　　A. PC 系统总线一般分为处理器总线和主板总线

　　B. PCI-E 总线属于 I/O 总线

　　C. PC 的 I/O 接口可分为独占式和总线式

　　D. USB 是以并行方式工作的 I/O 接口

93. 计算机系统中的 I/O 设备一般都通过 I/O 接口与各自的控制器连接,下列_____不属于 I/O 接口。

　　A. 串行口　　　　　B. 并行口　　　　　C. PCI 插槽　　　　D. USB 接口

94. 下列有关 PC 的 I/O 总线和接口的叙述错误的是_____。

　　A. 可用于连接键盘或鼠标器的 PS/2 接口是一种并行数据传输接口

　　B. USB 2.0 接口的数据传输速率可达到每秒几十兆字节

　　C. 通过 USB 集线器,USB 接口连接设备数最多可达 100 多个

　　D. 数字视频设备常用 IEEE - 1394 接口与主机连接

95. 一台 PC 上总有多种不同的 I/O 接口,如串行口、并行口、USB 接口等。在下列 I/O 接口中,不能作为扫描仪和主机接口的是_____。

　　A. PS/2 接口　　　　　　　　　　B. USB 接口

　　C. 1394(FireWire)接口　　　　　D. 并行口

96. 下列有关 PC 物理组成的叙述错误的是_____。

　　A. 通常所说的主机空机箱,一般包含电源

　　B. 系统板也称为主板或大底板,一般包含 BIOS 和 CMOS 集成电路芯片

　　C. 系统板上的内存插槽一般只有一个,扩展内存只能通过更换内存条进行

　　D. 一块系统板上通常包含多种类型的 I/O 接口

97. _____不是 PC 主板上的部件。

　　A. CPU 插座　　　　B. CCD 芯片　　　　C. 存储器插座　　　　D. PCI 总线槽

98. 下列_____接口一般不用于鼠标器与主机的连接。

　　A. PS/2　　　　　　B. USB　　　　　　C. RS-232　　　　　　D. SCSI

99. 下列有关 I/O 操作、I/O 总线和 I/O 接口的叙述错误的是_____。

　　A. I/O 操作的任务是在 I/O 设备与内存的指定区域之间传送信息

B. I/O 总线传送的只能是数据信号,它不能传送控制信号和地址信号

C. 不同类型的 I/O 接口,其插头/插座及相应的通信规程和电气特性通常各不相同

D. 并行总线的数据传输速率不一定比串行总线高

100. 下面的接口中,键盘、鼠标、数码相机和移动硬盘等均能连接的接口是_____。

    A. RS-232   B. IEEE－1394   C. USB   D. IDE

101. 下列关于 I/O 接口的说法正确的是_____。

    A. I/O 接口即 I/O 控制器,它用来控制 I/O 设备的操作

    B. I/O 接口在物理上是一些插口,它用来连接 I/O 设备与主机

    C. I/O 接口即扩充卡(适配卡),它用来连接 I/O 设备与主机

    D. I/O 接口即 I/O 总线,它用来传输 I/O 设备的数据

102. 下列关于 PC 的 I/O 总线的说法错误的是_____。

    A. 总线上有三类信号:数据信号、地址信号和控制信号

    B. I/O 总线的数据传输速率较高,可以由多个设备共享

    C. I/O 总线用于连接 PC 中的主存储器和 Cache 存储器

    D. 在 PC 中广泛采用的 I/O 总线是 PCI-E 总线

103. PC 一般都有 USB 和 FireWire 接口,用于连接各种外部设备。下列关于这两种接口的叙述错误的是_____。

    A. USB 是一种串行接口,可以连接键盘、鼠标器、优盘、数码相机等多种设备

    B. FireWire 是一种并行接口,通常用于连接需要高速传输大量数据的设备(如音视频设备)

    C. USB 3.0 的数据传输速率是 USB 2.0 的数十倍

    D. 一个 USB 接口上可以连接不同的设备

104. 现行 PC 中,SATA 接口标准主要用于_____。

    A. 打印机与主机的连接   B. 显示器与主机的连接

    C. 声卡与主机的连接   D. 硬盘与主机的连接

105. 下列有关 PC 的 CPU、内存和主板的叙述正确的是_____。

    A. 大多数 PC 只有一块 CPU 芯片,即使是"双核"CPU 也是一块芯片

    B. 所有 Pentium 系列微机的内存条相同,仅有速度和容量大小之分

    C. 主板上芯片组的作用是提供存储器控制功能,I/O 控制与芯片组无关

    D. 主板上 CMOS 芯片用于存储 CMOS 设置程序和一些软硬件设置信息

106. 下列关于 USB 接口的叙述错误的是_____。

    A. USB 是一种高速的串行接口

    B. USB 符合即插即用规范,连接的设备可以带电插拔

    C. 一个 USB 接口通过扩展可以连接多个设备

    D. 鼠标器这样的慢速设备不能使用 USB 接口

107. 下列有关常见输入设备的叙述错误的是_____。

    A. 数码相机的成像芯片仅有一种,即 CCD 成像芯片

    B. 扫描仪的主要性能指标包括分辨率、色彩位数和扫描幅面等

C. 台式 PC 普遍采用的键盘可直接产生一百多个按键编码

D. 鼠标器一般通过 PS/2 接口或 USB 接口与 PC 相连

108. 关于扫描仪,下列说法错误的是_____。

　　A. 分辨率是扫描仪的一项重要性能指标

　　B. 扫描仪能将照片、图片等扫描输入计算机

　　C. 扫描仪的工作过程主要基于光电转换原理

　　D. 滚筒式扫描仪价格便宜、体积小,适合于家庭使用

109. 数码相机中将光信号转换为电信号使用的器件主要是_____。

　　A. Memory Stick　　　　　　　　　　B. DSP

　　C. CCD 或 CMOS　　　　　　　　　　D. D/A

110. 关于【Caps Lock】键,下列说法正确的是_____。

　　A.【Caps Lock】键与【Alt】+【Delete】键组合可以打开"资源管理器"窗口

　　B. 当 Caps Lock 指示灯亮着的时候,按主键盘的数字键,可输入其上部的特殊字符

　　C. 当 Caps Lock 指示灯亮着的时候,按字母键,可输入大写字母

　　D.【Caps Lock】键的功能可由用户自定义

111. 鼠标器左右按键中间的滚轮,其作用是_____。

　　A. 控制鼠标器在桌面上移动

　　B. 控制屏幕内容进行上下移动,与窗口右边框滚动条的功能一样

　　C. 分隔鼠标的左键和右键

　　D. 调整鼠标的灵敏度

112. 市场上有一种称为"手写笔"的设备,用户使用笔在基板上书写或绘画,计算机就可获得相应的信息。"手写笔"是一种_____。

　　A. 随机存储器　　B. 输入设备　　　　C. 输出设备　　　　D. 通信设备

113. 下列选项中最新的、速度最快的扫描仪接口是_____。

　　A. SCSI 接口　　　B. PS/2 接口　　　　C. USB 接口　　　　D. FireWire 接口

114. 关于"手写笔",下列说法错误的是_____。

　　A. 使用的手写笔主要采用电磁感应原理

　　B. 手写笔可以用来输入汉字,也可以用来代替鼠标进行操作

　　C. 通过笔输入设备,不需要专门的软件就可以完成汉字的输入

　　D. 手写笔一般由基板和笔组成,即使写的时候笔没有完全接触到基板,基板也能感
　　　　应到信号

115. 下列不属于图像输入设备的是_____。

　　A. 数码相机　　　B. 扫描仪　　　　　C. 鼠标器　　　　　D. 数码摄像头

116. 下列不属于扫描仪主要性能指标的是_____。

　　A. 分辨率　　　　B. 色彩位数　　　　C. 与主机接口　　　D. 扫描仪的大小

117. PC 的标准输入设备是_____,缺少该设备计算机就无法工作。

　　A. 键盘　　　　　B. 鼠标器　　　　　C. 扫描仪　　　　　D. 数字化仪

118. 鼠标器通常有两个按键,按键的动作会以电信号形式传送给主机,按键操作的作用主

要由_____决定。

    A. CPU 类型   B. 正在运行的软件

    C. 鼠标器的接口   D. 鼠标器硬件本身

119. 下列关于 PC 常用输入设备的叙述错误的是_____。

    A. 台式 PC 的键盘一般有 100 多个键,其接口可以是 AT 接口、PS/2 接口或 USB 接口

    B. 鼠标器可控制屏幕上鼠标箭头的移动,与其作用类似的设备还有操纵杆和触摸屏等

    C. 扫描仪的主要性能指标包括分辨率、色彩深度和扫描幅面等

    D. 数码相机的成像芯片主要有 CCD 和 CMOS 两种,CCD 主要用于低像素的普及型相机

120. 成像芯片的像素数目是数码相机的重要性能指标,它与可拍摄的图像分辨率直接相关。某款 SONY 数码相机的像素约为 500 万,它所拍摄的图像的最高分辨率为_____。

    A. 1 280×960   B. 1 600×1 200   C. 2 048×1 536   D. 2 560×1 920

121. 关于鼠标器,下列叙述错误的是_____。

    A. 鼠标器借助脉冲信号将其移动时的位移量输入计算机

    B. 不同鼠标器的工作原理基本相同,区别在于感知位移量的方法不同

    C. 鼠标器只能使用 PS/2 接口与主机连接

    D. 触摸屏具有与鼠标类似的功能

122. 下列选项中,数码相机一般不具备的功能是_____。

    A. 自动聚焦   B. 影像预视   C. 影像删除   D. 影像打印

123. 彩色显示器的颜色由三个基色 R、G、B 合成而得到。如果 R、G、B 三色分别用 4 个二进制位表示,则该显示器可显示的颜色数有_____种。

    A. 2 048   B. 4 096   C. 16   D. 256

124. 下列有关 CRT 显示器安全的叙述正确的是_____。

    A. 显示器工作时产生的辐射对人体无不良影响

    B. 显示器不会引起信息泄漏

    C. 合格的显示器产品应通过多种安全认证

    D. 液晶显示器比 CRT 的辐射危害更大

125. 关于液晶显示器,下列叙述错误的是_____。

    A. 它的英文缩写是 LCD

    B. 它的工作电压低,功耗小

    C. 它几乎没有辐射

    D. 它与 CRT 显示器不同,不需要使用显示卡

126. 显示器的主要性能参数是分辨率,一般用_____来表示。

    A. 显示屏的尺寸   B. 水平分辨率×垂直分辨率

    C. 可以显示的最大颜色数   D. 显示器的刷新速率

127. 显示器的作用是将数字信息转换为光信息,最终将文字和图形/图像显示出来。下列
有关 PC 显示器的叙述错误的是_____。
   A. 出厂的台式 PC 大多数使用 PCI-E 接口连接显示卡
   B. 彩色显示器上的每个像素由 R、G、B 三种基色组成
   C. 与 CRT 显示器相比,LCD 的工作电压高、功耗小
   D. 从显示器的分辨率来看,水平分辨率与垂直分辨率之比一般为 4∶3

128. 分辨率是衡量显示器性能的重要指标之一,它是指整屏可显示_____的多少。
   A. 像素   B. ASCII 字符   C. 汉字   D. 颜色

129. 下列叙述中_____与 PC 屏幕的显示分辨率无关。
   A. 显示器的最高分辨率   B. 显示卡的存储容量
   C. 操作系统对分辨率的设置   D. 显示卡的接口

130. 下列_____分辨率不是 PC 显示器常用的屏幕分辨率。
   A. 640×480   B. 720×568   C. 800×600   D. 1 024×768

131. 超市中打印票据所使用的打印机属于_____。
   A. 压电喷墨打印机   B. 激光打印机
   C. 针式打印机   D. 热喷墨打印机

132. 下列关于打印机的叙述错误的是_____。
   A. 激光打印机使用 PS/2 接口和计算机相连
   B. 喷墨打印机的喷头是整个打印机的关键部件
   C. 喷墨打印机属于非击打式打印机,它能输出彩色图像
   D. 针式打印机独特的平推式进纸技术,在打印存折和票据方面具有不可替代的
   优势

133. 广泛使用的打印机主要有针式打印机、激光打印机和喷墨打印机。下列有关这些打
印机的叙述错误的是_____。
   A. 9 针的针式打印机是指打印头由 9 根钢针组成
   B. 激光打印机的主要消耗材料之一是炭粉/硒鼓
   C. 喷墨打印机与激光打印机的打印速度均用每分钟打印的页数来衡量
   D. 激光打印机均为黑白打印机,而喷墨打印机均为彩色打印机

134. 下列选项中,一般不作为打印机主要性能指标的是_____。
   A. 平均等待时间   B. 打印速度
   C. 打印精度   D. 色彩数目

135. 喷墨打印机最关键的技术和部件是_____。
   A. 喷头   B. 压电陶瓷   C. 墨水   D. 纸张

136. 下列不属于常用打印机的是_____。
   A. 针式打印机   B. 热升华打印机
   C. 喷墨打印机   D. 激光打印机

137. _____打印机打印质量不高,但打印成本便宜,因而在超市收银机上普遍使用。
   A. 激光   B. 针式   C. 喷墨   D. 字模

138. 关于喷墨打印机,下列说法错误的是_____。
    A. 能输出彩色图像,打印效果好   B. 打印时噪音不大
    C. 需要时可以多层套打   D. 墨水成本高,消耗快

139. 下列关于I/O操作的叙述错误的是_____。
    A. I/O设备的操作是由CPU启动的
    B. 同一时刻计算机中只能有一个I/O设备进行工作
    C. I/O设备的操作是由I/O控制器负责全程控制的
    D. I/O设备的工作速度比CPU慢

140. 下列有关PC外部设备的叙述错误的是_____。
    A. 扫描仪的工作过程主要基于光电转换原理,分辨率是其重要性能指标之一
    B. 制作3~5英寸的照片(图片),数码相机的CCD像素必须在600万以上
    C. 集成显卡(指集成在主板上的显卡)的显示控制器主要集成在芯片组中
    D. 存折和票据的打印,主要采用针式打印机

141. 下列特性中不属于优盘特点的是_____。
    A. 靠自带电池供电   B. 携带方便
    C. 可靠性高   D. 体积轻巧

142. 下列关于优盘的叙述正确的是_____。
    A. 优盘不能作为系统的启动盘使用
    B. 优盘采用Flash存储器技术,体积小、容量比软盘大
    C. 优盘不具有写保护功能
    D. 优盘使用并行接口与计算机连接

143. 下列_____与硬盘的存储容量无关。
    A. Cache容量   B. 磁头数
    C. 柱面数   D. 扇区数

144. 当读取硬盘存储器上的信息时,必须对硬盘上的信息进行定位,在定位一个物理记录块时,以下参数不需要的是_____。
    A. 柱面(磁道)号   B. 盘片(磁头)号
    C. 簇号   D. 扇区号

145. 下列有关PC硬盘存储器的叙述错误的是_____。
    A. 硬盘上的数据块要用柱面号、扇区号和磁头号这三个参数来定位
    B. 硬盘一般都含有由DRAM芯片构成的高速缓存(Cache)
    C. 硬盘与主机的接口大多为SATA接口
    D. 硬盘容量的增加主要靠碟片数增加,目前硬盘一般均由数十个碟片组成

146. 下列有关PC常用I/O设备的叙述错误的是_____。
    A. 台式机键盘通常有一百零几个按键,笔记本电脑的键盘有八十几个按键
    B. 流行的鼠标是光电鼠标,其与主机的接口有PS/2与USB两种
    C. 宽屏LCD显示器的宽高比为16:9或16:10
    D. 打印速度是打印机的重要性能指标,速度单位通常为dpi

147. 存储器可以分为内存与外存,下列存储器中_____属于外存储器。

    A. 高速缓存(Cache)   B. 硬盘存储器

    C. 显示存储器   D. CMOS 存储器

148. 光盘存储器具有记录密度较高、存储容量较大、信息保存长久等优点。下列有关光盘存储器的叙述错误的是_____。

    A. CD-RW 光盘刻录机可以刻录 CD-R 和 CD-RW 盘片

    B. DVD 的英文全名是 Digital Video Disc,即数字视频光盘,它仅能存储视频信息

    C. DVD 光盘的容量一般为数兆字节

    D. DVD 光盘存储器所采用的激光大多数为红色激光

149. 下列说法错误的是_____。

    A. CD-R 和 CD-ROM 类似,都只能读不能写

    B. CD-RW 为可多次读写的光盘

    C. CD 盘记录数据的原理为:在盘上压制凹坑,凹坑边缘表示"1",凹坑和非凹坑的平坦部分表示"0"

    D. DVD 采用了更有效的纠错编码和信号调制方式,比 CD 可靠性更高

150. CD 光盘驱动器的倍速越大,表示_____。

    A. 数据传输速度越快   B. 纠错能力越强

    C. 光盘存储容量越大   D. 数据读出更可靠

151. 下列有关 PC 辅助存储器的叙述错误的是_____。

    A. 硬盘的盘片转动速度特别快,一般为每秒数千转

    B. 近年来使用的串行 ATA(SATA)接口硬盘,其传输速率比采用 IDE 接口的要快

    C. 移动硬盘大多采用 USB 2.0 或 3.0 接口,其传输速率每秒可达数十兆字节

    D. 40 倍速的 CD-ROM 驱动器的速率可达 6 MB/s 左右

152. 下列有关 PC 辅助存储器的叙述正确的是_____。

    A. 硬盘的内部传输速率远远大于外部传输速率

    B. 对于光盘刻录机来说,其刻录信息的速度一般小于读取信息的速度

    C. 使用 USB 2.0 接口的移动硬盘,其数据传输速率大约为每秒数百兆字节

    D. CD-ROM 的数据传输速率一般比 USB 2.0 还快

153. 下列有关 PC 辅助存储器的叙述错误的是_____。

    A. 硬盘的容量越来越大,这是因为硬盘中磁盘碟片的数目越来越多

    B. 硬盘的内部传输速率一般小于外部传输速率

    C. 优盘采用 Flash 存储器技术,属于半导体存储器

    D. 常见的 COMBO 光驱是一种将 CD-RW 和 DVD-ROM 组合在一起的光驱

154. PC 的外存储器(简称"外存")主要有软盘、硬盘、光盘和各种移动存储器。下列有关 PC 外存的叙述错误的是_____。

    A. 软盘因其容量小、存取速度慢、易损坏等原因,已淘汰

    B. CD 光盘的容量一般为数百兆字节,而 DVD 光盘的容量为数千兆字节

    C. 硬盘是一种容量大、存取速度快的外存,主流硬盘的转速均为每分钟几百转

D. 闪存盘也称为"优盘",目前其容量从几十兆字节到几千兆字节不等

155. DVD 光盘因其容量大,使用越来越普及。广泛使用的 120 mm 单面单层的 DVD,其容量大约为_____。

    A. 17 GB   B. 4.7 GB   C. 640 MB   D. 120 MB

156. 下列说法错误的是_____。

    A. CD-ROM 是一种只读存储器但不是内存储器

    B. CD-ROM 或 DVD-ROM 驱动器是多媒体计算机的基本部分

    C. 只有存放在 CD-ROM 盘上的数据才称为多媒体信息

    D. CD-ROM 盘片上约可存储 650 MB 的信息

157. 下列关于计算机上使用的光盘存储器的说法错误的是_____。

    A. CD-R 是一种只能读不能写的光盘存储器

    B. CD-R 是一种既能读又能写的光盘存储器

    C. 使用光盘时必须配有光盘驱动器

    D. DVD 光驱也能读取 CD 光盘上的数据

158. 下列关于光盘存储器的叙述错误的是_____。

    A. DVD 与 CD 光盘存储器一样,有多种不同的规格

    B. CD-ROM 驱动器可以读取 DVD 光盘片上的数据

    C. 蓝光光盘单层盘片的存储容量为 25 GB

    D. DVD 的存储器容量比 CD 大得多

159. CD-ROM 存储器使用_____来读出盘上的信息。

    A. 激光   B. 磁头   C. 红外线   D. 微波

160. 硬盘与光盘相比,具有_____的特点。

    A. 存储容量小、工作速度快   B. 存储容量大、工作速度快

    C. 存储容量小、工作速度慢   D. 存储容量大、工作速度慢

161. PC 中的 BIOS _____。

    A. 是一种操作系统   B. 是一种应用软件

    C. 是一种总线   D. 即基本输入/输出系统

162. 个人计算机存储器系统中的 Cache 是_____。

    A. 只读存储器   B. 高速缓冲存储器

    C. 可编程只读存储器   D. 闪烁存储器

163. 下列硬盘的主要性能指标中,最能体现硬盘整体性能的是_____。

    A. 转速   B. 外部数据传输速率

    C. Cache 容量   D. 内部数据传输速率

164. 下列有关光盘存储器容量的叙述错误的是_____。

    A. 80 mm CD 存储容量大约为 200 多兆字节

    B. 120 mm CD 存储容量大约为 600 多兆字节

    C. 单面单层的 120 mm DVD 存储容量大约为 4.7 GB

    D. 单面单层的 120 mm 蓝光光盘存储容量大约为 17 GB

165. 下列设备中可作为输入设备使用的是_____。

① 触摸屏；② 传感器；③ 数码相机；④ 麦克风；⑤ 音箱；⑥ 绘图仪；⑦ 显示器。

A. ①②③④   B. ①②⑤⑦   C. ③④⑤⑥   D. ④⑤⑥⑦

166. 提高硬盘容量的措施之一是_____。

A. 增加每个扇区的容量   B. 提高硬盘的转速

C. 增加硬盘中单个碟片的容量   D. 提高硬盘的数据传输速率

167. 下列符号中_____代表一种 I/O 总线标准。

A. CRT   B. VGA   C. PCI-E   D. DVD

168. 下列有关 PC 中央处理器(CPU)和内存(内存条)的叙述正确的是_____。

A. PC 所采用的 CPU 都是 Intel 公司生产的 Core 系列芯片,其他厂商生产的 CPU 都与之不兼容

B. 已有双核的微处理器(如 Core 2 Duo),但还没有四核的微处理器

C. 通常来说,DRAM 的速度比 SRAM 的存取速度慢

D. 一般来说,一个内存条上仅有一个 DRAM 或 SRAM 芯片

169. 下列关于扫描仪的叙述错误的是_____。

A. 扫描仪是将图片或文字输入计算机的一种输入设备

B. 扫描仪的核心器件为电荷耦合器件(CCD)

C. 扫描仪的一个重要性能指标是扫描仪的分辨率

D. 色彩位数是 24 位的扫描仪只能区分 24 种不同颜色

170. CPU 中包含了几十个用来临时存放操作数和中间运算结果的存储装置,这种装置称为_____。

A. 运算器   B. 控制器   C. 寄存器组   D. 前端总线

171. 当前 PC 使用的 I/O 总线主要是_____。

A. ISA 总线(AT 总线)   B. SCSI 总线

C. EISA 总线   D. PCI 总线和 PCI-E 总线

172. Pentium 系列微机的主板,其存放 BIOS 系统的大都是_____。

A. 芯片组   B. 闪存(Flash ROM)

C. 超级 I/O 芯片   D. 双倍数据速率(DDR)SDRAM

173. 在 PC 中,输入/输出设备通过_____与各自的控制器连接起来。

A. I/O 总线   B. I/O 控制器   C. I/O 接口   D. I/O 设备

174. 根据"存储程序控制"的原理,准确地说,计算机硬件各部件如何动作是由_____决定的。

A. CPU 所执行的指令   B. 操作系统

C. 用户   D. 控制器

175. 下列各类扫描仪中最适用于办公室和家庭使用的是_____。

A. 手持式   B. 滚筒式   C. 胶片式   D. 平板式

176. 当需要携带大约 20 GB 的图库数据时,在下列提供的存储器中,人们通常会选择_____来存储数据。

　　A. CD 光盘　　　　B. 软盘　　　　　　C. 优盘　　　　　　　D. 移动硬盘

177. 下列关于 CPU 结构的说法错误的是_____。

　　A. 控制器是用来解释指令含义、控制运算器操作、记录内部状态的部件

　　B. 运算器用来对数据进行各种算术运算和逻辑运算

　　C. CPU 中仅仅包含运算器和控制器两部分

　　D. 运算器可以有多个,如整数运算器和浮点运算器等

178. 关于 I/O 接口,下列说法最确切的是_____。

　　A. I/O 接口即 I/O 控制器,负责 I/O 设备与主机的连接

　　B. I/O 接口用来连接 I/O 设备与主机

　　C. I/O 接口用来连接 I/O 设备与主存

　　D. I/O 接口即 I/O 总线,用来连接 I/O 设备与 CPU

179. 下列关于液晶显示器的说法错误的是_____。

　　A. 液晶显示器的体积轻薄,没有辐射危害

　　B. LCD 是液晶显示器的英文缩写

　　C. 液晶显示技术被应用到了数码相机中

　　D. 液晶显示器在显示过程中仍然使用电子枪轰击方式成像

180. 下列设备都属于图像输入设备的是_____。

　　A. 数码相机、扫描仪　　　　　　　　B. 绘图仪、扫描仪

　　C. 数字摄像机、投影仪　　　　　　　D. 数码相机、显卡

181. 数码相机的 CCD 像素越多,所得到的数字图像的清晰度就越高,如果想拍摄 1 600×
1 200 的相片,那么数码相机的像素数目至少应该有_____。

　　A. 400 万　　　　B. 300 万　　　　　C. 200 万　　　　　　D. 100 万

182. 与 CPU 执行的算术和逻辑运算操作相比,I/O 操作有许多不同特点。下列关于 I/O
操作的描述错误的是_____。

　　A. I/O 操作速度慢于 CPU

　　B. 多个 I/O 设备能同时工作

　　C. 由于 I/O 设备需要 CPU 的控制,两者不能同时进行操作

　　D. 每种 I/O 设备都有专门的控制器

183. 相比较而言,下列存储设备最不便于携带使用的是_____。

　　A. ATA 接口硬盘　　　　　　　　　　B. 软盘

　　C. 优盘　　　　　　　　　　　　　　D. USB 接口硬盘

184. 一台能拍摄分辨率为 2 016×1 512 照片的数码相机,像素数目大约为_____。

　　A. 250 万　　　　B. 100 万　　　　　C. 160 万　　　　　　D. 320 万

185. 在计算机中,音箱(扬声器)一般通过_____与主机相连接。

　　A. 图形卡　　　　B. 显示卡　　　　　C. 声音卡　　　　　　D. 视频卡

186. 下列关于 CMOS 的叙述错误的是_____。

　　A. CMOS 是一种易失性存储器,关机后需电池供电

　　B. CMOS 中存放有机器工作时所需的硬件参数

C. CMOS 是一种非易失性存储器,其存储的内容是 BIOS 程序

D. 用户可以更改 CMOS 中的信息

187. 在数码相机、MP3 播放器中使用的计算机通常称为_____。

A. 工作站　　　　　　　　　　　B. 小型机

C. 手持式计算机　　　　　　　　D. 嵌入式计算机

188. 下列有关 PC 外存储器的叙述错误的是_____。

A. 由于数据存取速度慢、容量小等原因,软盘存储器已逐渐被淘汰

B. 所有的硬盘都是由两个或两个以上盘片组成的,盘片中的盘面数为盘片数的两倍

C. 有些优盘产品可以模拟软盘和硬盘启动操作系统

D. 常见的组合光驱("康宝")既有 DVD 只读光驱功能,又有 CD 光盘刻录机功能

189. 计算机常用的显示器有 CRT 和_____两种。

A. 背投　　　　B. 等离子　　　　C. 高清　　　　D. LCD

190. PC 的 CMOS 中保存的系统参数被病毒程序修改后,最方便、经济的解决方法是_____。

A. 重新启动机器

B. 使用杀毒程序杀毒,重新配置 CMOS 参数

C. 更换主板

D. 更换 CMOS 芯片

191. CPU 的运算速度是指它每秒钟能执行的指令数目。下面_____是提高运算速度的有效措施。

① 增加 CPU 中寄存器的数目;② 提高 CPU 的主频;③ 增加高速缓存(Cache)的容量;④ 扩充磁盘存储器的容量。

A. ①②③　　　B. ①③④　　　C. ①④　　　　D. ②③④

192. PC 中大多使用_____接口把主机和显卡相互连接起来。

A. AGP 或 PCI-Ex16　　　　　　B. CGA 或 VGA

C. VGA 或 TVGA　　　　　　　　D. TVGA 或 PCI

193. 下列有关 PC 的 I/O 总线与 I/O 接口的叙述错误的是_____。

A. PC 中协调与管理总线操作的总线控制器包含在主板上的芯片组中

B. 总线最重要的性能是数据传输速率,其单位通常为 MB/s 或 GB/s

C. SATA 接口的数据传输速率通常低于 USB 2.0 的数据传输速率

D. USB 连接器有 4 个引脚,其中一个引脚连接+5V 电源

194. 下列有关扫描仪的叙述错误的是_____。

A. 分辨率是扫描仪的一项重要性能指标

B. 扫描仪能将照片、图片等扫描输入计算机

C. 扫描仪的工作过程主要基于光电转换原理

D. 滚筒式扫描仪价格便宜、体积小

195. 下列关于 PC 主板上的 CMOS 芯片的说法正确的是_____。

A. 加电后用于对计算机进行自检

B. 它是只读存储器

C. 用于存储基本输入/输出系统程序

D. 需使用电池供电,否则主机断电后其中数据会丢失

196. 一台计算机中采用多个 CPU 的技术称为"并行处理",采用并行处理的目的是_____。

    A. 提高计算机的处理速度　　　　　　B.扩大计算机的存储容量

    C. 降低每个 CPU 成本　　　　　　　　D.降低每个 CPU 功耗

197. CRT 显示器的刷新频率越高,说明显示器_____。

    A. 画面稳定性越好　　　　　　　　　B. 质量越好

    C. 颜色越丰富　　　　　　　　　　　D. 分辨率越高

198. 下列_____设备不能向 PC 输入视频信息。

    A. 扫描仪　　　　B. 视频采集卡　　　　C.数字摄像头　　　　D. 数字摄像机

199. 按下微机主机箱上的 Reset(复位)按钮时,计算机停止当前的工作,转去重新启动计算机,首先执行_____程序。

    A. 系统自举　　　　　　　　　　　　B.加电自检

    C. CMOS 设置　　　　　　　　　　　D.基本外围设备的驱动

200. 20 多年来微处理器的发展非常迅速,下列关于微处理器发展的叙述不准确的是_____。

    A. 微处理器中包含的晶体管越来越多,功能越来越强大

    B. 微处理器中 Cache 的容量越来越大

    C. 微处理器的指令系统越来越简单规整

    D. 微处理器的性能价格比越来越高

201. 下列关于 CPU 性能的叙述错误的是_____。

    A. 在 Core 处理器中可以同时进行整数和实数的运算,因此提高了 CPU 的运算速度

    B. 主存的容量不直接影响 CPU 的速度

    C. Cache 存储器的容量是影响 CPU 性能的一个重要因素

    D. 主频为 2 GHz 的 CPU 的运算速度是主频为 1 GHz 的 CPU 运算速度的两倍

202. 下列叙述正确的是_____。

    A. 包含多个处理器的计算机系统是巨型机

    B. 计算机系统中的处理器就是指中央处理器

    C. 一台计算机只能有一个中央处理器

    D. 显卡上的处理器负责图形绘制,视频卡上的处理器负责图像信号处理和编码与解码,这些处理器不能称为 CPU

203. PC 开机启动时所执行的一组指令是永久性地存放在_____中的。

    A. CPU　　　　　B. 硬盘　　　　　　C. ROM　　　　　D. RAM

204. 在 PC 主板上,连接硬盘驱动器的一种高速串行接口是_____。

    A. PCI　　　　　B. SATA　　　　　C. AGP　　　　　D. USB

205. 若一台计算机的字长为 32 位,则表明该计算机_____。

    A. 系统总线的数据线共 32 位

    B. 能处理的数值最多由 4 个字节组成

    C. 在 CPU 中定点运算器和寄存器为 32 位

    D. 在 CPU 中运算的结果最大为 2^{32}

206. 与移动硬盘相比,下列不属于闪存盘优点的是_____。

    A. 容量大   B. 携带方便   C. 可靠性高   D. 体积轻巧

207. 键盘、显示器和硬盘等常用外围设备在操作系统启动时都需要参与工作,所以它们的基本驱动程序都必须预先存放在_____中。

    A. 硬盘   B. BIOS ROM   C.RAM   D. CPU

208. 下列有关 PC 主板上部件的叙述错误的是_____。

    A. BIOS 保存在主板上的一个闪存中,其内容在关机后通常不会改变

    B. CMOS 中保存有用户设置的开机口令,关机后主板上的电池继续给 CMOS 供电

    C. 启动 CMOS 设置程序可以重新设置 CMOS 中的数据,该程序是 BIOS 的组成部分

    D. 网卡通常集成在主板上,由主板上独立的 IC 实现其功能,与芯片组无关

209. 下列有关 PC 外存储器的叙述错误的是_____。

    A. 硬盘的盘片大多为 3.5、2.5 或 1.8 英寸,一个硬盘中可有一个或多个盘片

    B. 有些 U 盘可以模拟硬盘和光盘存储器启动操作系统

    C. 光盘存储器主要分为 CD、DVD 和 BD 三种,它们均采用红外激光进行读写

    D. 光驱的速率通常用多少倍速表示

210. 扫描仪的性能指标一般不包含_____。

    A. 分辨率   B. 色彩位数   C. 刷新频率   D. 扫描幅面

211. 以下_____与 CPU 的运算速度有关。

    ① 工作频率;② 指令系统;③ Cache 容量;④ 运算器的逻辑结构。

    A. ①②   B. ①   C. ①②④   D. ①②③④

212. 计算机的内存储器大多采用_____作为存储介质。

    A. 水银延迟线   B. 磁芯   C. 半导体芯片   D. 磁盘

213. 下列关于 BIOS 的一些叙述正确的是_____。

    A. BIOS 是存放于 ROM 中的一组高级语言程序

    B. BIOS 中含有系统工作时所需的全部驱动程序

    C. BIOS 系统由加电自检程序、系统主引导记录的装入程序、CMOS 设置程序、基本外围设备的驱动程序组成

    D. 没有 BIOS 的 PC 也可以正常启动工作

214. 下列有关 PC 和 I/O 设备的叙述错误的是_____。

    A. 数码相机的成像芯片可以为 CCD 器件或 CMOS 芯片,目前大多数用 CCD 器件

    B. 平板式扫描仪的分辨率通常远远高于胶片扫描仪和滚动式扫描仪

    C. 常见的宽屏液晶显示器的宽度与高度之比为 16:9(或 16:10)

    D. 在银行、超市等商业部门一般采用针式打印机来打印存折和票据

215. 以下打印机中,需要安装色带才能在打印纸上打印出文字和图案的是_____。
    A. 激光打印机   B. 压电喷墨式打印机
    C. 热喷墨式打印机   D. 针式打印机

216. 现在激光打印机多半使用_____接口。
    A. IDE   B. USB   C. PS/2   D. 红外线接口

217. 若某台计算机没有硬件故障,也没有被病毒感染,但执行程序时总是频繁读写硬盘,
     造成系统运行缓慢,则首先需要考虑给该计算机扩充_____。
    A. 内存   B. 硬盘   C. 寄存器   D. CPU

218. 下列说法正确的是_____。
    A. ROM 是只读存储器,其中的内容只能读一次
    B. CPU 不能直接读写外存中存储的数据
    C. 硬盘通常安装在主机箱内,所以硬盘属于内存
    D. 任何存储器都有记忆能力,即其中的信息永远不会丢失

219. 一台 P4/1.5 G/512 MB/80 G 的个人计算机,其 CPU 的时钟频率是_____。
    A. 512 MHz   B. 1 500 MHz   C. 80 000 MHz   D. 4 MHz

220. 与激光、喷墨打印机相比,针式打印机最突出的优点是_____。
    A. 打印速度快   B. 打印噪音低
    C. 能多层套打   D. 打印分辨率高

221. 下列有关 PC 的 CPU 的叙述错误的是_____。
    A. CPU 中包含几十个甚至上百个寄存器,用来临时存放数据、指令和控制数据
    B. 所有 PC 的 CPU 都具有相同的指令系统,因而 PC 可使用相同的软件
    C. 一台计算机至少包含 1 个 CPU,也可以包含 2 个、4 个、8 个甚至更多个 CPU
    D. Intel 公司是国际上研制和生产 CPU 的主要公司,我国也能生产 CPU

222. CMOS 存储器中存放了计算机的一些参数和信息,其中不包含在内的是_____。
    A. 当前的日期和时间   B. 硬盘数目与容量
    C. 开机的密码   D. 基本外围设备的驱动程序

223. 在 PC 中 RAM 的编址单位是_____。
    A. 1 个二进制位   B. 1 个字节
    C. 1 个字   D. 1 个扇区

224. 指令的功能不同,执行步骤的多少也不同,但执行任何指令都必须经历的步骤
     是_____。
    A. 取指令和指令译码   B. 加法运算
    C. 将运算结果保存至内存   D. 从内存读取操作数

225. 普通激光打印机的分辨率一般为_____。
    A. 1 000 dpi   B. 1 500 dpi   C. 300~600 dpi   D. 2 000 dpi

226. 下列四种 PC 主存储器类型中,目前常用的是_____。
    A. EDO DRAM   B. SDRAM   C. RDRAM   D. DDR SDRAM

227. 下列关于 I/O 控制器的说法错误的是_____。

A. 启动 I/O 后,I/O 控制器用于控制 I/O 操作的全过程

B. 每个 I/O 设备都有自己的 I/O 控制器,所有的 I/O 控制器都以扩充卡的形式插在主板的扩展槽中

C. I/O 设备与主存之间的数据传输可以不通过 CPU 而直接进行

D. 输入/输出操作全部完成后,I/O 控制器会向 CPU 发出一个信号,通知 CPU 任务已经完成

228. CPU 的性能主要体现为它的运算速度,CPU 运算速度的传统衡量方法是_____。

A. 每秒钟可执行的指令数目

B. 每秒钟可读写存储器的次数

C. 每秒钟运算的平均数据总位数

D. 每秒钟数据传输的距离

229. 打印机可分为针式打印机、激光打印机和喷墨打印机,其中激光打印机的特点是_____。

A. 高精度、高速度   B. 可方便地打印票据

C. 可低成本地打印彩色页面   D. 比喷墨打印机便宜

230. 自 20 世纪 90 年代起,PC 使用的 I/O 总线是_____,用于连接中、高速外部设备,如以太网卡、声卡等。

A. PCI(PCI-E)   B. USB   C. VESA   D. ISA

231. PC 加电启动时,正常情况下,执行了 BIOS 中的 POST 程序后,计算机将执行 BIOS 中的_____。

A. 系统自举程序(引导程序的装入程序)

B. CMOS 设置程序

C. 操作系统引导程序

D. 检测程序

232. 下列关于打印机的说法错误的是_____。

A. 针式打印机只能打印汉字和 ASCII 字符,不能打印图像

B. 喷墨打印机是使墨水喷射到纸上形成图像或字符的

C. 激光打印机是利用激光成像、静电吸附炭粉原理工作的

D. 针式打印机是击式打印机,喷墨打印机和激光打印机是非击式打印机

233. 下列 4 个 Intel 微处理器产品中,采用双核结构的是_____。

A. Core 2 Duo   B. Pentium PRO   C. Pentium Ⅲ   D. Pentium 4

234. 下列有关 PC 主机的叙述错误的是_____。

A. BIOS 和 CMOS 存储器安装在主板上,普通用户一般不能自己更换

B. 由于 PC 主板的物理尺寸等没有标准化,所以不同 PC 的主板均不能互换

C. 芯片组是 PC 各组成部分相互连接和通信的枢纽,一般由两块 VLSI 芯片组成

D. 芯片组决定了主板上所能安装的内存最大容量、速度及可使用的内存条类型

235. 下列有关 PC 常用 I/O 设备(性能)的叙述错误的是_____。

A. 通过扫描仪扫描得到的图像数据可以保存为多种不同的文件格式,如 JPEG、

TIF 等

  B. 数码相机的成像芯片均为 CCD 类型,存储卡均为 SD 卡

  C. 刷新速率是显示器的主要性能参数之一,目前 PC 显示器的刷新速率一般在
60 Hz 以上

  D. 从彩色图像输出来看,目前喷墨打印机比激光打印机有性价比优势

236. 蓝光光盘(BD)是全高清影片的理想存储介质,其单层盘片的存储容量大约
为_____。

  A. 4.7 GB   B. 8.5 GB   C. 17 GB   D. 25 GB

237. 下列有关 PC 的 I/O 总线与 I/O 接口的叙述正确的是_____。

  A. PC 中串行总线的数据传输速率总是低于并行总线的数据传输速率

  B. SATA 接口主要用于连接光驱,不能连接硬盘

  C. 通过 USB 集线器,一个 USB 接口理论上可以连接 127 个设备

  D. IEEE-1394 接口的连接器与 USB 连接器完全相同,均有 6 根连接线

238. 下列有关 PC 中央处理器(CPU)和内存(内存条)的叙述错误的是_____。

  A. PC 所使用的 Pentium 和 Core 2 微处理器的指令系统有数百条不同的指令

  B. 所谓双核 CPU 或四核 CPU,是指 CPU 由两个或四个芯片组成

  C. DDR 内存条、DDR2 内存条在物理结构上有所不同,如它们的引脚数目不同

  D. 通常台式机中的内存条与笔记本电脑中的内存条不同,不能互换

239. 第一台电子计算机是 1946 年在美国研制的,该机的英文缩写名是_____。

  A. ENIAC   B. EDVAC   C. EDSAC   D. MARK-Ⅱ

240. 把内存中的数据传送到计算机的硬盘,称为_____。

  A. 显示   B. 读盘   C. 输入   D. 写盘

241. 把存储在硬盘上的程序传送到指定的内存区域中,这种操作称为_____。

  A. 输出   B. 写盘   C. 显示   D. 读盘

242. 16 根地址总线的寻址范围是_____。

  A. 512 KB   B. 64 KB   C. 640 KB   D. 1 MB

243. 20 根地址总线的寻址范围是_____。

  A. 512 KB   B. 64 KB   C. 640 KB   D. 1 MB

244. 24 根地址总线可寻址的范围是_____。

  A. 4 MB   B. 8 MB   C. 16 MB   D. 32 MB

245. 下列关于世界上第一台电子计算机 ENIAC 的叙述错误的是_____。

  A. ENIAC 是 1946 年在美国诞生的

  B. 它主要采用电子管和继电器

  C. 它是首次采用存储程序和程序控制自动工作的电子计算机

  D. 研制它的主要目的是计算弹道

246. UPS 的中文译名是_____。

  A. 稳压电源   B. 不间断电源   C. 高能电源   D. 调压电源

247. 磁盘上的磁道是_____。

  A. 一组记录密度不同的同心圆   B. 一组记录密度相同的同心圆

  C. 一条阿基米德螺旋线   D. 两条阿基米德螺旋线

248. 下列关于比特的叙述错误的是_____。

  A. 比特是组成数字信息的最小单位

  B. 比特只有"0"和"1"两个符号

  C. 比特既可以表示数值和文字,也可以表示图像和声音

  D. 比特"1"总是大于比特"0"

249. 二进制数 10111000 和 11001010 进行逻辑与运算,结果再与 10100110 进行或运算,最终结果的十六进制形式为_____。

  A. A2   B. DE   C. AE   D. 95

250. 若 A = 1010,B = 1001,A 与 B 运算的结果是 1011,则其运算一定是_____。

  A. 算术加   B. 算术减   C. 逻辑加   D. 逻辑乘

251. 使用存储器存储二进制位信息时,存储容量是一项很重要的性能指标。存储容量的单位有多种,下面_____不是存储容量的单位。

  A. XB   B. KB   C. GB   D. MB

252. 在表示计算机内存储器容量时,1 MB 为_____字节。

  A. 1 024×1 024 B. 1 000×1 024 C. 1 024×1 000 D. 1 000×1 000

253. 数据通信中数据传输速率是最重要的性能指标之一,它指单位时间内传送的二进制位数目,计量单位 Gb/s 的正确含义是_____。

  A. 每秒兆位   B. 每秒千兆位   C. 每秒百兆位   D. 每秒百万位

254. 将十进制数 89.625 转换成二进制数后是_____。

  A. 1011001.101 B. 1011011.101 C. 1011001.011 D. 1010011.100

255. 二进制数 $(1010)_2$ 与十六进制数 $(B2)_{16}$ 相加,结果为_____。

  A. $(273)_8$ B. $(274)_8$ C. $(314)_8$ D. $(313)_8$

256. 与十六进制数 $(BC)_{16}$ 等值的八进制数是_____。

  A. 273   B. 274   C. 314   D. 313

257. 在计算机中,8 位的二进制数可表示的最大无符号十进制数是_____。

  A. 128   B. 255   C. 127   D. 256

258. 十进制数 100 对应的二进制数、八进制数和十六进制数分别是_____。

  A. 1100100B、144Q 和 64H   B. 1100110B、142Q 和 62H

  C. 1011100B、144Q 和 66H   D. 1100100B、142Q 和 60H

259. 下列四个不同进位制的数中最大的数是_____。

  A. 十进制数 73.5   B. 二进制数 1001101.01

  C. 八进制数 115.1   D. 十六进制数 4C.4

260. 下列选项所列的两个数的值相等的是_____。

  A. 十进制数 54020 与八进制数 54732

  B. 八进制数 14657 与二进制数 1011110011111

  C. 十六进制数 B429 与二进制数 1011010000101001

D. 八进制数 7324 与十六进制数 B93

261. 已知 X 的补码为 10011000, 则它的原码是_____。

    A. 01101000　　　　B. 01100111　　　　C. 10011000　　　　D. 11101000

262. 所谓"变号操作", 是指将一个整数变成绝对值相同但符号相反的另一个整数。假设使用补码表示的 8 位整数 X = 10010101, 则经过变号操作后, 结果为_____。

    A. 01101010　　　　B. 00010101　　　　C. 11101010　　　　D. 01101011

263. 在计算机中, 数值为负的整数一般不采用"原码"表示, 而采用"补码"方式表示。若某带符号整数的 8 位补码表示为 10000001, 则该整数为_____。

    A. 129　　　　B. −1　　　　C. −127　　　　D. 127

264. 十进制数"−56"用 8 位二进制补码表示为_____。

    A. 10101011　　　　B. 11010100　　　　C. 11001000　　　　D. 01010101

265. 最大的 10 位无符号二进制整数转换成八进制数是_____。

    A. 1023　　　　B. 1777　　　　C. 1000　　　　D. 1024

266. 采用补码表示法, 整数"0"只有一种表示形式, 该表示形式为_____。

    A. 1000...00　　　　B. 0000...00　　　　C. 1111...11　　　　D. 0111...11

267. 采用某种进位制时, 如果 3 ∗ 6 = 15, 那么 4 ∗ 5 = _____。

    A. 17　　　　B. 18　　　　C. 19　　　　D. 20

268. 采用某种进位制时, 如果 4 ∗ 5 = 14, 那么 7 ∗ 3 = _____。

    A. 15　　　　B. 21　　　　C. 20　　　　D. 19

269. 下列有关不同进位制系统的叙述错误的是_____。

    A. 在计算机中所有的信息均以二进制编码存储

    B. 任何进位制的整数均可精确地用其他任一进位制表示

    C. 任何进位制的小数均可精确地用其他任一进位制表示

    D. 十进制小数转换成二进制小数, 可以采取"乘以 2 取整法"

270. 将十进制数 937.4375 与二进制数 1010101.11 相加, 其和数为_____。

    A. 八进制数 2010.14　　　　　　　　B. 十六进制数 412.3

    C. 十进制数 1023.1875　　　　　　　D. 十进制数 1022.7375

271. 若十进制数"−57"在计算机内表示为 11000111, 则其表示方式为_____。

    A. ASCII 码　　　　B. 反码　　　　C. 原码　　　　D. 补码

272. 若采用 8 位二进制补码表示十进制整数"−128", 则其表示形式为_____。

    A. 10000001　　　　B. 00000000　　　　C. 10000000　　　　D. 00000001

273. 下列十进制整数中, 能用二进制 8 位无符号整数正确表示的是_____。

    A. 257　　　　B. 201　　　　C. 312　　　　D. 296

274. 计算机使用二进制的原因之一是具有_____个稳定状态的电子器件比较容易制造。

    A. 1　　　　B. 2　　　　C. 3　　　　D. 4

第二章 计算机软件基础知识

一、判断题

1. 软件就是程序,软件产品的维护手册和用户使用指南等不属于计算机软件的组成部分。

2. 软件产品交付给用户使用时,厂商应当能保证软件的正确性和可靠性。

3. 用户购买了一个软件之后,可以将其拷贝给周围的朋友,一起使用该软件的功能。

4. 软件虽然不是物理产品,而是一种逻辑产品,但通常必须使用物理载体进行存储和传输。

5. P3 是世界著名的项目管理软件。由于使用 P3 能管理一个大型工程系统的有关资源,因此,它应属于系统软件。

6. 软件通常一两年就会发布一个新的版本,新版本主要是对原版本的修改、完善和功能的扩充,以适应不断变化的环境。

7. "软件使用手册"不属于软件的范畴。

8. 软件指的是能指示(指挥)计算机完成特定任务的、以电子格式存储的程序、数据和相关文档,这里的相关文档专指用户手册。

9. 程序是软件的主体,单独的数据和文档一般不认为是软件。

10. 软件产品的设计报告、维护手册和用户使用指南等均不属于计算机软件。

11. 所有存储在存储介质上的数字作品都是计算机软件。

12. 软件是以二进制位表示,且通常以电、磁、光等形式存储和传输的,因而很容易被复制。

13. 计算机安装操作系统后,操作系统即驻留在内存储器中,加电启动计算机工作时,CPU 就开始执行其中的程序。

14. 计算机只有安装了操作系统之后,CPU 才能执行数据的存、取或计算操作。

15. 硬盘格式化时,硬盘被分为引导区、文件分配表、文件目录表和数据区四个部分。

16. 把主存和辅存结合起来,为用户提供比实际主存大得多的"虚拟存储器",是操作系统中存储管理所采用的一种主要方法。

17. Windows 操作系统之所以能同时进行多个任务的处理,是因为 CPU 具有多个执行部件,可同时执行多条指令。

18. UNIX 操作系统主要在 PC 上使用。

19. Linux 操作系统的源代码是公开的,它是一种"自由软件"。

20. 在 Windows 操作系统中,磁盘碎片整理程序的主要作用是删除磁盘中无用的文件,提高磁盘利用率。

21. 在 Windows 系统工作状态下,因为错误操作造成的死机,可以按主机上的【RESET】键重新启动,不必关闭主机电源。

22. 只有多 CPU 的系统才能实现多任务处理。

23. "引导程序"的功能是把操作系统从内存写入硬盘。

24. PC 常用的操作系统有 Windows、UNIX、Linux 等。

25. Windows 系列软件和 Office 系列软件都是流行的操作系统软件。

26. 安装好操作系统后,任何硬件设备都不需安装驱动程序就可以正常使用。

27. 操作系统三个重要作用体现在:管理系统硬软件资源、为用户提供各种服务界面、为应用程序开发提供平台。

28. 操作系统是现代计算机系统必须配置的核心应用软件。

29. 操作系统一旦被安装到计算机系统内,它就永远驻留在计算机的内存中。

30. 操作系统中的图形用户界面通过多个窗口分别显示正在运行的程序的状态。

31. 支持多任务处理和图形用户界面是 Windows 的两个特点。

32. 当计算机完成加载过程之后,操作系统即被装入内存中运行。

33. 多任务处理就是 CPU 在某一时刻可以同时执行多个任务。

34. 程序的核心是算法。

35. 实时操作系统的主要特点是允许多个用户同时联机使用一台计算机。

36. 软件使用说明是软件产品不可缺少的一部分。

37. 因为汇编语言是面向计算机指令系统的,因此汇编语言程序可以由计算机直接执行。

38. 汇编语言程序的执行效率比机器语言高。

39. 一台计算机的机器语言就是这台计算机的指令系统。

40. 一般将使用高级语言编写的程序称为源程序,这种程序不能直接在计算机中运行,需要由相应的语言处理程序翻译成机器语言程序才能执行。

41. 编译程序是一种把高级语言程序翻译成机器语言程序的翻译程序。

42. 高级语言源程序通过编译处理可以一次性地产生高效运行的目标程序,并把它保存在磁盘上,可供多次执行。

43. 同一个程序在编译方式下的运行效率要比在解释方式下的运行效率低。

44. 完成从汇编语言到机器语言翻译过程的程序称为编译程序。

45. 程序设计语言按其级别可以分为机器语言、汇编语言和高级语言三大类。

46. 在某一计算机上编写的机器语言程序,可以在任何其他计算机上正确运行。

47. 程序是用某种计算机程序语言编写的指令、命令、语句的集合。

48. 程序设计语言中的条件选择结构可以直接描述重复的计算过程。

49. 为了方便人们记忆、阅读和编程,汇编语言将机器指令采用助记符号表示。

50. Java 语言适用于网络环境编程,在 Internet 上有很多用 Java 语言编写的应用程序。

51. Java 语言和 C++都属于面向对象的计算机程序设计语言。

52. C++语言是对 C 语言的扩充。

53. MATLAB 是将编程、计算和数据可视化集成在一起的一种数值计算程序设计语言。

54. 算法就是程序,程序就是算法。

55. 算法与程序不同,算法是问题求解规则的一种过程描述。

56. 算法必须用程序设计语言来表示。

57. 算法一定要用"伪代码"(一种介于自然语言和程序设计语言之间的文字和符号表达

工具)来描述。

58. 一个算法可以不满足能行性。

59. 一个算法可以没有输出,但至少应有一个输入。

60. 计算机软件包括软件开发和使用所涉及的资料。

61. 用户购买软件后,就获得了它的版权,可以随意进行软件拷贝和分发。

62. 自由软件(Freeware)不允许随意拷贝、修改其源代码,但允许自行销售。

63. 算法和数据结构之间存在密切关系,算法往往建立在数据结构的基础上,若数据结构不同,对应问题的求解算法也会有差异。

64. Linux 和 Word 都是文字处理软件。

65. 软件文档是程序开发、维护和使用所涉及的资料,是软件的重要组成部分。

66. Windows 系统中,每一个物理硬盘只能建立一个根目录,不同的根目录在不同的物理硬盘中。

67. 操作系统通过各种管理程序提供了"任务管理""存储管理""文件管理""设备管理"等多种功能。

68. 评价一个算法的效率应从空间代价和时间代价两方面进行考虑。

69. 按照软件分类原则,能统一管理工程系统中的人力、物力的软件是系统软件。

70. Windows 系统中,不同文件夹中的文件不能同名。

71. Windows 系统中,采用图标(icon)来形象地表示系统中的文件、程序和设备等对象。

72. 应用软件分为通用应用软件和定制应用软件,AutoCAD 软件属于定制应用软件。

73. 所有存储在磁盘中的 MP3 音乐都是计算机软件。

74. Windows 桌面也是 Windows 系统中的一个文件夹。

75. 软件产品是交付给用户使用的一整套程序、相关的文档和必要的数据。

76. Windows 系统中,可以像删除子目录一样删除根目录。

77. 在 Windows 系统中,按下【Alt】+【Print Screen】键,可以将桌面上当前窗口的图像复制到剪贴板中。

78. 为了延长软件的生命周期,常常要进行软件版本的升级,其主要目的是减少错误、扩充功能、适应不断变化的环境。

79. 程序设计语言可分为机器语言、汇编语言和高级语言,其中高级语言比较接近自然语言,而且易学、易用、程序易修改。

80. 汇编语言源程序可以不加修改地移植到其他计算机上使用。

81. 计算机系统中最重要的应用软件是操作系统。

82. 对于同一个问题可采用不同的算法去解决,但不同的算法通常具有相同的效率。

83. 一个完整的算法必须有输出。

二、单选题

1. 计算机软件系统包括_____。
　　A. 系统软件和应用软件　　　　　B. 编译系统和应用系统
　　C. 数据库管理系统和数据库　　　D. 程序、相应的数据和文档

2. 计算机操作系统的作用是_____。

   A. 控制和管理计算机的硬件资源和软件资源,方便用户使用计算机

   B. 对用户存储的文件进行管理,方便用户

   C. 执行用户键入的各类命令

   D. 为汉字操作系统提供运行基础

3. 计算机操作系统是_____。

   A. 一种使计算机便于操作的硬件设备   B. 计算机的操作规范

   C. 计算机系统中必不可少的系统软件   D. 对源程序进行编辑和编译的软件

4. 计算机操作系统的主要功能是_____。

   A. 对源程序进行翻译

   B. 对计算机的所有资源进行控制和管理,为用户使用计算机提供方便

   C. 对用户数据文件进行管理

   D. 对汇编语言程序进行翻译

5. 操作系统的五大功能模块是_____。

   A. 程序管理、文件管理、编译管理、设备管理、用户管理

   B. 磁盘管理、软盘管理、存储器管理、文件管理、批处理管理

   C. 运算器管理、控制器管理、打印机管理、磁盘管理、分时管理

   D. 处理器管理、存储器管理、设备管理、文件管理、作业管理

6. 下列各选项中,对计算机操作系统的作用完整描述的是_____。

   A. 它是用户计算机的界面

   B. 它对用户存储的文件进行管理,方便用户

   C. 它执行用户键入的各类命令

   D. 它管理计算机系统的全部软、硬件资源,合理组织计算机的工作流程,以达到充分发挥计算机资源的效率,为用户提供使用计算机的友好界面

7. 下列软件属于系统软件的是_____。

   A. 用C语言编写的计算弹道的程序   B. C语言的编译程序

   C. 交通管理和定位系统   D. 计算机集成制造系统

8. 下列软件属于系统软件的是_____。

   A. C++编译程序   B. Excel 2016

   C. 学籍管理系统   D. 财务管理系统

9. 下列关于操作系统的叙述正确的是_____。

   A. 操作系统是计算机软件系统中的核心软件

   B. 操作系统属于应用软件

   C. Windows是PC唯一的操作系统

   D. 操作系统的五大功能是:启动、打印、显示、文件存取和关机

10. 一条计算机指令中通常包含_____。

   A. 数据和字符   B. 操作码和操作数

   C. 运算符和数据   D. 被运算数和结果

11. 专门为学习目的而设计的软件是_____。

　　A. 工具软件　　　　B. 应用软件　　　　C. 系统软件　　　　D. 目标程序

12. 在计算机内部能够直接执行的程序语言是_____。

　　A. 数据库语言　　　B. 高级语言　　　　C. 机器语言　　　　D. 汇编语言

13. 一个完整的计算机软件应包含_____。

　　A. 系统软件和应用软件　　　　　　　B. 编辑软件和应用软件

　　C. 数据库软件和工具软件　　　　　　D. 程序、相应数据和文档

14. 下列说法错误的是_____。

　　A. 简单地说,指令就是给计算机下达的一道命令

　　B. 指令系统有一个统一的标准,所有的计算机指令系统相同

　　C. 指令是一组二进制代码,规定由计算机执行程序的操作

　　D. 为解决某一问题而设计的一系列指令就是程序

15. 下列叙述正确的是_____。

　　A. 计算机系统由硬件系统和软件系统组成

　　B. 程序语言处理系统是常用的应用软件

　　C. CPU 可以直接处理外部存储器中的数据

　　D. 汉字的机内码与汉字的国标码是一种代码的两种名称

16. 机器能直接执行的程序是_____。

　　A. 源程序　　　　　B. 汇编语言程序　　C. 编译程序　　　　D. 机器语言程序

17. 一个计算机指令用来_____。

　　A. 规定计算机完成一个完整任务　　　B. 规定计算机执行一个基本操作

　　C. 对数据进行运算　　　　　　　　　D. 对计算机进行控制

18. 操作系统是_____。

　　A. 软件与硬件的接口　　　　　　　　B. 计算机与用户的接口

　　C. 主机与外设的接口　　　　　　　　D. 高级语言与机器语言的接口

19. 计算机指令包括两部分内容,一部分是操作码,一部分是_____。

　　A. 原码　　　　　　B. 地址码　　　　　C. 机器码　　　　　D. 外码

20. 用汇编语言或高级语言编写的程序称为_____。

　　A. 用户程序　　　　B. 源程序　　　　　C. 系统程序　　　　D. 汇编程序

21. 许多企事业单位现在都使用计算机计算、管理职工工资,这属于计算机在_____的应用。

　　A. 科学计算　　　　B. 数据处理　　　　C. 过程控制　　　　D. 辅助工程

22. 各企业在人事、财力、仓库等管理上广泛使用计算机,从计算机应用领域分类看,它们属于_____。

　　A. 过程控制　　　　B. 数据处理　　　　C. 计算机辅助设计　D. 科学计算

23. 下列描述错误的是_____。

　　A. 多媒体技术具有集成性和交互性等特点

　　B. 各种高级语言的翻译程序都属于系统软件

    C. 通常计算机的存储容量越大,性能就越好

    D. 所有计算机的字长都是固定不变的,是 8 位

24. 下列叙述错误的是_____。

    A. 把数据从内存传输到硬盘的过程叫作写盘

    B. 把源程序转换为目标程序的过程叫作编译

    C. 应用软件对操作系统没有任何要求

    D. 计算机内部对数据的传输、存储和处理都使用二进制

25. CAM 是计算机的主要应用领域之一,其中文含义是_____。

    A. 计算机辅助制造　　　　　　　　B. 计算机辅助教学

    C. 计算机辅助设计　　　　　　　　D. 计算机辅助测试

26. "计算机辅助教学"的英文缩写是_____。

    A. CAD　　　　　B. CAM　　　　　C. CAI　　　　　D. CAT

27. "计算机辅助设计"的英文缩写是_____。

    A. CAD　　　　　B. CAM　　　　　C. CAE　　　　　D. CAT

28. "计算机辅助测试"的英文缩写是_____。

    A. CAD　　　　　B. CAI　　　　　C. CAM　　　　　D. CAT

29. 计算机技术中,下列英文缩写和中文名称的对照正确的是_____。

    A. CAD——计算机辅助制造　　　　B. CAM——计算机辅助教学

    C. CIMS——计算机集成制造系统　　D. CAI——计算机辅助设计

30. 下列英文缩写和中文名字的对照错误的是_____。

    A. CAD——计算机辅助设计　　　　B. CAM——计算机辅助制造

    C. CIMS——计算机集成管理系统　　D. CAI——计算机辅助教学

31. 在第一代计算机普及期间,主要使用_____语言编写程序。

    A. 机器　　　　　B. 符号　　　　　C. 汇编　　　　　D. 高级程序设计

32. 把高级程序设计语言编写的源程序翻译成目标程序(. obj)的程序称为_____。

    A. 汇编程序　　　B. 编辑程序　　　C. 编译程序　　　D. 解释程序

33. 用高级语言编写的程序称为源程序,它_____。

    A. 只能在专门的机器上运行

    B. 无须编译或解释,可直接在机器上运行

    C. 不可读

    D. 具有良好的可读性和可移植性

34. 汇编语言是一种_____程序设计语言。

    A. 与具体计算机无关的高级　　　　B. 面向问题的

    C. 依赖于具体计算机的低级　　　　D. 面向过程的

35. 计算机在工作时突然断电,则存储在磁盘上的程序_____。

    A. 完全丢失　　　B. 突然减少　　　C. 遭到破坏　　　D. 仍然完好

36. 下列叙述不正确的是_____。

    A. 用高级语言编写的程序可移植性最差

B. 不同型号 CPU 的计算机具有不同的机器语言

C. 机器语言是由一串二进制数 0、1 组成的

D. 用机器语言编写的程序执行效率最高

37. 办公自动化(OA)是计算机的一项应用,按计算机应用分类,它属于_____。

  A. 科学计算　　　　B. 过程控制　　　　C. 信息处理　　　　D. 辅助设计

38. 在计算机指令中,规定其所执行操作功能的部分是_____。

  A. 地址码　　　　B. 源操作数　　　　C. 操作数　　　　D. 指令码

39. 解释程序与编译程序的区别是_____。

  A. 解释程序将源程序翻译成目标程序,而编译程序是逐条解释执行源程序语句

  B. 编译程序将源程序翻译成目标程序,而解释程序是逐条解释执行源程序语句

  C. 解释程序是应用软件,而编译程序是系统软件

  D. 解释程序解释执行汇编语言程序,编译程序解释执行源程序

40. 下列关于软件的叙述错误的是_____。

  A. 计算机软件由程序和相应的文档资料组成

  B. Windows 操作系统是最常用的系统软件之一

  C. Word 2016 就是应用软件之一

  D. 软件具有知识产权,不可以随便复制使用

41. 下列各组软件都是系统软件的一组是_____。

  A. Windows 和 Office 2016　　　　　　B. UNIX 和 DOS

  C. WPS Office 和 Word 2016　　　　　　D. Windows 和 WPS Office

42. 用高级程序设计语言编写的源程序,必须经过_____才能转换成等价的可执行程序。

  A. 编译　　　　B. 汇编　　　　C. 解释　　　　D. 编译和连接装配

43. 操作系统以_____为单元对磁盘进行读/写操作。

  A. 磁道　　　　B. 字节　　　　C. 扇区　　　　D. KB

44. 机器人从计算机应用领域分类看,它属于_____。

  A. 过程控制　　　　B. 数据处理　　　　C. 人工智能　　　　D. 计算机辅助设计

45. 操作系统以_____为单位来管理用户的数据。

  A. 扇区　　　　B. 文件　　　　C. 目录　　　　D. 字节

46. 下列叙述正确的是_____。

  A. 计算机能直接识别并执行用高级程序设计语言编写的程序

  B. CPU 可以直接存取硬盘中的数据

  C. 操作系统中的文件管理系统是以用户文件名来管理用户文件的

  D. 高级语言的编译程序属于应用软件

47. 下列叙述正确的是_____。

  A. 计算机能直接识别并执行用汇编语言编写的程序

  B. 机器语言编写的程序执行效率最低

  C. 用高级程序设计语言编写的程序称为源程序

D. 不同型号的 CPU 具有相同的机器语言

48. 将高级程序设计语言编写的源程序边翻译、边执行的程序称为_____。

    A. 连接程序　　　　B. 编辑程序　　　　C. 编译程序　　　　D. 解释程序

49. 高级程序设计语言的编译程序属于_____。

    A. 专用软件　　　　B. 应用软件　　　　C. 通用软件　　　　D. 系统软件

50. WPS Office、Word 等字处理软件属于_____软件。

    A. 系统　　　　　　B. 专用应用　　　　C. 通用应用　　　　D. 事务管理

51. 操作系统中的文件管理系统为用户提供_____的功能。

    A. 实现虚拟存储　　　　　　　　　B. 按文件名管理文件

    C. 按文件中的关键字存取文件　　　D. 对文件内容实现检索

52. 按操作系统的分类，UNIX 系统属于_____操作系统。

    A. 批处理　　　　　B. 实时　　　　　　C. 分时　　　　　　D. 单用户

53. 下列叙述错误的是_____。

    A. C 语言是一种高级程序设计语言

    B. 不同型号 CPU 的计算机具有不同的机器语言

    C. 激光打印机的打印质量最好

    D. 内存储器中只能存储当前运行的程序

54. _____属于一种系统软件，没有它，计算机就无法工作。

    A. 汉字系统　　　　B. 操作系统　　　　C. 编译程序　　　　D. 文字处理系统

55. 下列叙述正确的是_____。

    A. 系统软件就是买来的软件，应用软件就是自己编写的软件

    B. 外存上的信息可以直接进入 CPU 被处理

    C. 用机器语言编写的程序可以由计算机直接执行，用高级程序设计语言编写的程序
       必须经过编译（解释）才能执行

    D. 称一台计算机配了 FORTRAN 语言，就是说它一开机就可以用 FORTRAN 语言编
       写和执行程序

56. 人们根据特定的需要，预先为计算机编制的指令序列称为_____。

    A. 软件　　　　　　B. 文件　　　　　　C. 集合　　　　　　D. 程序

57. 计算机的存储单元中存储的_____。

    A. 只能是数据　　　　　　　　　　B. 只能是程序

    C. 只能是指令　　　　　　　　　　D. 可以是数据和程序

58. 当前计算机用途中，_____领域的应用占比最大。

    A. 科学计算　　　　B. 数据处理　　　　C. 过程控制　　　　D. 辅助工程

59. 利用高级程序设计语言编写的程序必须将它转换成_____程序，计算机才能执行。

    A. 汇编语言　　　　B. 中级语言　　　　C. 机器语言　　　　D. 算法语言

60. 下列叙述正确的是_____。

    A. 利用高级程序设计语言编写的程序可移植性差

    B. 机器语言就是汇编语言，无非是名称不同而已

C. 指令是由一串二进制数 0、1 组成的

D. 用机器语言编写的程序可读性好

61. 下列叙述正确的是_____。

A. 计算机能直接识别并执行用高级程序设计语言编写的程序

B. 用机器语言编写的程序可读性最差

C. 机器语言就是汇编语言

D. 高级程序设计语言的编译系统是应用程序

62. 下列叙述正确的是_____。

A. 用高级程序设计语言编写的程序称为源程序

B. 计算机能直接识别、执行用汇编语言编写的程序

C. 用机器语言编写的程序执行效果最低

D. 不同型号的 CPU 具有相同的机器语言

63. 下列叙述正确的是_____。

A. 高级程序设计语言的编译系统属于应用软件

B. 高速缓冲存储器(Cache)一般用 SRAM 来实现

C. CPU 可以直接存取硬盘中的数据

D. 断电后,存储在 ROM 中的信息会全部丢失

64. 下列各类计算机程序语言中,不属于高级程序设计语言的是_____。

A. Visual Basic   B. FORTRAN 语言   C. Pascal 语言   D. 汇编语言

65. 用高级程序设计语言编写的程序,_____。

A. 计算机能直接执行   B. 具有良好的可读性和可移植性

C. 执行效率高,但可读性差   D. 依赖于具体机器,可移植性差

66. 下列各组软件中,全部属于系统软件的一组是_____。

A. UNIX、WPS Office、MS-DOS

B. AutoCAD、Photoshop、PowerPoint 2016

C. Oracle、FORTRAN 编译系统、系统诊断程序

D. 物流管理程序、Sybase、Windows 7

67. 下列各级软件中,全部属于应用软件的一组是_____。

A. Windows XP、WPS Office、Word 2016

B. Unix、Visual FoxPro、AutoCAD

C. MS-DOS、用友财务软件、学籍管理系统

D. Word 2016、Excel 2016、金山词霸

68. 下列各组软件中,全部属于应用软件的一组是_____。

A. UNIX、WPS Office、MS-DOS

B. AutoCAD、Photoshop、PowerPoint 2016

C. Oracle、FORTRAN 编译系统、系统诊断程序

D. 物流管理程序、Sybase、Windows 7

69. 下列软件不是操作系统的是_____。

    A. Linux   B. UNIX   C. Windows   D. MS Office

70. 下列叙述正确的是_____。

    A. 把数据从硬盘上传送到内存的操作称为输出

    B. WPS Office 是一个国产的系统软件

    C. 扫描仪属于输出设备

    D. 将用高级程序设计语言编写的源程序转换为机器语言程序的程序称为编译程序

71. 把用高级程序设计语言编写的源程序转换为可执行程序(.exe),要经过的过程叫作_____。

    A. 汇编和解释   B. 编辑和连接   C. 编译和连接   D. 解释和编译

72. 操作系统将 CPU 的时间资源划分成极短的时间片,轮流分配给各终端用户,使终端用户单独分享 CPU 的时间片,这种操作系统称为_____。

    A. 实时操作系统   B. 批处理操作系统

    C. 分时操作系统   D. 分布式操作系统

73. 为了提高软件开发效率,开发软件时应尽量采用_____。

    A. 汇编语言   B. 机器语言   C. 指令系统   D. 高级语言

74. 计算机软件分系统软件和应用软件两大类,系统软件的核心是_____。

    A. 数据库管理系统   B. 操作系统

    C. 程序语言系统   D. 财务管理系统

75. 在所列的软件中,属于应用软件的有_____。

    ① WPS Office;② Windows 7;③ 财务管理软件;④ UNIX;⑤ 学籍管理系统;⑥ MS-DOS;⑦ Linux。

    A. ①②③   B. ①③⑤   C. ①③⑤⑦   D. ②④⑥⑦

76. 在所列的软件中,属于应用软件的有_____。

    ① WPS Office;② Windows 7;③ UNIX;④ AutoCAD;⑤ Oracle;⑥ Photoshop;⑦ Linux。

    A. ①④⑤⑥   B. ①③④   C. ②④⑤⑥   D. ①④⑥

77. 在所列的软件中,属于系统软件的有_____。

    ① 字处理软件;② Linux;③ UNIX;④ 学籍管理系统;⑤ Windows 7;⑥ Office 2016。

    A. ①②③   B. ②③⑤   C. ①②③⑤   D. 全部都不是

78. CPU 的指令系统又称为_____。

    A. 汇编语言   B. 机器语言   C. 程序设计语言   D. 符号语言

79. 当前微机上运行的 Windows 7 属于_____。

    A. 批处理操作系统   B. 单用户单任务操作系统

    C. 单用户多任务操作系统   D. 分时操作系统

80. 操作系统是计算机软件系统中_____。

    A. 最常用的应用软件   B. 最核心的系统软件

    C. 最通用的专用软件   D. 最流行的通用软件

81. 下列叙述错误的是_____。

    A. 把数据从内存传输到硬盘叫写盘

B. WPS Office 属于系统软件

C. 源程序转换为机器语言的目标程序的过程叫作编译

D. 在计算机内部,数据的传输、存储和处理都使用二进制编码

82. 下列叙述正确的是_____。

A. C++是高级程序设计语言的一种

B. 用 C++程序设计语言编写的程序可以直接在机器上运行

C. 当代最先进的计算机可以直接识别和执行用任何语言编写的程序

D. 机器语言和汇编语言是一种语言的不同名称

83. 完整的计算机软件指的是_____。

A. 程序、数据与相应的文档　　　　　B. 系统软件与应用软件

C. 操作系统与应用软件　　　　　　　D. 操作系统和办公软件

84. 操作系统中的文件管理系统为用户提供的功能是_____。

A. 按文件作者存取文件　　　　　　　B. 按文件名管理文件

C. 按文件创建日期存取文件　　　　　D. 按文件大小存取文件

85. 下列关于软件的叙述正确的是_____。

A. 计算机软件分为系统软件和应用软件两大类

B. Windows 就是广泛使用的应用软件之一

C. 所谓软件就是程序

D. 软件可以随便复制使用,不用购买

86. 编译程序的最终目标是_____。

A. 发现源程序中的语法错误

B. 改正源程序中的语法错误

C. 将源程序编译成目标程序

D. 将某一高级程序设计语言程序翻译成另一高级程序设计语言程序

87. 汇编语言是一种_____程序设计语言。

A. 依赖于计算机的低级　　　　　　　B. 计算机能直接执行的

C. 独立于计算机的高级　　　　　　　D. 面向问题的

88. Word 2016 文档使用的默认扩展名为_____。

A. wps　　　　　　B. txt　　　　　　C. docx　　　　　　D. dotp

89. 在 Word 2016 中,若要将某个段落的格式复制到另一段,可采用_____。

A. 字符样式　　　B. 拖动　　　　　　C. 格式刷　　　　　D. 剪切

90. 在 Windows 7 中,要将当前窗口中的全部内容拷入剪贴板,应该按_____。

A.【Print Screen】键　　　　　　　　B.【Alt】+【Print Screen】快捷键

C.【Ctrl】+【Print Screen】快捷键　　D.【Ctrl】+【P】快捷键

91. 在"格式化磁盘"对话框中,选中"快速格式化"单选按钮,被格式化的磁盘必须是_____。

A. 从未格式化的新盘　　　　　　　　B. 曾被格式化的磁盘

C. 无任何坏扇区的磁盘　　　　　　　D. 硬盘

92. 下列对 Excel 工作簿和工作表的理解正确的是_____。

    A. 要保存工作表中的数据，必须将工作表以单独的文件名存盘

    B. 一个工作簿至多可包含 16 张工作表

    C. 工作表的缺省文件名为 Book1、Book2……

    D. 保存了工作簿就等于保存了其中所有的工作表

93. 下列有关单元格地址的说法正确的是_____。

    A. 绝对地址、相对地址和混合地址在任何情况下所表示的含义是相同的

    B. 只包含相对地址的公式会随公式的移动而改变

    C. 只包含绝对地址的公式一定会随公式的复制而改变

    D. 包含混合地址的公式一定不会随公式的复制而改变

94. 在 Excel 2016 中，要产生［300，550］间的随机整数，下面_____公式是正确的。

    A. ＝rand( )＊250+300   B. ＝int(rand( )＊251)+300

    C. ＝int(rand( )＊250)+301   D. ＝int(rand( )＊250)+300

95. 在 PowerPoint 2016 中，下面_____视图最适合移动、复制幻灯片。

    A. 普通   B. 幻灯片浏览   C. 备注页   D. 大纲

96. 在 PowerPoint 2016 中，如果希望将幻灯片由横排变为竖排，需要更换_____。

    A. 版式   B. 设计模板   C. 背景   D. 幻灯片切换

97. 在 PowerPoint 2016 中，动作按钮可以链接到_____。

    A. 其他幻灯片   B. 其他文件   C. 网址   D. 以上都行

98. 在 Windows 资源管理器中要同时选定不相邻的多个文件，使用_____键。

    A.【Shift】   B.【Ctrl】   C.【Alt】   D.【F8】

99. 在 Windows 中，剪贴板是程序和文件间用来传递信息的临时存储区，此存储器是_____。

    A. 回收站的一部分   B. 硬盘的一部分

    C. 内存的一部分   D. 软盘的一部分

100. a＊d. com 和 a？d. com 分别可以用来表示_____文件。

    A. abcd. com 和 add. com   B. add. com 和 abcd. com

    D. abcd. com 和 abcd. comd. ab   C. abc. com 和 abd. com

101. 下列关于 Word 2016 保存文档的描述不正确的是_____。

    A. 快速访问工具栏中的"保存"按钮与"文件"选项卡中的"保存"命令同等功能

    B. 保存一个新文档，快速访问工具栏中的"保存"按钮与"文件"选项卡中的"另存为"命令同等功能

    C. 保存一个新文档，"文件"选项卡中的"保存"命令与"另存为"命令同等功能

    D. "文件"选项卡中的"保存"命令与"另存为"命令同等功能

102. 在 Word 2016 中的_____方式下，可以显示页眉和页脚。

    A. 阅读视图   B. Web 版式视图   C. 大纲视图   D. 页面视图

103. 在 Excel 2016 的活动单元格中，要将数字作为文字来输入，最简便的方法是先键入一个西文符号_____后，再键入数字。

A. #   B. '   C. ″   D. ,

104. 在 Excel 2016 中,下列地址为相对地址的是_____。

    A. $D5   B. $E$7   C. C3   D. F$8

105. 在 Excel 2016 单元格中输入正文时,下列说法不正确的是_____。

    A. 在一个单元格中可以输入多达 255 个非数字项的字符

    B. 在一个单元格中输入字符过长时,可以强制换行

    C. 若输入数字过长,Excel 会将其转换为科学记数形式

    D. 输入过长或极小的数时,Excel 无法表示

106. 在 Excel 2016 中,下列序列不能直接利用自动填充快速输入的是_____。

    A. 星期一,星期二,星期三,…   B. 第一类,第二类,第三类,…

    C. 甲,乙,丙,…   D. Mon,Tue,Wed,…

107. 在 PowerPoint 2016 中,_____设置能够应用幻灯片主题改变幻灯片的背景、标题字体格式。

    A. 幻灯片版式   B. 幻灯片设计   C. 幻灯片切换   D. 幻灯片放映

108. 在 PowerPoint 2016 中,通过_____设置后,单击"幻灯片放映"能够自动放映。

    A. 排练计时   B. 动画   C. 自定义动画   D. 幻灯片设计

109. 在 Windows 中,对话框是一种特殊的窗口,一般的窗口可以移动和改变大小,而对话框_____。

    A. 既不能移动,也不能改变大小   B. 仅可以移动,不能改变大小

    C. 仅可以改变大小,不能移动   D. 既能移动,也能改变大小

110. 下列_____方式不能关闭当前窗口。

    A. 标题栏上的"关闭"按钮   B. "文件"选项卡中的"退出"

    C. 按【Alt】+【F4】快捷键   D. 按【Alt】+【Esc】快捷键

111. 双击一个扩展名为 .docx 的文件,则系统默认是用_____来打开它。

    A. 记事本   B. Word 2016   C. 画图   D. Excel 2016

112. 打开一个 Word 文档,通常指的是_____。

    A. 把文档的内容从内存中读入,并显示出来

    B. 把文档的内容从磁盘调入内存,并显示出来

    C. 为指定文件开设一个空的文档窗口

    D. 显示并打印出指定文档的内容

113. 在 Word 2016 中,与打印预览基本相同的视图方式是_____。

    A. 普通视图   B. 大纲视图   C. 页面视图   D. 全屏显示

114. 下列 Word 2016 的段落对齐方式中,能使段落中每一行(包括未输满的行)都能保持首尾对齐的是_____。

    A. 左对齐   B. 两端对齐   C. 居中对齐   D. 分散对齐

115. Excel 2016 的缺省工作簿名称是_____。

    A. 文档1   B. Sheet1   C. 工作簿 1   D. doc

116. Excel 2016 工作表的列数最大为_____。

A. 255　　　　　B. 256　　　　　C. 1 024　　　　　D. 16 384

117. PowerPoint 2016 演示文稿和主题(模板)的扩展名是_____。

　　A. docx 和 txt　　B. html 和 ptr　　C. pot 和 ppt　　D. pptx 和 potx

118. 下列不是 PowerPoint 2016 合法的"打印内容"选项的是_____。

　　A. 幻灯片　　　　B. 备注页　　　　C. 讲义　　　　D. 动画

119. 下列不是 PowerPoint 2016 视图的是_____。

　　A. 普通视图　　　B. 幻灯片浏览视图　C. 备注页视图　　D. 动画视图

120. 在 Excel 2016 的单元格中,输入换行的快捷键是_____。

　　A.【Alt】+【Tab】　　　　　　　　B.【Alt】+【Enter】

　　C.【Ctrl】+【Enter】　　　　　　　D.【Enter】

121. 将一个应用程序最小化,表示_____。

　　A. 终止该应用程序的运行

　　B. 该应用程序窗口缩小到桌面上(不在任务栏)的一个图标按钮

　　C. 该应用程序转入后台不再运行

　　D. 该应用程序转入后台继续运行

122. 如果在 Word 2016 中,单击某个组中的"对话框启动器按钮",会发生的情况是_____。

　　A. 临时隐藏功能区,以便为文档留出更多空间

　　B. 对文本应用更大的字号

　　C. 将看到其他选项

　　D. 弹出一个对话框

123. 在 Word 文档编辑中,文字下面有红色波浪线表示_____。

　　A. 对输入的确认　　　　　　　B. 可能有语法错误

　　C. 可能有拼写错误　　　　　　D. 已修改过的文档

124. 在 Word 中,为了保证字符格式的显示效果和打印效果一致,应设定的视图方式是_____。

　　A. 普通视图　　　B. 页面视图　　　C. 大纲视图　　　D. 全屏幕视图

125. Office 应用程序一般都提供许多模板,下列关于模板的叙述错误的是_____。

　　A. 模板可以被多次使用

　　B. 模板中往往提供一些特定数据和格式

　　C. 模板可以被修改

　　D. 模板是 Office 提供的,用户不能创建新模板

126. 在 Word 工作过程中,当光标位于文中某处,输入字符,通常都有_____两种工作状态。

　　A. 插入与改写　　B. 插入与移动　　C. 改写与复制　　D. 复制与移动

127. 在 Excel 2016 的单元格内输入日期时,年、月、日分隔符可以是_____。

　　A. "/"或"-"　　　　　　　　　　B. "."或"|"

　　C. "/"或"\"　　　　　　　　　　D. "\"或"-"

128. Excel 2016 中默认的单元格引用是_____。
    A. 相对引用   B. 绝对引用   C. 混合引用   D. 三维引用

129. 在 PowerPoint 2016 中,添加新幻灯片的快捷键是_____。
    A.【Ctrl】+【S】   B.【Ctrl】+【M】   C.【Ctrl】+【N】   D.【Ctrl】+【O】

130. Excel 2016 工作表的单元格,在执行某些操作之后,显示一串"#"符号,其原因是_____。
    A. 公式有错,无法计算
    B. 数据已经因操作失误而丢失
    C. 显示宽度不够,只要调整宽度即可
    D. 格式与类型不匹配,无法显示

131. 在 PowerPoint 2016 中,在_____视图中一个屏幕可以显示多张幻灯片。
    A. 幻灯片   B. 大纲   C. 幻灯片浏览   D. 备注页

132. 下列关于"回收站"的叙述不正确的是_____。
    A. 放入回收站的文件被真正删除了
    B. 回收站的容量可以调整
    C. 回收站是专门用于存放硬盘上删除的信息
    D. 回收站是一个系统文件夹

133. 下列关于"剪贴板"的说法不正确的是_____。
    A. 剪贴板是内存的一块区域
    B. 剪贴板是硬盘的一块区域
    C. 剪贴板只可保留最后一次剪切或复制的内容
    D. 进行剪切或复制操作后重新启动计算机,剪贴板中的内容会消失

134. Word 文档编辑中,文字下面有绿色波浪线表示_____。
    A. 对输入的确认   B. 可能有语法错误
    C. 可能有拼写错误   D. 已修改过的文档

135. 在 Word 2016 的_____视图下可以插入页眉和页脚。
    A. 页面   B. 普通   C. 大纲   D. 全屏幕

136. 在 Word 2016 中,下列关于自选图形的填充效果的说法错误的是_____。
    A. 可以为自选图形设置无色填充
    B. 可以为自选图形设置纯色填充
    C. 可以为自选图形设置渐变色填充效果、纹理填充效果和图案填充效果
    D. 无法将图片设为自选图形的填充效果

137. 在 Word 2016 中,要想使所编辑的文件保存后不被他人查看,可以在"文件"选项卡中选择"信息"命令,在"保护文档"选项中_____。
    A. 设置文件的属性   B. 建议以只读方式打开
    C. 用密码进行加密   D. 快速保存

138. 在 Excel 2016 中,运算符"&"表示_____。
    A. 逻辑值的与运算   B. 子字符串的比较运算

C. 数值型数据的相加   D. 字符型数据的连接

139. 在 Excel 2016 中,某区域由 A1、A2、A3、B1、B2、B3 六个单元格组成。下列不能表示该区域的是_____。

    A. A1:B3   B. A3:B1   C. B3:A1   D. A1:B1

140. 向 Excel 2016 单元格里输入公式,运算符有优先顺序,下列说法错误的是_____。

    A. 百分比优先于乘方   B. 乘和除优先于加和减

    C. 字符串连接优先于关系运算   D. 乘方优先于负号

141. 在 Excel 2016 的单元格中,如果要将一个数字 38485 以字符方式输入,应输入_____。

    A. '38485   B. "38485   C. 38485'   D. 38485

142. 如要终止幻灯片的放映,可直接按_____快捷键。

    A.【Ctrl】+【C】   B.【Esc】

    C.【End】   D.【Alt】+【F4】

143. 设置 PowerPoint 对象的超链接功能是指把对象链接到其他_____上。

    A. 图片   B. 文字

    C. 幻灯片、文件、网页和电子邮件   D. 以上皆可

144. 在同一时刻,Windows 系统中的活动窗口可以有_____。

    A. 2 个   B. 255 个

    C. 任意多个,只要内存足够   D. 唯一一个

145. 在 Excel 2016 中,下列说法错误的是_____。

    A. Excel 应用程序可同时打开多个工作簿文档

    B. 在同一工作簿文档窗口中可以建立多张工作表

    C. 在同一工作表中可以为多个数据区域命名

    D. Excel 新建工作簿的缺省名为"文档1"

146. Windows 中表示当前文件夹中所有开始两个字符为 ER 的文件,可使用_____。

    A. ? ER?.*   B. ER??.*   C. ER?.*   D. ER*.*

147. 在 Excel 2016 中,分类汇总方式不包括_____。

    A. 乘积   B. 平均值   C. 最大值   D. 求和

148. 在 Word 2016 中,需要调整表格的行高和列宽时,可以右击表格,在快捷菜单中选择_____命令,调整行高和列宽。

    A. 表格属性   B. 单元格   C. 自动套用格式   D. 插入表格

149. 在 Excel 2016 中,对已生成的图表,下列说法错误的是_____。

    A. 可以为图表区设置填充色   B. 可以改变图表格式

    C. 图表的位置可以移动   D. 图表的类型不能改变

150. Excel 的主要功能是_____。

    A. 表格处理、文字处理、文件管理   B. 表格处理、网络通信、图表处理

    C. 表格处理、数据库管理、图表处理   D. 表格处理、数据库管理、网络通信

151. 关于 Word 2016 中的文本框,下列说法不正确的是_____。

A. 文本框可以做出发光效果

B. 文本框可以做出三维效果

C. 文本框只能存放文本,不能放置图片

D. 文本框可以设置底纹

152. 在 Excel 2016 中,下列说法不正确的是_____。

    A. 可以对建立的图表进行缩放和修改

    B. 可将单元格中的数据以各种统计图表的形式显示

    C. 建立图表首先要在工作表中选取图表的数据区

    D. 工作表中的数据源发生变化时,图表中的对应数据不能自动更新

153. 在 Word 2016 的"字体"对话框中,不可设定文字的_____。

    A. 字间距   B. 字号   C. 删除线   D. 行距

154. PowerPoint 2016 的各种视图中,显示单个幻灯片以进行文本编辑的视图是_____。

    A. 普通视图   B. 幻灯片浏览视图

    C. 阅读视图   D. 大纲视图

155. 在 PowerPoint 2016 中,将演示文稿打包为可播放的演示文稿后,文件类型为_____。

    A. pptx   B. ppzx   C. pspx   D. ppsx

156. PowerPoint 2016 是_____。

    A. 数据库管理系统   B. 电子数据表格软件

    C. 文字处理软件   D. 幻灯片制作软件

157. 在 Windows 的资源管理器中,为了能查看文件的大小、类型和修改时间,应该在"查看"菜单中选择_____显示方式。

    A."大图标"   B."小图标"   C."详细信息"   D."列表"

158. 在 Excel 2016 中,快速创建图表的快捷键是_____。

    A.【F11】   B.【F2】   C.【F9】   D.【F5】

159. 在 Windows 7 资源管理器中,选择几个连续的文件的方法可以是:先单击第一个,再按住_____键单击最后一个。

    A.【Ctrl】   B.【Shift】   C.【Alt】   D.【Ctrl】+【Alt】

160. 在 Windows 7 中,设置屏幕特性可通过_____来进行。

    A. 控制面板   B. 附件   C. 任务栏   D. DOS 命令

161. 在 Excel 2016 的单元格中,进行除法运算时,如果分母为 0,则会出现_____错误提示。

    A. #DIV/0!   B. #REF!   C. #####   D. #NUM!

162. 在 Excel 2016 中,选定单元格后单击"复制"按钮,再选中目的单元格后单击"粘贴"按钮,此时被粘贴的是源单元格中的_____。

    A. 格式和公式   B. 全部   C. 数值和内容   D. 格式和批注

163. 在 Word 2016 中,格式刷按钮的作用是_____。

    A. 复制文本   B. 复制图形   C. 复制文本和格式   D. 复制格式

164. PowerPoint 2016 中,下列有关幻灯片母版中的页眉/页脚的说法错误的是_____。

    A. 页眉/页脚是加在演示文稿中的注释性内容

    B. 典型的页眉/页脚内容是日期、时间及幻灯片编号

    C. 在打印演示文稿的幻灯片时,页眉/页脚的内容也可打印出来

    D. 不能设置页眉和页脚的文本格式

165. 为了表示 ABCDE.FG、ABCDE.XYZ、ABDDE、AB.ABC、ABE.FGH、AAA.AAA、ABEF.G 这七个文件名中的前三个,应当使用_____。

    A. AB＊.?　　　B. AB? DE.＊　　　C. A＊.???　　　D. AB＊.＊.

166. 在 Word 文档中,"目录"按钮在_____选项卡中。

    A. "开始"　　　B. "插入"　　　C. "布局"　　　D. "引用"

167. 对 Excel 2016 的单元格中的公式重新编辑的方法是_____。

    A. 用鼠标双击公式　　　　　　　B. 利用编辑栏

    C. 按【F2】功能键　　　　　　　D. 以上均可

168. 在 Windows 回收站中,可以恢复_____。

    A. 从硬盘中删除的文件或文件夹　　　B. 从软盘中删除的文件或文件夹

    C. 剪切掉的文档　　　　　　　　　　D. 从光盘中删除的文件或文件夹

169. 为获得 Windows 7 的帮助,可以通过下列途径:_____。

    A. 在"开始"菜单中运行"帮助和支持"命令

    B. 选择桌面并按【F1】键

    C. 在使用应用程序过程中按【F1】键

    D. 以上都对

170. 在 Word 2016 中查找和替换正文时,若操作错误,则_____。

    A. 可用"撤消"来恢复　　　　　　B. 必须手工恢复

    C. 无可挽回　　　　　　　　　　D. 有时可恢复,有时就无可挽回

171. 在 Word 2016 中,_____用于控制文档在屏幕上的显示大小。

    A. 全屏显示　　　B. 显示比例　　　C. 缩放显示　　　D. 页面显示

172. Word 2016 在正常启动之后会自动打开一个名为_____的文档。

    A. 1.docx　　　B. 1.txt　　　C. Doc1.docx　　　D. 文档1

173. 在 Excel 2016 的单元格中,引用方式的结果不随单元格位置的改变而改变的是_____。

    A. 相对引用　　　B. 绝对引用　　　C. 链接引用　　　D. 混合引用

174. 在 Excel 单元格内输入计算公式时,应在表达式前加前缀字符_____。

    A. 左圆括号"("　　　　　　　　B. 等号"="

    C. 美圆号"＄"　　　　　　　　　D. 单撇号"'"

175. 在 Excel 2016 的单元格中输入数字字符串 00080(邮政编码)时,应输入_____。

    A. 00080　　　B. "00080　　　C. '00080　　　D. 00080'

176. Excel 2016 文件的后缀是_____。

    A. .xlsx　　　B. .xlt　　　C. .xlw　　　D. .Excel

177. Excel 2016 中,在打印学生成绩单时,对不及格的成绩用醒目的方式表示(如用红色表示等),当要处理大量的学生成绩时,利用_____命令最为方便。
    A. 查找　　　　B. 条件格式　　　　C. 数据筛选　　　　D. 定位

178. 在 Excel 2016 中,输入_____,使该单元格显示 0.3。
    A. 6/20　　　　B. "6/20"　　　　C. ="6/20"　　　　D. =6/20

179. 在 PowerPoint 2016 中,若为幻灯片中的对象设置"飞入",应选择_____选项卡。
    A. "动画"　　　　B. "切换"　　　　C. "设计"　　　　D. "幻灯片放映"

180. 使用 PowerPoint 2016 制作教学课件,要在幻灯片中加入自己的声音文件,应选择_____选项卡。
    A. "设计"　　　　B. "插入"　　　　C. "切换"　　　　D. "加载项"

181. 演示文稿中的每一张演示的单页称为_____,它是演示文稿的核心。
    A. 母版　　　　B. 模板　　　　C. 版式　　　　D. 幻灯片

182. 在 Excel 2016 中,数据分类汇总的前提是_____。
    A. 筛选　　　　B. 排序　　　　C. 记录单　　　　D. 以上全错误

183. 在 PowerPoint 2016 中,下列关于主题的说法错误的是_____。
    A. 选择了主题就相当于使用了新的母版
    B. 可以将新创建的任何演示文稿保存为主题
    C. 一个演示文稿只能使用一种主题
    D. 主题是改变演示文稿整体外观的一种设计方案

184. 在编辑 Word 2016 文档中,按【Ctrl】+【A】快捷键可以_____。
    A. 选定整个文档　　　　　　　B. 选定一段文字
    C. 选定一个句子　　　　　　　D. 选定多行文字

185. 在 Word 2016 文档中,新建空白文档的快捷键是_____。
    A.【Ctrl】+【Y】　　　　　　　B.【Ctrl】+【Z】
    C.【Ctrl】+【O】　　　　　　　D.【Ctrl】+【N】

186. 在 Word 2016 文档中,若要将文档中所有"电脑"一词修改成"计算机",可能使用的功能是_____。
    A. 查找　　　　B. 替换　　　　C. 自动替换　　　　D. 改写

187. 在 Word 2016 文档中的"布局"选项卡下,不能进行_____操作。
    A. 插入分页符　　B. 插入分节符　　C. 插入页码　　D. 设置页面

188. 在 Word 2016 文档中,可以将页码插入文档的_____。
    A. 页眉区　　　　B. 页脚区　　　　C. 页边距　　　　D. 以上均可

189. 在 Word 2016 文档中共有_____种段落对齐方式。
    A. 4　　　　B. 5　　　　C. 3　　　　D. 6

190. 在 Word 2016 文档中,可以设置的字体格式包括_____。
    A. 字体样式　　B. 字号　　　　C. 字体颜色　　D. 以上均可

191. 在 Word 2016 的_____视图方式下,可以显示分页的效果。
    A. 大纲　　　　B. 页面　　　　C. Web 版式　　　　D. 阅读版式视图

192. Word 2016 具有插入功能,下列关于插入的说法错误的是_____。
 A. 可以插入多种类型的图片　　　　B. 插入后的对象无法更改
 C. 可以插入声音文件　　　　　　　D. 可以插入超链接

193. 在 Word 2016 文档中,图片和剪贴画的插入是在_____选项卡中进行的。
 A. "开始"　　　B. "布局"　　　C. "设计"　　　D. "插入"

194. 在 Word 2016 文档中,插入自选图形时,单击_____按钮。
 A. "图片"　　　B. "剪贴画"　　　C. "形状"　　　D. "图表"

195. Word 2016 默认图片插入的版式是_____。
 A. 嵌入型　　　B. 浮于文字上方　　C. 四周环绕型　　D. 紧密型

196. 在 Word 2016 文档中,利用"插入表格"按钮可以快速插入一张最大为_____的表格。
 A. 8 行 10 列　　B. 10 行 10 列　　C. 7 行 7 列　　D. 10 行 8 列

197. 在 Word 2016 中,合并与拆分操作一般在_____选项卡中进行。
 A. "开始"　　　B. "插入"　　　C. "布局"　　　D. "引用"

198. 在 Word 2016 文档中,给表格添加边框和底纹是在_____选项卡中进行的。
 A. "开始"　　　B. "布局"　　　C. "设计"　　　D. "插入"

第三章　计算机网络基础知识

一、判断题

1. 通信就是传递信息,因此书、报、磁带、唱片等都是现代通信的媒介。

2. 现代通信指的是使用电波或光波传递信息的技术,通常称为电信。

3. 通信的任务是传递信息,通信至少需要三个要素:信源、信宿和信道。例如,电话线及交换机就是一种信道。

4. 多路复用技术主要是为了提高传输线路的利用率,降低通信成本。

5. Modem 由调制器和解调器两部分组成。调制是指把模拟信号变换为数字信号,解调是指把数字信号变换为模拟信号。

6. 调制解调器的主要作用是,利用现有电话线、有线电视电缆等模拟信号传输线路来传输数字信息。

7. 信息传输时,为了进行长距离传输,往往利用信源信号去调整载波的某个参数,这个过程称为"调制",基本调制方法有调幅、调频、调相。

8. 广泛使用的无线电广播和电视仍部分使用模拟通信技术。

9. 计算机网络只是部分地采用了数字通信技术。

10. 卫星电视已经采用了数字传输技术。

11. 电话系统的通信线路是用来传输语音的,因此它不能用来传输数据。

12. 模拟电路比数字电路更容易用超大规模集成电路实现,有利于通信设备的小型化、微型化。

13. 数字通信系统中,一个信道允许的最大数据传输速率称为该信道的带宽。

14. 同轴电缆只能用于传输电视信号,不能用于传输数字信号。

15. 双绞线既可以传输语音信号,又可以用于传输数字信号。

16. 在局域网的组网中广泛采用的介质是 5 类或 6 类无屏蔽双绞线。

17. 信息在光纤中传输时,每隔一定距离需要加入中继器,将信号放大后再继续传输。

18. 使用光纤进行通信容易受到外界电磁干扰,安全性不高。

19. 地面微波接力通信、光纤通信及卫星通信都属于微波远距离通信。

20. 微波是一种具有极高频率的电磁波,波长很短,它可以沿地球表面传播到地面上很远的地方。

21. 移动通信系统由移动台、基站、移动电话交换中心等组成。

22. 移动通信系统中,移动电话交换中心直接接收手机(移动台)的无线信号,并负责向手机发送信号。

23. 目前仍广泛使用的 GSM 是第三代移动通信系统。

24. 第四代移动通信系统实现高质量的多媒体通信,包括话音通信、数据通信和高分辨率的图像通信等。

25. 移动通信系统中每个移动交换中心的有效区域既相互分割,又彼此有所交叠,整个移动通信网就像是蜂窝,所以也称为"蜂窝式移动通信"。

26. GSM 和 CDMA 等多个不同的移动通信系统彼此有所交叠形成"蜂窝式移动通信"。

27. CDMA 是个人移动电话系统中采用的一种信道复用技术。

28. 分组交换网的基本工作方式是数模转换。

29. 在数字通信系统中,信道带宽即信道的最大数据传输速率,是其主要性能参数之一。

30. 双绞线常用作计算机局域网传输介质,但它不可用作本地固定电话线路。

31. 与同轴电缆相比,双绞线容易受到干扰,误码率较高,通常只在建筑物内部使用。

32. 在数字通信系统中,信道带宽与所使用的传输介质和传输距离密切相关,与采用何种多路复用及调制解调技术无关。

33. 分组交换必须在数据传输之前先在通信双方之间建立一条固定的物理连接线路。

34. 计算机网络按性质分为局域网、广域网和城域网。

35. 在网络工作模式客户/服务器模式中,联网的每台计算机,既可以做服务器,也可以做客户机,并且可以互相共享资源。

36. 在局域网中,每台计算机都必须设置一个 IP 地址,以便进行信息帧的传送。

37. 每个网卡都有一个全球唯一的地址,称为 MAC 地址,因此网卡比较复杂,一般做成独立插卡的形式。

38. Sun Microsystems 计算机公司曾经提出一个口号:"网络就是计算机。"其真正的内涵是,计算机网络用户可以共享整个网络中的全部软件、硬件和数据资源,就好像使用自己的计算机一样。

39. 不同类型的局域网使用的网卡、MAC 地址和数据帧格式可能并不相同。

40. 为使两台计算机能进行信息交换,必须使用导线将它们互相连接起来。

41. 单从网络提供的服务看,广域网与局域网并无本质上的差别。

42. 广域网比局域网覆盖的地域范围广,其实它们所采用的技术是完全相同的。

43. 以太网使用的集线器(HUB)只是扮演了一个连接器的角色,不能放大或再生信号。

44. 路由器可以连接异构网络,但不能连接同构网络,连接同构网络需要用网关。

45. 大多数商用路由器都提供了过滤的功能,过滤特定的 IP 数据报,对保障网络安全起着重要作用。

46. 共享式以太网(Ethernet)是采用总线结构的一种局域网。在共享式以太网中,所有的计算机通过以太网卡连接到一条总线上,并采用广播方式进行相互间的数据通信。

47. 交换式以太网采用星型结构连接,网络中的所有计算机连接到一个中心交换机上,彼此之间可以互相通信。

48. 因特网中的每一台计算机都有一个 IP 地址,路由器可以没有。

49. 分组交换机是一种带有多个端口的专用通信设备,每个端口都有一个缓冲区用来保存等待发送的数据包。

50. 路由器的功能一般都是由硬件网卡来实现的。

51. 将一个由总线式(共享式)集线器组成的局域网升级为交换式局域网,除了更换交换式集线器外,还必须更新所有节点的网卡。

52. 用交换式集线器可构建交换式以太网,其性能优于总线式以太网。

53. 网络软件是实现网络功能不可缺少的软件。

54. 某些型号的打印机自带网卡,可直接与网络相连。

55. 使用 Cable Modem 需要用电话拨号后才能上网。

56. 每块以太网卡都有一个全球唯一的 MAC 地址,该地址由 6 个字节(48 个二进位)组成。

57. 数据通信系统中,为了实现在众多数据终端设备之间的相互通信,必须采用某种交换技术。目前在广域计算机网络中普遍采用的交换技术是电路交换。

58. 网络上用来运行邮件服务器软件的计算机称为邮件服务器。

59. 实现无线上网方式的计算机内不需要安装网卡。

60. 存储转发技术使分组交换机能对同时到达的多个包进行处理,而不会发生冲突。

61. WWW 是 Internet 上最广泛的一种应用,WWW 浏览器不仅可以下载信息,也可以上传信息。

62. 因特网是一个庞大的计算机网络,每一台入网的计算机必须有一个唯一的标识,以便相互通信,该标识就是常说的 URL。

63. IE 浏览器是 PC 的一种输出设备。

64. 用户浏览不同网站的网页时,需要选用不同的 Web 浏览器,否则就无法查看该网页的内容。

65. IE 浏览器是目前使用最广泛的一种浏览器,它能提供多种便于访问网页的措施,可浏览使用不同语言制作的网页。

66. 在脱机(未上网)状态下是不能撰写邮件的,因为发不出去。

67. 一个完整的 URL 由协议、服务器地址及端口号和网页等部分组成。

68. Web 浏览器不仅能下载和浏览网页,而且能进行 E-mail、Telnet、FTP 等其他Internet 服务。

69. FTP 在因特网上有着大量的应用,其中有很多 FTP 站点允许用户进行匿名登录。

70. 域名为 www.hytc.edu.cn 的服务器,若对应的 IP 地址为 202.195.112.3,则通过主机名 和 IP 地址都可以实现对服务器的访问。

71. 所有的 IP 地址都可以分配给任何主机使用。

72. 通过 Telnet 可以使用远程计算机系统中的计算资源。

73. 蓝牙是一种近距离无线数字通信的技术标准,适合于办公室或家庭内使用。

74. 蓝牙是一种近距离高速有线数字通信的技术标准。

75. 无线局域网采用的协议主要是 802.11,俗称 Wi-Fi。

76. FTP 服务器提供文件下载服务,但不允许用户上传文件。

77. 路由器(router)常被用来连接异构网络,它所使用的 IP 地址个数与连接的物理网络数 目有关。

78. 使用 FTP 进行文件传输时,用户一次操作只可以传输一个文件。

79. 由于计算机网络的普及,许多计算机系统都设计成基于计算机网络的客户/服务器工 作模式。巨型机、大型机和小型机一般都作为系统的服务器使用,个人计算机则用作 客户机。

80. 构建无线局域网时,必须使用无线网卡才能将 PC 接入网络。

81. 文件传输服务 FTP 允许用户把网络上一台计算机中的文件传输到另外一台计算 机上。

82. 如果用户想通过远程登录使用某服务器,必须预先在服务器上注册开户。

83. 用户可利用自己的计算机通过因特网采用远程登录方式作为大型或巨型服务器的用 户,使用其硬件和软件资源。

84. 在蜂窝移动通信系统中,所有基站与移动交换中心之间也通过无线信道传输信息。

85. 因特网上使用的网络协议是严格按 ISO 制定的 OSI/RM 来设计的。

86. 用户在使用 Cable Modem 上网的同时可以收看电视节目。

87. ADSL 可以与普通电话共用一条电话线,但上网时不能打电话。

88. ADSL 为下行流提供较上行流更高的传输速率。

89. ADSL 技术是 xDSL 技术中的一种,也是家庭宽带上网使用最广泛的技术,由于使用电 话线路,所以上网时还需缴付电话通话费。

90. 网络互连中使用最多的是 TCP/IP 协议,该协议只包含 TCP 和 IP 两个协议。

二、单选题

1. 计算机网络最主要的功能在于_____。
   A. 扩充存储容量　　　　　　　　B. 提高运算速度
   C. 传输文件　　　　　　　　　　D. 共享资源
2. 计算机网络的主要功能包括_____。

A. 日常数据收集、数据加工处理、数据可靠性、分布式处理

B. 数据通信、资源共享、数据管理与信息处理

C. 图片视频等多媒体信息传递和处理、分布式计算

D. 数据通信、资源共享、提高可靠性、分布式处理

3. 一台计算机接入计算机网络后,则该计算机_____。

    A. 能加快运算速度　　　　　　　　B. 能加大存储容量

    C. 能共享网上的资源　　　　　　　D. 能提高运行精度

4. 计算机网络的主要目标是实现_____。

    A. 数据处理　　　　　　　　　　　B. 文献检索

    C. 快速通信和资源共享　　　　　　D. 共享文件

5. 计算机网络是计算机技术与_____技术相结合的产物。

    A. 网络　　　　　B. 通信　　　　　C. 软件　　　　　D. 信息

6. 就计算机网络分类而言,下列说法规范的是_____。

    A. 网络可以分为光缆网、无线网、局域网

    B. 网络可以分为公用网、专用网、远程网

    C. 网络可以分为局域网、广域网、城域网

    D. 网络可以分为数字网、模拟网、通用网

7. 在下列网络的传输介质中,抗干扰能力最强的一个是_____。

    A. 光缆　　　　　B. 同轴电缆　　　C. 双绞线　　　　D. 电话线

8. 将计算机与局域网互联,需要_____。

    A. 网桥　　　　　B. 网关　　　　　C. 网卡　　　　　D. 路由器

9. 下列各指标中,数据通信系统的主要技术指标之一是_____。

    A. 误码率　　　　B. 重码率　　　　C. 分辨率　　　　D. 频率

10. 调制解调器(Modem)的主要技术指标是数据传输速率,它的度量单位是_____。

    A. MIPS　　　　　B. Mb/s　　　　　C. dpi　　　　　　D. KB

11. 调制解调器(Modem)包括调制和解调功能,其中调制功能是指_____。

    A. 将模拟信号转换成数字信号　　　B. 将数字信号转换成模拟信号

    C. 将光信号转换为电信号　　　　　D. 将电信号转换为光信号

12. 调制解调器(Modem)包括调制和解调功能,其中解调功能是指_____。

    A. 将模拟信号转换成数字信号　　　B. 将数字信号转换成模拟信号

    C. 将光信号转换为电信号　　　　　D. 将电信号转换为光信号

13. 调制解调器用于完成计算机数字信号与_____之间的转换。

    A. 电话线上的数字信号　　　　　　B. 同轴电缆上的音频信号

    C. 同轴电缆上的数字信号　　　　　D. 电话线上的音频信号

14. 调制解调器(Modem)是电话拨号上网的主要硬件设备,它的作用是_____。

    A. 将计算机输出的数字信号调制成模拟信号,以便发送

    B. 将输入的模拟信号解调成计算机的数字信号,以便接收

    C. 将数字信号和模拟信号进行调制和解调,以便计算机发送和接收

D. 为了拨号上网时,上网和接收电话两不误

15. 在广域网中使用的网络互联设备是_____。

    A. 集线器   B. 网桥   C. 交换机   D. 路由器

16. 通常所说的 OSI 模型分为_____层。

    A. 4   B. 5   C. 6   D. 7

17. 在下列四项中,不属于 OSI(开放系统互连)参考模型七个层次的是_____。

    A. 会话层   B. 数据链路层   C. 用户层   D. 应用层

18. 下列不是计算机网络系统的拓扑结构的是_____。

    A. 单线结构   B. 总线型结构   C. 星型结构   D. 环型结构

19. 下列不属于网络拓扑结构的是_____。

    A. 广域网   B. 星型网   C. 总线型网   D. 环型网

20. 下列网络传输介质中传输速率最高的是_____。

    A. 双绞线   B. 同轴电缆   C. 光缆   D. 电话线

21. 局域网的英文缩写是_____。

    A. WAM   B. LAN   C. MAN   D. Internet

22. 广域网的英文缩写是_____。

    A. WAN   B. LAN   C. MAN   D. Internet

23. 下列域名表示教育机构的是_____。

    A. ftp.bfa.net.cn   B. ftp.cnb.ac.cn

    C. www.ioa.a   C. cnd.www.bcaa.edu.cn

24. TCP/IP 是因特网的_____。

    A. 一种网络操作系统   B. 一个网络地址

    C. 一种网络通信协议   D. 一个网络部件

25. 衡量网络上数据传输速率的单位是每秒传送多少个二进制位,记为_____。

    A. bit/s   B. OSI   C. Modem   D. TCP/IP

26. 衡量网络上数据传输速率的单位是 bit/s,其含义是_____。

    A. 信号每秒传输多少公里   B. 信号每秒传输多少千米

    C. 每秒传送多少个二进制位   D. 每秒传送多少个数据

27. 统一资源定位器 URL 的格式是_____。

    A. 协议://IP 地址或域名/路径/文件名

    B. 协议://路径/文件名

    C. TCP/IP 协议

    D. http 协议

28. 根据域名代码确定,域名为 katmng.com.cn 表示网站类别应是_____。

    A. 教育机构   B. 军事部门   C. 商业组织   D. 国际组织

29. 下列不属于网络拓扑结构形式的是_____。

    A. 星型   B. 环型   C. 总线型   D. 分支

30. 接入 Internet 的每一台主机都有一个唯一的可识别地址,称作_____。

A. URL   B. TCP 地址   C. IP 地址   D. 域名

31. 对于众多个人用户来说,接入因特网最经济、最简单、采用最多的方式是_____。

   A. 专线连接   B. 局域网连接   C. 无线连接   D. 电话拨号

32. 因特网上的服务都是基于某一种协议的,Web 服务是基于_____。

   A. SNMP 协议   B. SMTP 协议   C. HTTP 协议   D. TELNET 协议

33. Internet 实现了分布在世界各地的各类网络的互联,其最基础和核心的协议是_____。

   A. TCP/IP   B. FTP   C. HTML   D. HTTP

34. 按照网络的拓扑结构分类,计算机网络分为_____。

   A. 校园网、企业网和政府机关办公网   B. 商业网、事业网和教学网

   C. 星型网、环型网和总线型网   D. 局域网、城域网和广域网

35. 计算机网络按其覆盖的范围,可划分为_____。

   A. 以太网和移动通信网   B. 电路交换网和分组交换网

   C. 局域网、城域网和广域网   D. 星型结构、环型结构和总线型结构

36. 关于电子邮件,下列说法错误的是_____。

   A. 发送电子邮件需要 E-mail 软件支持   B. 发件人必须有自己的 E-mail 帐号

   C. 收件人必须有自己的邮政编码   D. 必须知道收件人的 E-mail 地址

37. 下列关于电子邮件的叙述错误的是_____。

   A. 使用电子邮件通信的必要条件是通信双方都有电子信箱

   B. 向对方发送电子邮件时,并不要求对方必须处于开机状态

   C. 无论在任何地区,只要接收者能在当地上网,他就能打开他的电子信箱

   D. 电子信箱只能在接收者当地的计算机上打开,如果在另一个城市,则无法打开

38. 下列关于电子邮件的叙述正确的是_____。

   A. 一个电子邮件一次只能发送给一个接收者

   B. 同一个电子邮件,一次可以同时发送给多个接收者

   C. 向对方发送电子邮件时,对方必须处于开机状态,否则会丢失邮件

   D. 如果接收者在另一个城市,则无法打开他的电子信箱

39. 下列关于电子邮件的叙述正确的是_____。

   A. 如果收件人的计算机没有打开时,发件人发来的电子邮件将丢失

   B. 如果收件人的计算机没有打开时,发件人发来的电子邮件将被退回

   C. 如果收件人的计算机没有打开时,当收件人的计算机打开时再重发

   D. 发件人发来的电子邮件保存在收件人的电子邮箱中,收件人可随时接收

40. 下列关于电子邮件的说法正确的是_____。

   A. 收件人必须有 E-mail 地址,发件人可以没有 E-mail 地址

   B. 发件人必须有 E-mail 地址,收件人可以没有 E-mail 地址

   C. 发件人和收件人都必须有 E-mail 地址

   D. 发件人必须知道收件人住址的邮政编码

41. 下列关于因特网上收/发电子邮件优点的描述错误的是_____。

A. 不受时间和地域的限制,只要能接入因特网,就能收发电子邮件

B. 方便、快速

C. 费用低廉

D. 收件人必须在原电子邮箱申请地接收电子邮件

42. 用户在 ISP 注册拨号入网后,其电子邮箱建在_____。

　　A. 用户的计算机上　　　　　　　　B. 发件人的计算机上

　　C. ISP 的邮件服务器上　　　　　　D. 收件人的计算机上

43. 电子邮箱的地址由_____。

　　A. 用户名和主机域名两部分组成,它们之间用符号"@"分隔

　　B. 主机域名和用户名两部分组成,它们之间用符号"@"分隔

　　C. 主机域名和用户名两部分组成,它们之间用符号"."分隔

　　D. 用户名和主机域名两部分组成,它们之间用符号"."分隔

44. E-mail 邮件本质上是_____。

　　A. 一个文件　　　　B. 一份传真　　　　C. 一个电话　　　　D. 一个电报

45. 正确的电子邮箱地址的格式是_____。

　　A. 用户名+计算机名+机构名+最高域名

　　B. 用户名+@+计算机名+机构名+最高域名

　　C. 计算机名+机构名+最高域名+用户名

　　D. 计算机名+@+机构名+最高域名+用户名

46. 假设邮件服务器的地址是 email.sz163.com,则用户的正确的电子邮箱地址的格式是_____。

　　A. 用户名#email.sz163.com　　　　B. 用户名@ email.sz163.com

　　C. 用户名 email.sz163.com　　　　 D. 用户名 $email.sz163.com

47. 假设 ISP 提供的邮件服务器为 sz163. com,用户名为 XUEJY 的正确的电子邮件地址是_____。

　　A. XUEJY@ sz.163.com　　　　　　B. XUEJYsz163.com

　　C. XUEJY#sz163.com　　　　　　　D. XUEJY@ sz163.com

48. 下列电子邮箱地址正确的是_____。

　　A. L202@ sina.com　　　　　　　　B. TT202#126.com

　　C. A112.256.23.8　　　　　　　　　D. K201sina.com.cn

49. 使用 Outlook 2016 操作电子邮件,下列说法正确的是_____。

　　A. 发送电子邮件时,一次发送操作只能发送给一个接收者

　　B. 可以将任何文件作为邮件附件发送给收件人

　　C. 接收方必须开机,发送方才能发送邮件

　　D. 只能发送新邮件、回复邮件,不能转发邮件

50. Internet 提供的最简便、快捷的通信服务称为_____。

　　A. 文件传输(FTP)　　　　　　　　B. 远程登录(Telnet)

　　C. 电子邮件(E-mail)　　　　　　　D. 万维网(WWW)

51. Internet 在中国被称为因特网或_____。

    A. 网中网　　　　　B. 国际互联网　　　　C. 国际联网　　　　　D. 计算机网络系统

52. 通常一台计算机要接入互联网,应该安装的设备是_____。

    A. 网络操作系统　　　　　　　　　　　B. 调制解调器或网卡

    C. 网络查询工具　　　　　　　　　　　D. 浏览器

53. 浏览 Web 网站必须使用浏览器,常用的浏览器是_____。

    A. Hotmail　　　　　　　　　　　　　　B. Outlook Express

    C. Internet Exchange　　　　　　　　　D. Microsoft Edge

54. 根据域名代码规定,表示教育机构网站的域名代码是_____。

    A. .net　　　　　　　B. .com　　　　　　　C. .edu　　　　　　　D. .org

55. 根据域名代码规定,下列域名中的_____表示政府部门网站。

    A. .net　　　　　　　B. .com　　　　　　　C. .gov　　　　　　　D. .org

56. 在因特网中采用的 IPv4 协议,IP 地址长度为 32 位,只有大约 36 亿个地址。新的第 6 版 IP 协议(IPv6)已经将 IP 地址的长度扩展到_____位,几乎可以不受限制地提供地址。

    A. 48　　　　　　　　B. 64　　　　　　　　C. 128　　　　　　　　D. 256

57. 接入 Internet 的每一台主机都有一个唯一的纯数字编号,以便识别,此编号称为_____。

    A. URL　　　　　　　B. TCP 地址　　　　　C. IP 地址　　　　　　D. 域名

58. 下列地址为正确的 IP 地址的是_____。

    A. 68.256.103.43　　　　　　　　　　　B. 68.202.156.23

    C. 68,103,89,56　　　　　　　　　　　D. 101.56.300

59. 下列地址为非法的 IP 地址的是_____。

    A. 202.96.12.14　　　　　　　　　　　B. 202.196.72.140

    C. 112.256.23.8　　　　　　　　　　　D. 201.124.38.79

60. 下列地址为正确的 IP 地址的是_____。

    A. 202.112.111.1　　　　　　　　　　　B. 202.2.2.2.2

    C. 202.202.1　　　　　　　　　　　　　D. 202.257.14.13

61. 在组建局域网时,除了作为服务器和工作站的计算机和传输介质外,每台计算机上还应配置_____。

    A. 网络适配器(网卡)　　　　　　　　　B. 网关

    C. Modem　　　　　　　　　　　　　　D. 路由器

62. 下列各项中,不是因特网提供的基本服务的一项是_____。

    A. E-mail　　　　　　B. 文件传输　　　　　C. 实时控制　　　　　D. 远程登录

63. 在网页浏览中,用户可以从一个 Web 服务器的网页自动搜索到另一个 Web 服务器的网页,它所使用的技术称为_____。

    A. 超链接(Hyperlink)　　　　　　　　　B. 超文本(Hypertext)

    C. 超文本标记语言(HTML)　　　　　　D. 超媒体(Hypermedia)

64. 计算机网络分局域网、城域网和广域网,属于局域网的是_____。

    A. ChinaDDN 网   B. 校园网   C. Chinanet 网   D. Internet

65. 电话拨号连接是计算机个人用户常用的接入因特网的方式,称为"非对称数字用户线"的接入技术的英文缩写是_____。

    A. ADSL   B. ISDN   C. ISP   D. TCP

66. 下列英文缩写和中文名字的对照正确的是_____。

    A. WAN——广域网   B. ISP——因特网服务程序

    C. USB——不间断电源   D. RAM——只读存储器

67. 下列英文缩写和中文名字的对照错误的是_____。

    A. URL——统一资源定位器   B. ISP——因特网服务提供商

    C. ISDN——综合业务数字网   D. ROM——随机存取存储器

68. 下列英文缩写和中文名字的对照错误的是_____。

    A. WAN——广域网   B. ISP——因特网服务提供商

    C. USB——不间断电源   D. RAM——随机存取存储器

69. 在因特网上,一台计算机可以作为另一台主机的远程终端,使用该主机的资源,该项服务称为_____。

    A. Telnet   B. BBS   C. FTP   D. WWW

70. Internet 上访问 Web 信息的是浏览器,下列_____不是 Web 浏览器之一。

    A. Microsoft Edge   B. Firefox

    C. Google Chrome   D. Outlook Express

71. Internet 网中不同网络和不同计算机的相互通信的基础是_____。

    A. ATM   B. TCP/IP   C. Novell   D. X.25

72. Internet 实现了分布在世界各地的各类网络的互联,其最基础和核心的协议是_____。

    A. HTTP   B. TCP/IP   C. HTML   D. FTP

73. 在计算机网络中,英文缩写 LAN 的中文名是_____。

    A. 局域网   B. 城域网   C. 广域网   D. 无线网

74. 在计算机网络中,英文缩写 WAN 的中文名是_____。

    A. 局域网   B. 无线网   C. 广域网   D. 城域网

75. 域名 mn. bit. edu. cn 中主机名是_____。

    A. mn   B. edu   C. cn   D. bit

76. 下列说法正确的是_____。

    A. 域名服务器(DNS)中存放 Internet 主机的 IP 地址

    B. 域名服务器(DNS)中存放 Internet 主机的域名

    C. 域名服务器(DNS)中存放 Internet 主机域名与 IP 地址的对照表

    D. 域名服务器(DNS)中存放 Internet 主机的电子邮箱的地址

77. TCP 协议的主要功能是_____。

    A. 对数据进行分组   B. 确保数据的可靠传输

C. 确定数据传输路径   D. 提高数据传输速度

78. Internet 网中某一主机域名为 lab. scut. edu. cn,其中最低级域名为_____。

  A. lab   B. scut   C. edu   D. cn

79. Internet 中,主机的域名和主机的 IP 地址两者之间的关系是_____。

  A. 完全相同,毫无区别   B. 一一对应

  C. 一个 IP 地址对应多个域名   D. 一个域名对应多个 IP 地址

80. 在因特网技术中,缩写 ISP 的中文全名是_____。

  A. 因特网服务提供商   B. 因特网服务产品

  C. 因特网服务协议   D. 因特网服务程序

81. 网络的传输速率是 10 Mb/s,其含义是_____。

  A. 每秒传输 10 M 字节   B. 每秒传输 10 M 二进制位

  C. 每秒可以传输 10 M 个字符   D. 每秒传输 10000000 二进制位

82. TCP/IP 协议的含义是_____。

  A. 局域网传输协议   B. 拨号入网传输协议

  C. 传输控制协议和网际协议   D. 网际协议

83. 第三代计算机通信网络,网络体系结构与协议标准趋于统一,国际标准化组织建立了_____参考模型。

  A. OSI   B. TCP/IP   C. HTTP   D. ARPA

84. FTP 是指_____。

  A. 远程登录   B. 网络服务器   C. 域名   D. 文件传输协议

85. WWW 的网页文件是在_____传输协议支持下运行的。

  A. FTP   B. HTTP   C. SMTP   D. IP

86. 广域网和局域网是按照_____来分的。

  A. 网络使用者   B. 信息交换方式   C. 网络作用范围   D. 传输控制协议

87. 下列关于访问 Web 站点的说法正确的是_____。

  A. 只能输入 IP 地址   B. 需同时输入 IP 地址和域名

  C. 只能输入域名   D. 可以输入 IP 地址或输入域名

88. 要想让计算机上网,至少要在微机内增加一块_____。

  A. 网卡   B. 显示卡   C. 声卡   D. 路由器

89. 域名系统 DNS 的作用是_____。

  A. 存放主机域名   B. 存放 IP 地址

  C. 存放邮件的地址表   D. 将域名转换成 IP 地址

90. Internet 采用的通信协议是_____。

  A. HTTP   B. TCP/IP   C. SMTP   D. POP3

91. 如果一个 www 站点的域名地址是 www. sjtu. edu. cn,则它一定是_____的站点。

  A. 美国   B. 中国   C. 英国   D. 日本

92. 在计算机网络中,通常把提供并管理共享资源的计算机称为_____。

  A. 工作站   B. 网关   C. 路由器   D. 服务器

93. 下面的_____上网是不借助普通电话线上网的。

    A. 拨号方式　　　　　　　　　　　　B. ADSL 方式

    C. Cable Modem 方式　　　　　　　　D. ISDN 方式

94. 域名与 IP 地址是通过_____服务器相互转换的。

    A. WWW　　　　　B. DNS　　　　　C. E-mail　　　　　D. FTP

95. 电子邮件是 Internet 应用最广泛的服务项目,通常采用的传输协议是_____。

    A. SMTP　　　　　B. TCP/IP　　　　　C. CSMA/CD　　　　　D. IPX/SPX

96. 下列 URL 地址写法正确的是_____。

    A. http://www.sinacom/index.html　　　　B. http://www.sina.com/index.html

    C. http//www.sinacom/index.html　　　　D. http//www.sina.com/index.html

97. http 是一种_____。

    A. 网址　　　　　B. 高级语言　　　　　C. 域名　　　　　D. 超文本传输协议

98. 构造一个星形局域网,需要_____关键设备。

    A. 同轴电缆　　　　B. 路由器　　　　C. 集线器　　　　D. 网关

99. Internet 采用_____模式。

    A. 主机—终端　　　B. 分散—集中　　　C. Windows NT　　　D. 客户—服务器

100. 域名是 Internet 服务提供商(ISP)的计算机名,域名中的后缀 . gov 表示机构所属类型为_____。

    A. 军事机构　　　　B. 政府机构　　　　C. 教育机构　　　　D. 商业公司

第四章　多媒体技术基础知识

一、判断题

1. 标准 ASCII 码表的每个 ASCII 码都能在屏幕上显示成一个相应的字符。

2. GB 2312 字符集是 1981 年我国颁布的第一个汉字国家标准,共有不到 6 000 个简体汉字。

3. GB 2312 国标字符集由三部分组成:第一部分是字母、数字和各种符号;第二部分为一级常用汉字;第三部分为二级常用汉字。

4. GB 2312 国标字符集中的 3 000 多个一级常用汉字是按偏旁部首排列的。

5. GBK 是我国继 GB 2312 后发布的又一汉字编码标准,它不仅与 GB 2312 标准保持兼容,而且增加了包括繁体字在内的许多汉字和符号。

6. 我国台湾、香港地区使用的字符集是 BIG5,简称大五码。

7. GB 18030 汉字编码标准中收录的汉字在 GB 2312 编码标准中也能找到。

8. GB 18030 是一种既保持与 GB 2312、GBK 兼容,又有利于向 UCS/Unicode 过渡的汉字编码标准。

9. UCS/Unicode 汉字编码与 GB 2312、GBK 标准及 GB 18030 标准都兼容。

10. 我国内地发布使用的汉字编码有多种,无论选用哪一种标准,每个汉字均用 2 个字节进行编码。

11. 计算机中使用多种字体(如宋体、仿宋、楷体、黑体等),无论使用哪种字体,其汉字内码均不相同。

12. 汉字输入的编码方法有字音编码、字形编码、形音编码等多种(如五笔输入法、拼音输入法等)。使用不同的方法向计算机输入的同一个汉字,它们的内码是相同的。

13. 网页中的超链接由链源和链宿组成,链源可以是网页中的文本或图像,链宿可以是本网页内部有书签标记的地方,也可以是其他 Web 服务器上存储的信息资源。

14. 超文本中的超链接可以指向文字,也可以指向图形、图像、声音或动画节点。

15. 绝大多数支持丰富格式文本的文本处理软件都能处理 RTF 格式的文档。

16. Adobe Acrobat 是一种流行的数字视频编辑器。

17. UNIX 和 Word 都是文字处理软件。

18. 因为人眼对色度信号比较敏感,视频信号数字化时,亮度信号的取样频率可以比色度信号的取样频率低一些,以减少数字视频的数据量。

19. MPEG-1 标准只用于压缩音频信息,而不能压缩视频信息。

20. ASF 文件是由微软公司开发的一种流媒体,主要用于互联网上视频直播、视频点播和视频会议等。

21. 中文 Word 是一个功能丰富的文字处理软件,它不但能进行编辑操作,而且能自动生成文本的"摘要"。

22. GIF 格式的图像是一种在因特网上大量使用的数字媒体,一幅真彩色图像可以转换成质量完全相同的 GIF 格式的图像。

23. GIF 图像文件格式能够支持透明背景,具有在屏幕上渐进显示的功能。

24. 图像的大小也称为图像的分辨率(包括垂直分辨率和水平分辨率)。若图像大小超过了屏幕分辨率(或窗口),则屏幕上只显示出图像的一部分,其他多余部分将被截掉而无法看到。

25. 颜色模型指彩色图像所使用的颜色描述方法,常用的颜色模型有 RGB(红、绿、蓝)模型、CMYK(青、品红、黄、黑)模型等,但这些颜色模型是不可以相互转换的。

26. BMP 图像是微软公司在 Windows 操作系统下使用的一种标准图像文件格式,几乎所有 Windows 应用程序都支持 BMP 文件。

27. 扫描仪和数码相机都是数字图像获取设备。

28. JPEG 图像可以将许多张图像保存在同一个文件中,显示时按预先规定的时间间隔逐一进行显示,从而形成动画的效果,因而在网页制作中大量使用。

29. 用 Flash 制作的动画是矢量图形,它便于在因特网上传输,而且采用流媒体技术,用户能一边下载一边播放动画。

30. 在 PC 上安装数字摄像头的目的是通过镜头拍摄活动图像,并将其转换成数字视频信号输入计算机中。

31. 灰度图像的像素有 R、G、B 三个亮度分量。

32. 黑白图像的像素只有一个亮度分量。

33. 数字图像的数据量不是很大,存储图像时往往不需要压缩。

34. Photoshop、ACDSee32 和 PowerPoint 都是图像处理软件。

35. MP3 是流行的一种音乐文件,它采用 MPEG-3 标准对数字音频进行压缩而得到。

36. CRT 显示器采用的颜色模型是 RGB 模型,而液晶显示器采用的颜色模型是 CMYK 模型。

37. 计算机中的数字图像按其生成方法可分为两大类,即图像与图形,两者在外观上没有明显区别,但各自具有不同的属性,一般需要使用不同的软件进行处理。

38. 在计算机中,图像和图形都可以进行编辑和修改。

39. 在计算机中图像和图形是两个不同的概念,它们的文件类型也不一样。

40. 用 MP3 或 MIDI 表示同一首小提琴乐曲时,前者的数据量比后者小得多。

41. MPEG-4 的目标是支持在各种网络条件下交互式的多媒体应用,主要侧重于对多媒体信息内容的访问。

42. 数字视频的数据压缩率可以达到很高,几十甚至几百倍是很常见的。

43. 为了实现全球不同语言文字的统一编码,国际标准化组织(ISO)制定了一个统一的编码标准,称为 GB 18030。

44. 数字摄像头通过光学镜头采集图像,将图像转换成数字信号并输入 PC,不再需要使用专门的视频采集卡来进行模数转换。

45. 将音乐数字化时使用的取样频率通常比将语音数字化时使用的取样频率高。

46. 数字摄像头和数字摄像机都是在线的数字视频获取设备。

47. 人们说话的语音频率范围一般为 300 Hz～3 400 kHz,数字化时取样频率大多为 8 kHz。

48. 为了与 ASCII 字符相区别及处理汉字的方便,在计算机内,以最高位均为 1 的两个字节表示 GB 2312 汉字。

49. 扩展名为.mid 和.wav 的文件都是 PC 中的音频文件。

50. 采用 GB 2312、GBK 和 GB 18030 三种不同的汉字编码标准时,一些常用的汉字如"中""国"等,它们在计算机中的表示(内码)是相同的,而采用 Unicode 时则不相同。

51. 视频卡可以将输入的模拟视频信号进行数字化,生成数字视频。

52. 数字摄像机是一种离线的数字视频获取设备。

53. WMA 格式声音可以与 MP3 声音进行相互转换。

54. 数字声音是一种在时间上连续的媒体,数据量不大,对存储和传输的要求也不高。

55. 在使用输入设备进行输入时,只能输入文字、命令和图像,无法输入声音。

56. WMA 文件是由微软公司开发的一种音频流媒体,它可以在互联网上边下载、边播放。

57. ASCII、GB 2312、GB 18030、Unicode 是我国为适应汉字信息处理需要制定的一系列汉字编码标准。

58. Unicode 是我国最新发布的也是收字最多的汉字编码国家标准。

59. 在仅仅使用 GB 2312 汉字编码标准时,中文占用两个字节,而标点符号"。"只占用 1 个字节。

60. 若中文 Windows 环境下西文使用标准 ASCII 码,汉字采用 GB 2312 编码,则十六进制内码为 C4 CF 50 75 B3 F6 的文本中,含有 4 个汉字。

61. GB 2312 国标字符集部分汉字既包含其简体,又包含其繁体字。

62. 电视是一种活动图像,它是视频信息的一种,可以输入计算机进行存储和处理。

63. 彩色电视信号在远距离传输时,每个像素的颜色不使用 RGB 表示,而是转换为亮度和色度信号(如 YUV)后再进行传输。

64. DVD 与 VCD 相比,其图像和声音的质量、容量均有了较大提高,DVD 所采用的视频压缩编码标准是 MPEG-2。

二、单选题

1. 五笔字型码输入法属于_____。
   A. 音码输入法　　　　　　　　　　B. 形码输入法
   C. 音形结合输入法　　　　　　　　D. 联想输入法

2. 智能 ABC 输入法属于_____。
   A. 音码输入法　　　　　　　　　　B. 形码输入法
   C. 音形结合输入法　　　　　　　　D. 联想输入法

3. 全拼输入法属于_____。
   A. 音码输入法　　　　　　　　　　B. 形码输入法
   C. 音形结合输入法　　　　　　　　D. 联想输入法

4. 一个 GB 2312 编码字符集中的汉字的机内码长度是_____。
   A. 32 位　　　　B. 24 位　　　　C. 16 位　　　　D. 8 位

5. 一汉字的机内码是 B0A1H,那么它的国标码是_____。
   A. 3121H　　　　B. 3021H　　　　C. 2131H　　　　D. 2130H

6. 在微型计算机中,应用最普遍的字符编码是_____。
   A. ASCII 码　　　B. BCD 码　　　C. 汉字编码　　　D. 补码

7. 字母"Q"的 ASCII 码值是十进制数_____。
   A. 75　　　　　B. 81　　　　　C. 97　　　　　D. 134

8. 下列字符的 ASCII 码值最大的是_____。
   A. S　　　　　B. 6　　　　　C. T　　　　　D. w

9. 下列字符的 ASCII 码值最小的是_____。
   A. a　　　　　B. B　　　　　C. x　　　　　D. Y

10. 下列字符的 ASCII 码值最大的是_____。
    A. Z　　　　　B. 9　　　　　C. 空格字符　　　D. a

11. ASCII 码共有_____个字符。
    A. 126　　　　B. 127　　　　C. 128　　　　D. 129

12. 在标准 ASCII 码表中,英文字母 a 和 A 的码值之差的十进制值是_____。
    A. 20　　　　　B. 32　　　　　C. -20　　　　D. -32

13. 在七位 ASCII 码中,除了表示数字、英文大小写字母外,还有_____个符号。
    A. 63　　　　　B. 66　　　　　C. 80　　　　　D. 32

14. 存储 24×24 点阵的一个汉字需占_____存储空间。
    A. 192B   B. 72B   C. 144B   · D. 576B

15. 存储 16×16 点阵的一个汉字需占存储空间_____。
    A. 112B   B. 32B   C. 64B   D. 256B

16. 如果设汉字点阵为 16×16,那么 100 个汉字的字形信息所占用的字节数是_____。
    A. 3 200   B. 25 600   C. 16×1 600   D. 16×16

17. 要存放 10 个 24×24 点阵的汉字字模,需要_____存储空间。
    A. 72B   B. 320B   C. 720B   D. 72B

18. 存储一个 32×32 点阵的汉字字形码需用的字节数是_____。
    A. 256   B. 128   C. 72   D. 16

19. 存储一个 48×48 点阵的汉字字形码需要的字节数是_____。
    A. 384   B. 144   C. 256   D. 288

20. 汉字字库中存储的是汉字的_____。
    A. 输入码   B. 字形码   C. 机内码   D. 区位码

21. 在微型计算机内部,对汉字进行传输、处理和存储时使用的是汉字的_____。
    A. 国标码   B. 字形码   C. 输入码   D. 机内码

22. 显示或打印汉字时,系统使用的是汉字的_____。
    A. 机内码   B. 字形码   C. 输入码   D. 国标码

23. 一个汉字的机内码与国标码之间的差别是_____。
    A. 前者各字节的最高位二进制值各为 1,而后者为 0
    B. 前者各字节的最高位二进制值各为 0,而后者为 1
    C. 前者各字节的最高位二进制值各为 1、0,而后者为 0、1
    D. 前者各字节的最高位二进制值各为 0、1,而后者为 1、0

24. 根据汉字国标码 GB 2312—80,存储一个汉字的机内码需用_____。
    A. 4B   B. 3B   C. 2B   D. 1B

25. 下列叙述正确的是_____。
    A. 一个字符的标准 ASCII 码占一个字节的存储量,其最高位二进制总为 0
    B. 大写英文字母的 ASCII 码值大于小写英文字母的 ASCII 码值
    C. 同一个英文字母(如字母 A)的 ASCII 码值和它在汉字系统下的全角内码值是相同的
    D. 一个字符的 ASCII 码与它的内码是不同的

26. 根据汉字国标码 GB 2312—80 的规定,一级常用汉字个数是_____。
    A. 3 477   B. 3 575   C. 3 755   D. 7 445

27. 根据汉字国标码 GB 2312—80 的规定,二级常用汉字个数是_____。
    A. 3 000   B. 7 445   C. 3 008   D. 3 755

28. 根据汉字国标码 GB 2312—80 的规定,各类符号和一、二级汉字总计为_____。
    A. 6 763 个   B. 7 445 个   C. 3 008 个   D. 3 755 个

29. 根据汉字国标码 GB 2312—80 的规定,将汉字分为常用汉字(一级)和次常用的汉字

（二级）两级汉字。一级常用汉字按_____排列。

    A. 偏旁部首   B. 汉语拼音字母顺序

    C. 笔画   D. 使用频率

30. 根据汉字国标码 GB 2312—80 的规定，将汉字分为常用汉字和次常用汉字两级。次常用汉字的排列次序是按_____。

    A. 偏旁部首   B. 汉语拼音字母顺序

    C. 笔画   D. 使用频率

31. 汉字"啊"的区位码是"1601"，它的十六进制的国标码是_____。

    A. 1021H   B. 3621H   C. 3021H   D. 2021H

32. 一个字符的标准 ASCII 码用_____位二进制位表示。

    A. 8   B. 6   C. 7   D. 4

33. 下列关于 GB 2312—80 汉字内码的说法正确的是_____。

    A. 每个汉字内码的长度随其笔画的多少而变化

    B. 汉字的内码与它的区位码相同

    C. 汉字的内码一定无重码

    D. 使用内码便于打印

34. 已知英文字母 m 的 ASCII 码值是 109，那么英文字母 i 的 ASCII 码值是_____。

    A. 106   B. 105   C. 104   D. 103

35. 汉字的区位码由一个汉字的区号和位号组成。其区号和位号的范围各为_____。

    A. 区号 1~95，位号 1~95   B. 区号 1~94，位号 1~94

    C. 区号 0~94，位号 0~94   D. 区号 0~95，位号 0~95

36. 下列硬件设备中多媒体计算机所特有的是_____。

    A. 硬盘   B. 视频卡   C. 鼠标器   D. 键盘

37. 在多媒体计算机中，麦克风属于_____。

    A. 输入设备   B. 输出设备   C. 放大设备   D. 录音设备

38. 下列说法正确的是_____。

    A. 一个汉字的机内码值与它的国标码值相差 8080H

    B. 一个汉字的机内码值与它的国标码值是相同的

    C. 不同汉字的机内码码长是不相同的

    D. 同一汉字以不同的输入法输入时，其机内码是不相同的

39. 对 ASCII 编码的准确描述为_____。

    A. 使用 7 位二进制代码   B. 使用 8 位二进制代码，最左一位为 0

    C. 使用输入码   D. 使用 8 位二进制代码，最左一位为 1

40. 在计算机中存储一个汉字内码要用两个字节，每个字节的最高位是_____。

    A. 1 和 1   B. 1 和 0   C. 0 和 1   D. 0 和 0

41. 计算机内存中存放一个负数的编码是_____。

    A. BCD 码   B. ASCII 码   C. 原码   D. 补码

42. 已知字符"B"的 ASCII 码的二进制数是 1000010，字符"F"对应的 ASCII 码的十六进制

数为_____。

    A. 70   B. 46   C. 65   D. 37

43. 区位码输入法的最大优点是_____。

    A. 只用数码输入,方法简单,容易记忆

    B. 易记易用

    C. 一字一码,无重码

    D. 编码有规律,不易忘记

44. 汉字输入码可分为有重码和无重码两类,下列属于无重码类的是_____。

    A. 全拼码   B. 自然码   C. 区位码   D. 简拼码

45. 标准的 ASCII 码用 7 位二进制位表示,可表示不同的编码个数是_____。

    A. 127   B. 128   C. 255   D. 256

46. 微机中,西文字符所采用的编码是_____。

    A. EBCDIC 码   B. ASCII 码   C. 国标码   D. BCD 码

47. 在标准 ASCII 码表中,已知英文字母 D 的 ASCII 码是 01000100,英文字母 A 的 ASCII 码是_____。

    A. 01000001   B. 01000010   C. 01000011   D. 01000000

48. 已知"装"字的拼音输入码是"zhuang","大"字的拼音输入码是"da",则存储它们内码分别需要的字节个数是_____。

    A. 6、2   B. 3、1   C. 2、2   D. 3、2

49. 已知一汉字的国际码是 5E38,其机内码应是_____。

    A. DEB8   B. DE38   C. 5EB8   D. 7E58

50. 已知三个字符为 a、X 和 5,按它们的 ASCII 码值升序排序,结果是_____。

    A. 5、a、X   B. a、5、X   C. X、a、5   D. 5、X、a

51. 在 ASCII 码表中,根据码值由小到大的排列顺序是_____。

    A. 空格字符、数字符、大写英文字母、小写英文字母

    B. 数字符、空格字符、大写英文字母、小写英文字母

    C. 空格字符、数字符、小写英文字母、大写英文字母

    D. 数字符、大写英文字母、小写英文字母、空格字符

52. 字符比较大小实际是比较它们的 ASCII 码值,下列比较正确的是_____。

    A. "A"比"B"大   B. "H"比"h"小

    C. "F"比"D"小   D. "9"比"D"大

53. 汉字国标码(GB 2312—80)把汉字分成_____。

    A. 简化字和繁体字两个等级

    B. 一级汉字、二级汉字和三级汉字三个等级

    C. 一级常用汉字、二级次常用汉字两个等级

    D. 常用字、次常用字、罕见字三个等级

54. 下列关于汉字编码的叙述错误的是_____。

    A. BIG5 码通常用于我国香港和台湾地区的繁体汉字编码

B. 一个汉字的区位码就是它的国标码

    C. 无论两个汉字的笔画数目相差多大,它们的机内码的长度都是相同的

    D. 同一汉字用不同的输入法输入时,其输入码不同,但机内码是相同的

55. 下列 4 个 4 位十进制数中,属于正确的汉字区位码的是_____。

    A. 5601   B. 9596   C. 9678   D. 8799

56. 在标准 ASCII 码表中,已知英文字母 A 的十进制码值是 65,则英文字母 a 的十进制码值是_____。

    A. 95   B. 96   C. 97   D. 91

57. 下列说法正确的是_____。

    A. 同一个汉字的输入码的长度随输入方法不同而不同

    B. 一个汉字的机内码与它的国标码是相同的,且均为 2B

    C. 不同汉字的机内码的长度是不相同的

    D. 同一汉字用不同的输入法输入时,其机内码是不相同的

58. 下列编码属于正确的汉字机内码的是_____。

    A. 5EF6H   B. FB67H   C. A3B3H   D. C97DH

59. 1 KB 的存储容量能存储的汉字内码的个数是_____。

    A. 128   B. 256   C. 512   D. 1 024

60. 下列关于 ASCII 编码的叙述正确的是_____。

    A. 一个字符的标准 ASCII 码占一个字节,其最高二进制位总为 1

    B. 所有大写英文字母的 ASCII 码值都小于小写英文字母"a"的 ASCII 码值

    C. 所有大写英文字母的 ASCII 码值都大于小写英文字母"a"的 ASCII 码值

    D. 标准 ASCII 码表有 256 个不同的字符编码

61. 下列有关汉字编码字符集的叙述错误的是_____。

    A. GB 2312—80 是我国颁布最早的汉字编码字符集标准,它包含 6 000 多个汉字

    B. UCS/Unicode 编码标准,西文字符采用单字节编码,汉字用双字节或四字节编码

    C. 汉字扩展内码规范(GBK)保持与 GB 2312—80 字符集的汉字编码完全兼容

    D. BIG5 字符集是一种繁体汉字字符集,它包含 10 000 多个汉字

62. GBK 是汉字内码的一种扩充规范,下列叙述错误的是_____。

    A. 共收录有 20 000 多个汉字

    B. 使用双字节表示,与 BIG5 字符集兼容

    C. 它与 GB 2312 保持向下兼容

    D. 它不但有简体字,也有繁体字

63. 国际标准化组织(ISO)将世界各国和地区使用的主要文字符号进行统一编码的方案称为_____。

    A. UCS/Unicode   B. GB 2312   C. GBK   D. GB 18030

64. 字符编码标准规定了字种及其编码。下列有关汉字编码标准的叙述错误的是_____。

    A. 我国颁布的第一个汉字编码标准是 GB 2312—80,它包含常用汉字 6 000 多个

B. GB 2312—80 和 GBK 标准均采用双字节编码

C. GB 18030—2000 标准使用 3 字节和 4 字节编码,与 GB 2312—80 和 GBK 兼容

D. UCS 采用可变长编码,它包含拉丁字母文字、音节文字和常用汉字等

65. 下列汉字编码标准中不支持简体汉字的是_____。

    A. GB 2312   B. GBK   C. BIG5   D. GB 18030

66. 下列关于我国汉字编码标准的叙述正确的是_____。

    A. Unicode 是我国最新发布的也是收字最多的汉字编码国家标准

    B. 不同字形(如宋体、楷体等)的同一个汉字在计算机中的内码不同

    C. 在 GB 18030 汉字编码标准中,共有两万多个汉字

    D. GB 18030 与 GB 2312、GBK 汉字编码标准不能兼容

67. 下列关于汉字编码标准的叙述错误的是_____。

    A. GB 2312 标准中所有汉字的机内码均用双字节表示

    B. GB 18030 汉字编码标准收录的汉字在 GB 2312 标准中一定能找到

    C. 我国台湾地区使用的汉字编码标准 BIG5 收录的是繁体汉字

    D. GB 18030 汉字编码标准既能与 UCS(Unicode)接轨,又能保护已有中文信息资源

68. 下列字符编码标准中包含汉字数量最多的是_____。

    A. GB 2312   B. GBK   C. GB 18030   D. UCS

69. 下列汉字编码标准中不支持繁体汉字的是_____。

    A. GB 2312—80   B. GBK   C. BIG5   D. GB 18030

70. 为了既能与国际标准 UCS(Unicode)接轨,又能保护现有中文信息资源,我国政府发布了_____汉字编码国家标准,它与以前的汉字编码标准保持向下兼容,并扩充了 UCS/Unicode 中的其他字符。

    A. GB 2312   B. ASCII   C. GB 18030   D. GBK

71. 汉字从录入到打印,至少涉及三种编码:汉字输入码、字形码和_____。

    A. BCD 码   B. ASCII 码   C. 机内码   D. 区位码

72. Windows 操作系统支持多种不同语种的字符集,即使同一语种(如汉语)也可有多种字符集。下列字符集中不包括"蠹""連"等繁体汉字的是_____。

    A. GBK   B. BIG5   C. GB 2312   D. GB 18030

73. 下列有关字符集及其编码的叙述错误的是_____。

    A. 我国台湾地区使用的汉字编码标准主要是 GBK,该标准中收录了大量的繁体汉字

    B. GB 18030 标准中收录的汉字数目超过两万,Windows 7 操作系统支持该标准

    C. Unicode 字符集中既收录了大量简体汉字,也收录了大量繁体汉字

    D. GB 2312 是我国颁布的第一个汉字编码标准,该字符集还收录了俄文、希腊字母等

74. 若计算机中连续 2 个字节内容的十六进制形式为 34 和 51,则它们不可能是_____。

    A. 2 个西文字符的 ASCII 码   B. 1 个汉字的机内码

    C. 1 个 16 位整数   D. 1 条指令

75. 若中文 Windows 环境下西文使用标准 ASCII 码,汉字采用 GB 2312 编码,设有一段文本的内码为 B0E6C9E728507562,则在这段文本中含有_____。

A. 2 个汉字和 2 个西文字符　　　　　　B. 4 个汉字和 4 个西文字符

C. 4 个汉字和 2 个西文字符　　　　　　D. 2 个汉字和 4 个西文字符

76. 下列有关计算机中文本与文本处理的叙述错误的是_____。

A. 西文字符主要采用 ASCII 字符集,基本 ASCII 字符集共有 256 个字符

B. 我国最早采用的汉字字符集是 GB 2312,包含 6 000 多个汉字和若干个非汉字字符

C. 无论采用何种方式输入汉字,在计算机中保存时均采用统一的汉字内码

D. 简单文本和丰富格式文本中字符信息的表示相同,区别在于格式信息的表示

77. 下列字符编码标准中,不属于我国发布的汉字编码标准的是_____。

A. GB 2312　　　　B. GBK　　　　C. UCS(Unicode)　　　D. GB 18030

78. 表示 R、G、B 三个基色的二进制位数目分别是 6 位、4 位、6 位,因此可显示颜色的总数是_____种。

A. 14　　　　B. 256　　　　C. 18 384　　　　D. 65 536

79. 适合在网页上使用的,具有颜色数目不多、数据量不大、能实现累进显示、支持透明背景和动画效果等特性的一种图像文件格式是_____。

A. BMP　　　　B. GIF　　　　C. JPEG　　　　D. TIF

80. 不同格式的图像文件,其数据编码方式有所不同,通常对应于不同的应用。下列几组图像文件格式中,制作网页时用得最多的是_____。

A. GIF 与 JPEG　　B. GIF 与 BMP　　C. JPEG 与 BMP　　D. GIF 与 TIF

81. 下列应用软件中主要用于数字图像处理的是_____。

A. Outlook Express　B. PowerPoint　　C. Excel　　　　D. Photoshop

82. 静止图像压缩编码的国际标准有多种,下面给出的图像文件类型采用国际标准的是_____。

A. BMP　　　　B. TIFF　　　　C. GIF　　　　D. JPEG

83. 某显示器的最高分辨率为 1 024×1 024,可显示的不同颜色的总数为 65 536 种,则显示存储器中用于存储图像的存储容量是_____。

A. 0. 5 MB　　　B. 1 MB　　　C. 2 MB　　　　D. 4 MB

84. 一幅具有真彩色(24 位)、分辨率为 1 024×768 的数字图像,在没有进行数字压缩时,它的数据量大约是_____。

A. 900 KB　　　B. 2.25 MB　　　C. 3.75 MB　　　D. 18 MB

85. 一幅分辨率为 1 024×768 的 256 色的未经压缩的数字图像,其数据量大约为_____KB。

A. 96　　　　B. 768　　　　C. 2 304　　　　D. 24 576

86. 有许多不同的图像文件格式,下列不是数字图像文件格式的是_____。

A. tif　　　　B. JPEG　　　　C. GIF　　　　D. PDF

87. 我们从网上下载的 MP3 音乐,采用的声音压缩编码标准是_____。

A. MPEG-1 层 3　　B. MPEG-2 audio　　C. Dolby AC-3　　D. MIDI

88. 下列关于 MIDI 的叙述错误的是_____。

A. MIDI 是一种乐谱描述语言,它可以很好地描述语音信息

B. 同一 MIDI 乐曲文件,在不同的系统中播放出来的音乐是一样的

C. 它比波形声音更易于编辑和修改

D. 表达同一首乐曲时,它的数据量比波形声音要少得多

89. 下列有关 MIDI 音乐的叙述错误的是_____。

A. MIDI 是一种音乐描述语言,它规定了乐谱的数字表示方法

B. MIDI 音乐的文件扩展名为".MID"或".MIDI"

C. MIDI 音乐可以使用 Windows 中的媒体播放器等软件进行播放

D. 播放 MIDI 音乐时,声音是通过音箱合成出来的

90. MP3 是一种广泛使用的数字声音格式。下列关于 MP3 的叙述正确的是_____。

A. 表达同一首乐曲时,MP3 的数据量比 MIDI 声音要少得多

B. MP3 声音的质量与 CD 唱片声音的质量大致相当

C. MP3 声音适合在网上实时播放

D. 同一首乐曲经过数字化后产生的 MP3 文件与 WAV 文件的大小基本相同

91. 对带宽为 300~3 400 Hz 的语音,若采样频率为 8 kHz、量化位数为 8 位且为单声道,则未压缩时的码率约为_____。

A. 64 kb/s　　　　B. 64 kB/s　　　　C. 128 kb/s　　　　D. 128 kB/s

92. 若波形声音未进行压缩时的码率为 64 kb/s,已知取样频率为 8 kHz,量化位数为 8,那么它的声道数是_____。

A. 1　　　　B. 2　　　　C. 4　　　　D. 8

93. 为了保证对频谱很宽的音乐信号采样时不失真,其取样频率应在_____以上。

A. 8 kHz　　　　B. 12 kHz　　　　C. 16 kHz　　　　D. 40 kHz

94. 数字卫星电视和新一代数字视盘 DVD 采用的数字视频压缩编码标准是_____。

A. MPEG-1　　　　B. MPEG-2　　　　C. MPEG-3　　　　D. MPEG-4

95. 下列有关字符编码标准的叙述正确的是_____。

A. UCS/Unicode 编码实现了全球不同语言文字的统一编码

B. ASCII、GB 2312、GBK 是我国为适应汉字处理需要而制定的一系列汉字编码标准

C. UCS/Unicode 编码与 GB 2312 编码保持向下兼容

D. GB 18030 标准就是 Unicode 编码标准,它是我国为了与国际标准 UCS 接轨而发布的汉字编码标准

96. 下列_____制式是我国彩色电视的标准。

A. GB 18030　　　　B. DVD　　　　C. PAL　　　　D. NTSC

97. 下列有关我国汉字编码标准的叙述错误的是_____。

A. GB 2312 国标字符集所包含的汉字许多情况下已不够使用

B. GBK 字符集包含的汉字比 GB 18030 多

C. GB 18030 编码标准中所包含的汉字数目超过 2 万个

D. 我国台湾地区使用的汉字编码标准是 BIG5

98. 黑白图像的像素有_____个亮度分量。

A. 1　　　　B. 2　　　　C. 3　　　　D. 4

99. 在下列4种类型的数字化声音文件中,不可能包含人的说话声音的是_____。

    A. WAV   B. MP3   C. MID   D. WMA

100. 数字图像的文件格式有多种,下列图像文件能够在网页上发布并具有动画效果的是_____。

    A. BMP   B. GIF   C. JPEG   D. TIF

第五章　信息系统安全基础知识

一、判断题

1. 在一台已感染病毒的计算机上读取一张 CD-ROM 光盘中的数据,该光盘也有可能被感染病毒。

2. 杀毒软件的病毒特征库汇集了已出现的所有病毒特征,因此可以查杀所有病毒,有效保护信息。

3. 防火墙完全可以防止来自网络外部的入侵行为。

4. 若计算机感染了病毒就会立刻显示出异常的情况,如错误的系统时间、死机等。

5. 软件是无形的产品,它不容易受到病毒的入侵。

6. 在网络环境下,数据安全是一个重要的问题,所谓数据安全,就是指数据不能被外界访问。

7. 只要不上网,PC 就不会感染计算机病毒。

8. 许多病毒是利用微软操作系统的漏洞进行破坏活动的,因此此类病毒是黑客,而不是程序。

9. 计算机病毒也是一种程序,它在某些条件下被激活,起干扰和破坏作用,并能传染到其他计算机。

10. 只要计算机感染了病毒,立即会对计算机产生破坏作用,篡改甚至删除数据。

11. 用户在考虑网络信息安全问题时必须在安全性和实用性(成本)之间采取一定的折中处理。

12. 在校园网中,可对网络进行设置,使校外某一 IP 地址不能直接访问校内网站。

13. 防火墙的作用是保护一个单位内部的网络不受外来的非法入侵。

14. 防火墙有多种不同类型,安装了防火墙软件的计算机能确保计算机的信息安全。

15. 防火墙是一个系统或一组系统,它在企业内网与外网之间提供一定的安全保障。

16. 身份鉴别的方法有多种,其中最简单也是最普遍的方法是使用数字签名。

17. 在网络信息安全的措施中,访问控制是身份认证的基础。

18. 全面的网络信息安全方案不仅要覆盖到数据流在网络系统中所有环节,还应当包括信息使用者、传输介质和网络等各方面的管理措施。

19. 在网络环境中一般都采用高强度的指纹技术对身份认证信息进行加密。

20. 通过各种信息加密和防范手段,可以构建绝对安全的网络。

21. 因特网防火墙是安装在 PC 上仅用于防止病毒入侵的硬件系统。

22. 启用 Windows 7 操作系统的软件防火墙,能限制或防止他人从因特网访问该计算机,达到保护计算机的目的。

二、单选题

1. 计算机病毒是_____。
   A. 计算机系统自生的　　　　　　　B. 一种人为编制的计算机程序
   C. 主机发生故障时产生的　　　　　D. 可传染疾病给人体的一种病毒

2. 计算机病毒是_____。
   A. 一类具有破坏性的程序　　　　　B. 一类具有破坏性的文件
   C. 一种专门侵蚀硬盘的霉菌　　　　D. 一种用户误操作的后果

3. 计算机病毒是_____。
   A. 特殊的计算机部件　　　　　　　B. 电磁波污染
   C. 人为编制的特殊程序　　　　　　D. 能传染致病的生物病毒

4. 随着 Internet 的发展,越来越多的计算机感染病毒的可能途径之一是_____。
   A. 从键盘上输入数据
   B. 通过电源线
   C. 所使用的软盘表面不清洁
   D. 通过 Internet 的 E-mail,附着在电子邮件的信息中

5. 使用的杀病毒软件,能够_____。
   A. 检查计算机是否感染了某些病毒,如有感染,可以清除其中一些病毒
   B. 检查计算机是否感染了任何病毒,如有感染,可以清除其中一些病毒
   C. 检查计算机是否感染了病毒,如有感染,可以清除所有的病毒
   D. 防止任何病毒再对计算机进行侵害

6. 下列关于计算机病毒的叙述正确的是_____。
   A. 计算机病毒只感染 .exe 或 .com 文件
   B. 计算机病毒可以通过读写磁盘、光盘或 Internet 网络进行传播
   C. 计算机病毒是由于程序中的逻辑错误造成的
   D. 计算机病毒是由于软盘片表面不清洁而造成的

7. 下列选项中不属于计算机病毒特征的是_____。
   A. 破坏性　　　　B. 潜伏性　　　　C. 传染性　　　　D. 免疫性

8. 计算机病毒主要造成_____。
   A. 优盘或移动硬盘的损坏　　　　　B. 磁盘驱动器的破坏
   C. CPU 的破坏　　　　　　　　　　D. 程序和数据的破坏

9. 计算机病毒除通过读写或复制移动存储器上带病毒的文件传染外,另一条主要的传染途径是_____。
   A. 网络　　　　　　　　　　　　　B. 电源电缆

C. 键盘　　　　　　　　　　　　　D. 输入有逻辑错误的程序

10. 下列关于计算机病毒的叙述正确的是_____。

A. 反病毒软件可以查、杀任何种类的病毒

B. 计算机病毒发作后，将对计算机硬件造成永久性的物理损坏

C. 反病毒软件必须随着新病毒的出现而升级，提高查、杀病毒的功能

D. 感染过计算机病毒的计算机具有对该病毒的免疫性

11. 下列关于计算机病毒的一些叙述错误的是_____。

A. 网络环境下计算机病毒往往是通过电子邮件传播的

B. 电子邮件是个人间的通信手段，即使传播计算机病毒也是个别的，影响不大

C. 目前防火墙还无法保障单位内部的计算机不受带病毒电子邮件的攻击

D. 一般情况下只要不打开电子邮件的附件，系统就不会感染它所携带的病毒

12. 下列叙述正确的是_____。

A. 计算机病毒只在可执行文件中传染

B. 计算机病毒主要通过读/写移动存储器或 Internet 网络进行传播

C. 只要删除所有感染了病毒的文件就可以彻底消除病毒

D. 计算机杀病毒软件可以查出和清除任意已知的和未知的计算机病毒

13. 对计算机病毒的防治也应以"预防为主"。下列各项预防措施错误的是_____。

A. 将重要数据文件及时备份到移动存储设备上

B. 用杀病毒软件定期检查计算机

C. 不要随便打开/阅读身份不明的发件人发来的电子邮件

D. 在硬盘中再备份一份

14. 下列叙述正确的是_____。

A. Word 文档不会携带计算机病毒

B. 计算机病毒具有自我复制的能力，能迅速扩散到其他程序上

C. 清除计算机病毒的最简单办法是删除所有感染了病毒的文件

D. 计算机杀病毒软件可以查出和清除任何已知或未知的病毒

15. 下列叙述正确的是_____。

A. 所有计算机病毒只在可执行文件中传染

B. 计算机病毒可通过读写移动存储器或 Internet 网络进行传播

C. 只要把带毒文件的属性设置成只读状态，那么复制该文件时就不会因读文件而传染给另一台计算机

D. 计算机病毒是由于磁盘片表面不清洁而造成的

16. 传播计算机病毒的两大可能途径之一是_____。

A. 通过键盘输入数据时传入　　　B. 通过电源线传播

C. 通过使用表面不清洁的磁盘片　　D. 通过 Internet 网络传播

17. 下列关于计算机病毒的叙述错误的是_____。

A. 计算机病毒具有潜伏性

B. 计算机病毒具有传染性

C. 感染过计算机病毒的计算机具有对该病毒的免疫性

D. 计算机病毒是一个特殊的寄生程序

18. 下列关于计算机病毒的说法正确的是_____。

A. 计算机病毒是一种有损计算机操作人员身体健康的生物病毒

B. 计算机病毒发作后,将造成计算机硬件永久性的物理损坏

C. 计算机病毒是一种通过自我复制进行传染的,破坏计算机程序和数据的小程序

D. 计算机病毒是一种有逻辑错误的程序

19. 蠕虫病毒属于_____。

A. 宏病毒　　　　　　　　　　B. 网络病毒

C. 混合型病毒　　　　　　　　D. 文件型病毒

20. 下列叙述正确的是_____。

A. 反病毒软件总是超前于病毒的出现,它可以查、杀任何种类的病毒

B. 任何一种反病毒软件总是滞后于计算机新病毒的出现

C. 感染过计算机病毒的计算机具有对该病毒的免疫性

D. 计算机病毒会危害计算机用户的健康

21. 为了防止计算机病毒的感染,应该做到_____。

A. 干净的存储设备不要与来历不明的存储设备放在一起

B. 长时间不用的存储设备要经常格式化

C. 不要复制来历不明的存储设备上的程序(文件)

D. 对存储设备上的重要文件要经常进行备份

22. 下列情况中,_____一定不是因病毒感染所致。

A. 显示器不亮　　　　　　　　B. 计算机提示内存不够

C. 以 . exe 为扩展名的文件变大　D. 机器运行速度变慢

23. 下列_____不是杀毒软件。

A. 金山毒霸　　　　　　　　　B. FlashGet

C. Norton AntiVirus　　　　　　D. 卡巴斯基

24. 计算机病毒具有破坏作用,它能破坏的对象通常不包括_____。

A. 程序　　　　　　　　　　　B. 数据

C. 操作系统　　　　　　　　　D. 计算机电源

25. 发现计算机磁盘上的病毒后,彻底的清除方法是_____。

A. 格式化磁盘　　　　　　　　B. 及时用杀毒软件处理

C. 删除被病毒感染的文件　　　D. 删除磁盘上的所有文件

26. 辨别用户真实身份常采用的安全措施是_____。

A. 身份认证　　　　　　　　　B. 数据加密

C. 访问控制　　　　　　　　　D. 审计管理

27. 通过对信息资源进行授权管理来实施的信息安全措施属于_____。

A. 数据加密　　　　　　　　　B. 审计管理

C. 身份认证　　　　　　　　　D. 访问控制

28. 下列关于计算机病毒的说法正确的是_____。

　　A. 杀病毒软件可清除所有病毒

　　B. 计算机病毒通常是一段可运行的程序

　　C. 加装防病毒卡的计算机不会感染病毒

　　D. 病毒不会通过网络传染

29. 公司(或机构)为了保障计算机网络系统的安全,防止外部人员对内部网的侵犯,一般都在内网与外网之间设置_____。

　　A. 身份认证　　　　B. 访问控制　　　　C. 防火墙　　　　D. 数字签名

30. 计算机防病毒技术还不能做到_____。

　　A. 预防病毒侵入　　　　　　　　B. 检测已感染的病毒

　　C. 杀除已检测到的病毒　　　　　D. 预测将会出现的新病毒

31. 网络信息安全主要涉及数据的完整性、可用性、机密性等。保证数据的完整性就是_____。

　　A. 保证传送的数据信息不被第三方监视和窃取

　　B. 保证发送方的真实身份

　　C. 保证传送的数据信息不被篡改

　　D. 保证发送方不能抵赖曾经发送过某数据信息

32. 下面关于网络信息安全的叙述正确的是_____。

　　A. 不同的应用系统对信息安全有不同要求

　　B. 数字签名的目的是对信息加密

　　C. 因特网防火墙可以防止外界接触到单位内部的任何计算机,从而确保单位内部网络绝对安全

　　D. 所有黑客都是利用微软产品存在的漏洞对计算机网络进行攻击与破坏的

33. 下列关于计算机病毒的叙述正确的是_____。

　　A. 计算机病毒只传染给可执行文件

　　B. 计算机病毒是后缀名为"EXE"的文件

　　C. 计算机病毒只会通过后缀名为"EXE"的文件传播

　　D. 所有的计算机病毒都是人为制造出来的

34. 下列关于计算机病毒的叙述错误的是_____。

　　A. 计算机病毒是一种特殊的计算机程序

　　B. 计算机中安装的杀毒软件越多,计算机病毒就越少

　　C. 计算机病毒能够破坏计算机软件,甚至间接破坏计算机硬件

　　D. 计算机病毒最可怕的特性是传染性

35. 下列关于因特网防火墙的叙述错误的是_____。

　　A. 它可为单位内部网络提供安全边界

　　B. 它可防止外界入侵单位内部网络

　　C. 它可以阻止来自内部的威胁与攻击

　　D. 它可以使用过滤技术在网络层对数据进行选择

附录2 一级基础知识习题参考答案

第一章 计算机硬件基础知识

一、判断题

1	2	3	4	5	6	7	8	9	10
×	√	×	×	√	×	√	×	×	×
11	12	13	14	15	16	17	18	19	20
×	×	×	×	√	√	√	×	√	√
21	22	23	24	25	26	27	28	29	30
√	√	√	×	√	√	×	×	√	√
31	32	33	34	35	36	37	38	39	40
×	√	×	×	×	√	×	×	√	√
41	42	43	44	45	46	47	48	49	50
√	×	×	√	√	×	√	√	×	√
51	52	53	54	55	56	57	58	59	60
×	×	√	√	√	√	√	×	√	√
61	62	63	64	65	66	67	68	69	70
×	×	√	×	√	√	√	√	×	×
71	72	73	74	75	76	77	78	79	80
×	√	×	√	×	×	√	×	×	×
81	82	83	84	85	86	87	88	89	90
√	×	√	×	√	√	√	×	×	×
91	92	93	94	95	96	97	98	99	100
√	√	√	×	×	×	×	×	×	√
101	102	103	104	105	106	107	108	109	110
√	√	√	√	×	×	√	√	√	√

二、单选题

1	2	3	4	5	6	7	8	9	10
B	B	A	B	A	D	C	B	C	B
11	12	13	14	15	16	17	18	19	20
D	D	B	B	A	D	C	C	B	C
21	22	23	24	25	26	27	28	29	30
D	B	D	C	D	B	D	C	B	B
31	32	33	34	35	36	37	38	39	40
D	C	B	C	B	D	B	A	B	C
41	42	43	44	45	46	47	48	49	50
D	D	C	B	A	B	D	D	A	C
51	52	53	54	55	56	57	58	59	60
B	B	C	D	B	C	D	D	B	C
61	62	63	64	65	66	67	68	69	70
A	A	D	C	D	D	B	B	A	A
71	72	73	74	75	76	77	78	79	80
C	A	D	D	A	C	C	C	A	B
81	82	83	84	85	86	87	88	89	90
D	D	C	D	D	A	A	B	C	D
91	92	93	94	95	96	97	98	99	100
D	D	C	A	A	C	B	D	B	C
101	102	103	104	105	106	107	108	109	110
B	C	B	D	A	D	A	D	C	C
111	112	113	114	115	116	117	118	119	120
B	B	D	C	C	D	A	B	D	D
121	122	123	124	125	126	127	128	129	130
C	D	B	C	D	B	C	A	D	B
131	132	133	134	135	136	137	138	139	140
C	A	D	A	A	B	B	C	B	B
141	142	143	144	145	146	147	148	149	150
A	B	A	C	D	D	B	B	A	A
151	152	153	154	155	156	157	158	159	160
A	B	A	C	B	C	A	B	A	B
161	162	163	164	165	166	167	168	169	170
D	B	D	D	A	C	C	C	D	C

171	172	173	174	175	176	177	178	179	180
D	B	C	A	D	D	C	B	D	A
181	182	183	184	185	186	187	188	189	190
C	C	A	D	C	C	D	B	D	B
191	192	193	194	195	196	197	198	199	200
A	A	C	D	D	A	A	A	B	C
201	202	203	204	205	206	207	208	209	210
D	D	C	B	C	A	B	D	C	C
211	212	213	214	215	216	217	218	219	220
D	C	C	B	D	B	A	B	B	C
221	222	223	224	225	226	227	228	229	230
B	D	B	A	C	D	B	A	A	A
231	232	233	234	235	236	237	238	239	240
B	A	A	B	B	D	C	B	A	D
241	242	243	244	245	246	247	248	249	250
D	B	D	C	C	B	A	D	C	C
251	252	253	254	255	256	257	258	259	260
A	A	B	A	B	B	B	A	B	C
261	262	263	264	265	266	267	268	269	270
D	D	C	C	B	B	A	A	C	C
271	272	273	274						
D	C	B	B						

第二章　计算机软件基础知识

一、判断题

1	2	3	4	5	6	7	8	9	10
×	×	×	√	×	√	×	×	√	×
11	12	13	14	15	16	17	18	19	20
×	√	×	×	√	√	×	×	√	×
21	22	23	24	25	26	27	28	29	30
√	×	×	√	×	×	√	×	×	√

续表

31	32	33	34	35	36	37	38	39	40
√	√	×	√	×	√	×	×	√	√
41	42	43	44	45	46	47	48	49	50
√	√	×	×	√	×	√	×	√	√
51	52	53	54	55	56	57	58	59	60
√	√	√	×	√	×	×	×	×	√
61	62	63	64	65	66	67	68	69	70
×	×	√	×	√	×	√	√	×	×
71	72	73	74	75	76	77	78	79	80
√	×	×	√	√	×	√	√	√	×
81	82	83							
×	×	√							

二、单选题

1	2	3	4	5	6	7	8	9	10
A	A	C	B	D	D	B	A	A	B
11	12	13	14	15	16	17	18	19	20
B	C	A	B	A	D	B	B	B	B
21	22	23	24	25	26	27	28	29	30
B	B	D	C	A	C	A	D	C	C
31	32	33	34	35	36	37	38	39	40
A	C	D	C	D	A	C	D	B	A
41	42	43	44	45	46	47	48	49	50
B	D	C	C	B	C	C	D	D	C
51	52	53	54	55	56	57	58	59	60
B	C	D	B	C	D	D	B	C	C
61	62	63	64	65	66	67	68	69	70
B	B	B	D	B	C	D	B	D	D
71	72	73	74	75	76	77	78	79	80
C	C	D	B	B	D	B	B	C	B
81	82	83	84	85	86	87	88	89	90
B	A	A	B	A	C	A	C	C	B

91	92	93	94	95	96	97	98	99	100
B	D	B	B	B	A	D	B	C	A
101	102	103	104	105	106	107	108	109	110
D	D	B	C	D	B	B	A	B	D
111	112	113	114	115	116	117	118	119	120
B	B	C	D	C	D	D	D	D	B
121	122	123	124	125	126	127	128	129	130
D	D	C	B	D	A	A	A	B	C
131	132	133	134	135	136	137	138	139	140
C	A	B	B	A	D	C	D	D	D
141	142	143	144	145	146	147	148	149	150
A	B	C	D	D	D	A	A	D	C
151	152	153	154	155	156	157	158	159	160
C	D	D	A	D	D	C	A	B	A
161	162	163	164	165	166	167	168	169	170
A	B	D	D	B	D	D	A	D	A
171	172	173	174	175	176	177	178	179	180
B	D	B	B	C	A	B	D	A	B
181	182	183	184	185	186	187	188	189	190
D	B	C	A	D	B	C	D	B	D
191	192	193	194	195	196	197	198		
D	B	D	C	A	A	C	C		

第三章　计算机网络基础知识

一、判断题

1	2	3	4	5	6	7	8	9	10
×	√	√	√	×	√	√	√	×	√
11	12	13	14	15	16	17	18	19	20
×	×	√	×	√	√	√	×	×	×

续表

21	22	23	24	25	26	27	28	29	30
√	×	×	√	×	×	√	×	√	×
31	32	33	34	35	36	37	38	39	40
√	×	×	×	×	×	×	√	√	×
41	42	43	44	45	46	47	48	49	50
√	×	×	×	√	√	√	×	√	×
51	52	53	54	55	56	57	58	59	60
×	√	√	√	×	√	×	√	×	√
61	62	63	64	65	66	67	68	69	70
√	×	×	×	√	×	√	√	√	√
71	72	73	74	75	76	77	78	79	80
×	√	√	×	√	×	√	×	×	√
81	82	83	84	85	86	87	88	89	90
√	√	√	√	×	√	×	√	×	×

二、单选题

1	2	3	4	5	6	7	8	9	10
D	D	C	C	B	C	A	C	A	B
11	12	13	14	15	16	17	18	19	20
B	A	D	C	C	D	C	A	A	C
21	22	23	24	25	26	27	28	29	30
B	A	D	C	A	C	A	C	D	C
31	32	33	34	35	36	37	38	39	40
D	C	A	C	C	C	D	B	D	C
41	42	43	44	45	46	47	48	49	50
D	C	A	A	B	B	D	A	B	C
51	52	53	54	55	56	57	58	59	60
B	B	D	C	C	C	C	B	C	A
61	62	63	64	65	66	67	68	69	70
A	C	A	B	A	A	D	C	A	D
71	72	73	74	75	76	77	78	79	80
B	B	A	C	A	C	B	A	B	A
81	82	83	84	85	86	87	88	89	90
B	C	A	D	B	C	D	A	D	B
91	92	93	94	95	96	97	98	99	100
B	D	C	B	A	B	D	C	D	B

第四章 多媒体技术基础知识

一、判断题

1	2	3	4	5	6	7	8	9	10
×	×	√	×	√	√	×	√	×	×
11	12	13	14	15	16	17	18	19	20
×	√	√	√	√	×	×	×	×	√
21	22	23	24	25	26	27	28	29	30
√	×	√	×	×	√	√	×	√	√
31	32	33	34	35	36	37	38	39	40
×	√	×	×	×	×	√	√	√	×
41	42	43	44	45	46	47	48	49	50
√	√	×	√	√	×	√	√	√	√
51	52	53	54	55	56	57	58	59	60
√	√	√	×	×	√	×	×	×	×
61	62	63	64						
×	√	√	√						

二、单选题

1	2	3	4	5	6	7	8	9	10
B	A	A	C	B	A	B	D	B	D
11	12	13	14	15	16	17	18	19	20
C	B	B	B	B	A	C	B	D	B
21	22	23	24	25	26	27	28	29	30
D	B	A	C	A	C	C	B	B	A
31	32	33	34	35	36	37	38	39	40
C	C	C	B	B	B	A	A	B	A
41	42	43	44	45	46	47	48	49	50
D	B	C	C	B	B	A	C	A	D

续表

51	52	53	54	55	56	57	58	59	60
A	B	C	B	A	C	A	C	C	B
61	62	63	64	65	66	67	68	69	70
B	B	A	C	C	C	B	C	A	C
71	72	73	74	75	76	77	78	79	80
C	C	A	B	D	A	C	D	B	A
81	82	83	84	85	86	87	88	89	90
D	D	C	B	B	D	A	A	D	B
91	92	93	94	95	96	97	98	99	100
A	A	D	B	A	C	B	A	C	B

第五章　信息系统安全基础知识

一、判断题

1	2	3	4	5	6	7	8	9	10
×	×	×	×	×	×	×	×	√	×
11	12	13	14	15	16	17	18	19	20
√	√	√	×	√	×	×	√	×	×
21	22								
×	√								

二、单选题

1	2	3	4	5	6	7	8	9	10
B	A	C	D	A	B	D	D	A	C
11	12	13	14	15	16	17	18	19	20
B	B	D	B	B	D	C	C	B	B
21	22	23	24	25	26	27	28	29	30
C	A	B	D	A	A	D	B	C	D
31	32	33	34	35					
C	A	D	B	C					